职业教育工业机器人技术应用专业规划教材

工业机器人机械装配与调试

主　编　高永伟

副主编　吴宏霞　滕朝晖

参　编　丁永丽　杜晓红　刘阿珍　周　岳

　　　　蒋金伟　金昕炜　徐顺和　江　敏

主　审　许红平

机械工业出版社
CHINA MACHINE PRESS

为适应智能制造业的职业岗位需求，本书在传统"机械常识与钳工技能"课程的基础上，以工业机器人为主线，介绍其机械装配所必需的基础知识和专业技能，主要内容包括认识工业机器人、工业机器人机械零件与机构、工业机器人机械装配基础及典型工业机器人装配任务。本书在内容设置上注意国家标准及企业作业规程的引入，并注意操作注意事项和操作技巧的引用；在呈现形式上尽量引入实物图及三维立体零部件结构图，增强了本书的直观性和可读性。为帮助读者理解掌握理论和技能性知识，在每节和每章末均提供了大量的"做一做"和思考题。

本书可作为职业院校及技工院校工业机器人技术应用及机电类相关专业教材，也可供从事工业机器人机械装配相关岗位的技术人员参考阅读。

为方便教学，本书配有免费视频动画、PPT课件、电子教案及习题答案等资源，凡选购此书作为教材的学校，均可来电索取（010-88379195）或登录 www.cmpedu.com 注册、下载。

图书在版编目（CIP）数据

工业机器人机械装配与调试/高永伟主编. —北京：机械工业出版社，2017.10（2020.9重印）

职业教育工业机器人技术应用专业规划教材

ISBN 978-7-111-58109-3

Ⅰ.①工… Ⅱ.①高… Ⅲ.①工业机器人-装配（机械）-高等职业教育-教材②工业机器人-调试方法-高等职业教育-教材 Ⅳ.①TP242.2

中国版本图书馆 CIP 数据核字（2017）第 238109 号

机械工业出版社（北京市百万庄大街22号　邮政编码100037）
策划编辑：赵红梅　责任编辑：赵红梅　责任校对：张　薇
封面设计：马精明　责任印制：常天培
北京盛通商印快线网络科技有限公司印刷
2020年9月第1版第5次印刷
185mm×260mm·14.25印张·340千字
标准书号：ISBN 978-7-111-58109-3
定价：39.00元

工业机器人技术是机械技术发展与电子技术发展相融合的产物，在计算机智能控制和精密机构的驱动下，工业机器人技术将为智能化带来无限大的发展空间。

1961年，Unimation公司生产的世界上第一台工业机器人在美国新泽西州的通用汽车公司安装运行。从那时起，工业机器人的发展一直向前迈进。工业机器人发展从二轴到六轴、从重量级到轻量级，从液压驱动到电动机驱动，应用领域从汽车工业到其他行业，其新功能、新应用领域不断增加。

工业机器人技术的发展支撑着现代社会各行业的快速自动化、智能化发展。

工业机器人技术是当今各国制造业重点发展的技术。我国工业机器人技术近年来在国家产业政策的指导下迅猛发展。随着"中国制造2025"战略的实施，各职业院校都在进行专业调整，依托国家发展战略大力开展工业机器人的专业研究和教学探索，助力我国先进制造业的快速发展。本书涵盖了工业机器人机械装配所必需的基础知识和专业技能，以工业机器人机械装配为主线，从基础知识到实际应用，通过实际案例，以简洁易懂的语言配以清晰的图表进行介绍。本书在内容设置上，包含了大量的图表、作业规程、注意事项和小提示等，增加了本书的可读性；在每小节和每章末均提供了大量的"做一做"和思考题，有助于读者加深对所学知识的理解。本书提供动画视频二维码清单，供教师教学及学生自学。

本书可供从事工业机器人机械装配工作的技术人员和相关企业技术人员参考阅读，更适合作为职业院校和技师学院工业机器人及机械相关专业的教材。

本书建议理实一体化教学11周，共约388学时，各章具体学时分配见下表，其中实践学时可根据职业院校各自的教学需求和实训条件进行调整后实施。

"工业机器人机械装配与调试"教学计划及学时参考表

教　学　内　容	学　时　分　配	
	授课	实践或自学
第1章　认识工业机器人		
1.1　工业机器人的概念、发展历史、分类与应用	9	19
1.1.1　工业机器人的概念	1	2
1.1.2　工业机器人的发展历史	1	2
1.1.3　工业机器人的分类	6	12
1.1.4　工业机器人的应用	1	3
1.2　工业机器人的组成与技术参数	13	26
1.2.1　工业机器人的基本组成	2	4
1.2.2　工业机器人的主要技术参数	3	6

（续）

教学内容	学时分配	
	授课	实践或自学
1.3　工业机器人的发展现状、发展趋势与发展前景	8	16
第2章　工业机器人机械零件与机构		
2.1　工业机器人机械及机械传动基础	5	8
2.1.1　认识机械	2	2
2.1.2　认识机械运动简图	1	2
2.1.3　认识通用机械零部件	2	4
2.2　机械传动的分类及应用	8	16
2.2.1　常见机械传动及工作原理	2	4
2.2.2　齿轮工作原理及应用	2	4
2.2.3　螺旋与蜗杆传动	1	2
2.2.4　直线导轨	1	2
2.2.5　轴和轴承及应用	2	4
2.3　机械运动与机构	6	12
2.3.1　齿轮机构	2	4
2.3.2　连杆机构	2	4
2.3.3　凸轮与间歇机构	2	4
2.4　液压与气压传动简介	5	6
2.4.1　液压传动	2	3
2.4.2　气压传动	3	3
第3章　工业机器人机械装配基础		
3.1　作业前的准备工作	4	7
3.1.1　对生产(学习)者的安全保护措施	1	2
3.1.2　工业机器人所属设备的安全保护措施	1	2
3.1.3　工艺及物料准备	1	1
3.1.4　工作现场"7S"管理与安全文明生产	1	2
3.2　工业机器人装配钳工常用设备	13	19
3.2.1　孔加工设备	2	4
3.2.2　砂轮机和风砂轮	2	4
3.2.3　起重机械	2	4
3.2.4　搬运用设备	1	1
3.2.5　其他常见机械设备	5	5
3.2.6　设备保养要求	1	1
3.3　工业机器人装配常用工量具	12	24
3.3.1　常用量具及辅具	6	12
3.3.2　机械装配常用工具	6	12

（续）

教 学 内 容	学 时 分 配	
	授课	实践或自学
3.4　装配钳工基础	8	11
3.4.1　装配作业及基本要求	1	1
3.4.2　装配钳工作业要求	1	1
3.4.3　装配概念	3	6
3.4.4　装配精度及装配工艺	1	1
3.4.5　常用装配方法及装配原则	2	2
3.5　常用零部件装配技术	11	25
3.5.1　螺纹连接的装配	3	8
3.5.2　轴承的装配	4	12
3.5.3　常用密封件的装配	1.5	1
3.5.4　卡簧的装配	0.5	1
3.5.5　键(销)连接的装配	1	1
3.5.6　同步带的装配	1	2
3.6　装配过程改善及标准化作业	6	14
3.6.1　优化装配流程	2	6
3.6.2　装配流程标准化	1	2
3.6.3　编写作业指导书	3	6
第4章　典型工业机器人装配任务		
4.1　工业机器人典型零部件的装配	7	14
4.1.1　伺服电动机的装配	1	2
4.1.2　谐波减速器的装配	2	4
4.1.3　RV减速器的装配	1	2
4.1.4　直线导轨的装配	3	6
4.2.　工业机器人的机械装配	12	28
4.2.1　桁架机器人的装配	4	12
4.2.2　典型六轴工业机器人装配	8	16
机动	9	25
合计	128	254

　　本书由杭州萧山技师学院高永伟任主编，杭州萧山技师学院吴宏霞、临安市技工学校滕朝晖任副主编。高永伟编写第3章的3.1～3.4节，吴宏霞编写附录，滕朝晖编写第1章，丁永丽编写第2章的2.1～2.3节，杜晓红编写第3章的3.5节，刘阿珍编写第2章的2.4

节，周岳编写第 4 章的 4.2 节，蒋金伟编写第 4 章的 4.1 节，金昕炜编写第 3 章的 3.6 节。杭州萧山技师学院徐顺和、临安市技工学校江敏负责全书大量图表的制作工作。全书由杭州萧山技师学院许红平主审。

在此向为本书提供照片和插图的有关公司的各位同仁致以诚挚的感谢。感谢杭州萧山技师学院许红平院长的支持，感谢杭州萧山技师学院先进制造系和智能控制系同仁的配合与支持，感谢杭州新松机器人自动化科技有限公司、天津金富机械有限公司、杭州钢久机电设备有限公司的大力支持。

限于编者水平，书中难免有错漏、不当之处，敬请读者批评指正。

高永伟

资源名称	二维码	资源名称	二维码
RV 减速器装配		伺服电动机装配	
减速器		凸轮机构	
工业机器人基本组成—控制系统		带传动	
快速排气阀		排气节流阀	
新松 SR10 系列工业机器人 J1 轴装配		新松 SR10 系列工业机器人 J2 轴装配	
新松 SR10 系列工业机器人 J3 轴装配		新松 SR10 系列工业机器人 J4 轴装配	
新松 SR10 系列工业机器人 J5 轴装配		新松 SR10 系列工业机器人 J6 轴装配	
节流阀		蜗杆传动	
连杆机构		齿传动	
齿轮齿条传动			

目　录

前言

二维码清单

第1章　认识工业机器人 ……………………………………………………………… 1

1.1　工业机器人的概念、发展历史、分类与应用 ………………………………… 1

1.1.1　工业机器人的概念 …………………………………………………… 1

1.1.2　工业机器人的发展历史 ……………………………………………… 2

1.1.3　工业机器人的分类 …………………………………………………… 3

1.1.4　工业机器人的应用 …………………………………………………… 11

1.2　工业机器人的组成与技术参数 ………………………………………………… 13

1.2.1　工业机器人的基本组成 ……………………………………………… 13

1.2.2　工业机器人的主要技术参数 ………………………………………… 15

1.3　工业机器人的发展现状、发展趋势与发展前景 ……………………………… 19

第2章　工业机器人机械零件与机构 ………………………………………………… 29

2.1　工业机器人机械及机械传动基础 ……………………………………………… 29

2.1.1　认识机械 ……………………………………………………………… 29

2.1.2　认识机械运动简图 …………………………………………………… 31

2.1.3　认识通用机械零部件 ………………………………………………… 34

2.2　机械传动的分类及应用 ………………………………………………………… 38

2.2.1　常见机械传动及工作原理 …………………………………………… 38

2.2.2　齿轮工作原理及应用 ………………………………………………… 42

2.2.3　螺旋与蜗杆传动 ……………………………………………………… 44

2.2.4　直线导轨 ……………………………………………………………… 46

2.2.5　轴和轴承及应用 ……………………………………………………… 47

2.3　机械运动与机构 ………………………………………………………………… 51

2.3.1　齿轮机构 ……………………………………………………………… 51

2.3.2　连杆机构 ……………………………………………………………… 53

2.3.3　凸轮与间歇机构 ……………………………………………………… 55

2.4　液压与气压传动简介 …………………………………………………………… 59

2.4.1　液压传动 ……………………………………………………………… 59

2.4.2　气压传动 ……………………………………………………………… 62

第3章　工业机器人机械装配基础 …………………………………………………… 68

3.1　作业前的准备工作 ……………………………………………………………… 68

3.1.1 对生产（学习）者的安全保护措施 ·············· 68

3.1.2 工业机器人所属设备的安全保护措施 ·············· 70

3.1.3 工艺及物料准备 ·············· 73

3.1.4 工作现场 "7S" 管理与安全文明生产 ·············· 73

3.2 工业机器人装配钳工常用设备 ·············· 76

3.2.1 孔加工设备 ·············· 77

3.2.2 砂轮机和风砂轮 ·············· 81

3.2.3 起重机械 ·············· 84

3.2.4 搬运用设备 ·············· 87

3.2.5 其他常见机械设备 ·············· 89

3.2.6 设备保养要求 ·············· 96

3.3 机器人装配常用工量具 ·············· 97

3.3.1 常用量具及辅具 ·············· 98

3.3.2 机械装配常用工具 ·············· 102

3.4 装配钳工基础 ·············· 109

3.4.1 装配作业及基本要求 ·············· 109

3.4.2 装配钳工作业要求 ·············· 111

3.4.3 装配概念 ·············· 113

3.4.4 装配精度及装配工艺 ·············· 115

3.4.5 常用装配方法及装配原则 ·············· 117

3.5 常用零部件装配技术 ·············· 120

3.5.1 螺纹连接的装配 ·············· 120

3.5.2 轴承的装配 ·············· 127

3.5.3 常用密封件的装配 ·············· 130

3.5.4 卡簧的装配 ·············· 131

3.5.5 键（销）连接的装配 ·············· 132

3.5.6 同步带的装配 ·············· 133

3.6 装配过程改善及标准化作业 ·············· 135

3.6.1 优化装配流程 ·············· 135

3.6.2 装配流程标准化 ·············· 138

3.6.3 编写作业指导书 ·············· 139

第4章 典型工业机器人装配任务 ·············· 144

4.1 工业机器人典型零部件的装配 ·············· 144

4.1.1 伺服电动机的装配 ·············· 144

4.1.2 谐波减速器的装配 ·············· 147

4.1.3 RV 减速器的装配 ·············· 153

4.1.4 直线导轨的装配 ·············· 156

4.2 工业机器人的机械装配 ·············· 165

4.2.1 桁架机器人的装配 ·············· 165

4.2.2 典型六轴工业机器人的装配 ·············· 174

附录 ··· 202

　附录 A　装配生产车间 7S 管理制度 ·· 202

　附录 B　通用量具的使用、维护和保养 ·· 204

　附录 C　游标卡尺使用及注意事项 ·· 205

　附录 D　外径千分尺使用及注意事项 ·· 209

　附录 E　百分表使用及注意事项 ·· 212

　附录 F　空气压缩机作业指导书 ·· 214

　附录 G　装配工艺卡 ·· 215

　附录 H　起重吊装注意事项 ·· 216

参考文献 ··· 218

第1章

认识工业机器人

通过本章学习，可以掌握工业机器人的概念，了解工业机器人的发展状况、分类与应用，掌握工业机器人的组成及作用，了解工业机器人的主要技术参数，了解工业机器人国内外发展现状及未来发展前景。

1.1 工业机器人的概念、发展历史、分类与应用

工业机器人是最典型的机电一体化、数字化装备，是集机械、电子、控制、计算机、传感器、人工智能等多学科先进技术于一体的现代制造业重要的自动化装备。工业机器人已广泛应用于汽车制造、机械加工、电子电气、橡胶塑料、航空制造、食品工业、医药设备、金属制品与物流等领域。实践证明，机器人代替人工生产是制造业的发展趋势，是实现智能制造的基础，也是实现工业自动化、智能化和数字化的保障。工业机器人的发展水平已成为衡量一个国家制造业综合实力的重要标志，21 世纪将是一个更为广泛地开发和应用工业机器人时代。

1.1.1 工业机器人的概念

"机器人"一词最早出现在文学作品中。1920 年，捷克作家卡雷尔·恰佩克的科幻剧本《罗萨姆的万能机器人》（《Rossum's Universal Robots》）中首次使用了"Robot（机器人）"一词，该词由捷克语的"Robota（农奴）"一词演化而来，可译为"机器奴仆"。

1950 年，美国科幻小说家艾萨克·阿西莫夫在《我是机器人》（《I, Robot》）中首次使用了"Robotics（机器人学）"这个描述与机器人有关的科学词语。

我国科学家对机器人的定义：机器人是一种自动化的机器，所不同的是这种机器具备一些与人或生物相似的智能能力，如感知能力、规划能力、动作能力和协同能力，是一种具有高度灵活性的自动化机器。

日本工业机器人协会对工业机器人的定义：具有自动控制的操作功能和移动功能，能够按照程序实施各种作业的用于工业的机械装置。该定义有以下意义：

① "自动控制的操作功能"是指在自动控制下完成操作的功能。

② "移动功能"可分为步行、无轨道、有轨道等各种形态。

③ "能够按照程序实施"是指操作能够程序化，如果变更程序则可以进行其他的操作。

美国机器人协会给工业机器人下的定义：工业机器人是用来进行搬运材料、零件、工具等可编程序和多功能的机械手，或是为了执行不同的任务而具有可改变和可编程序动作的专门系统。

小提示

> 国际标准化组织给工业机器人下的定义：工业机器人是一种具有自动控制操作和移动功能，能够完成各种作业的可编程序操作机。

概括起来，工业机器人是面向工业领域的多关节机械手或多自由度的机器装置，它能自动执行工作，是靠自身动力和控制能力来实现各种功能的一种机器。工业机器人可以接受人类指挥，也可以按照预先编排的程序运行。目前，工业机器人一般指在机械制造业中代替人工完成大批量、高质量要求的工作，如汽车制造、摩托车制造、舰船制造、家电生产、化工生产等自动化生产线中的点焊、弧焊、喷漆、切割、电子装配，以及物流系统的搬运、包装等作业的机器人。

1.1.2 工业机器人的发展历史

"机器人"一词虽然出现得较晚，但几千年来，古今中外有不少科学家和科技工作者从未放弃对"机器人"的研究，他们梦想着能制造出像人一样的机器，从而能代替人去从事各种工作。

3000多年前西周时期的《列子》记载了我国最早的机器人的有关资料，一位名叫偃师的木匠研制出了能歌善舞的木偶人。

东汉时期（25—220年），张衡发明的指南车是世界上最早的机器人雏形。

春秋末期，据王充在《论衡》中记载：鲁国木匠名师鲁班为母亲制作过一台木车马，且"机关具备，一驱不还"。也许是受鲁班木车马的启发，三国时代的诸葛亮发明木牛流马，用其在崎岖的栈道上运送军粮，并用木牛流马上的机关"牛舌头"战胜了司马懿，说明木牛流马具有机器人的结构和功能。如图 1-1 所示为复原后的指南车模型图。

1768—774 年，瑞士钟表匠德罗斯父子三人设计制造出三个像真人一样大小的机器人——写字人偶、绘图人偶和弹风琴人偶。它们是由凸轮控制和弹簧驱动的自动机器，至今还作为国宝保存在瑞士纳切尔市艺术和历史博物馆内。如图 1-2 所示为修复中的机器人玩偶。

早在 1770 年，美国科学家就发明了一种报时鸟，每到整点，这只鸟的翅膀、头和喙就开始运动，同时发出叫声。报时鸟的主弹簧驱

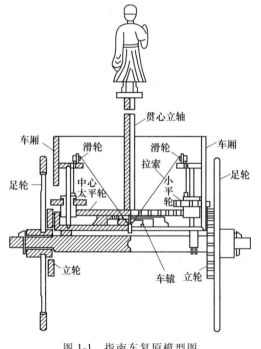

图 1-1 指南车复原模型图

动齿轮转动,使活塞压缩空气而发出叫声,同时齿轮转动来带动凸轮转动,从而驱动翅膀和头运动。1893 年,加拿大人摩尔设计制造了以蒸汽为动力的能行走的机器人"安德罗丁"。这些事例标志着人类在机器人从梦想到现实这一漫长道路上前进了一大步。如图 1-3 所示为古代机器人。

图 1-2 修复中的机器人玩偶

图 1-3 古代机器人

机器人的历史并不算长,美国是机器人的诞生地。1954 年,美国人乔治·德沃尔(George Devol) 用 CNC 机床控制器的可编程序技术取代遥控机械手的主操作手,发明了第一台"可编程序关节式输送装置",并取得了该项专利,即工业机器人专利。1960 年,美国报纸中使用了工业机器人一词。1962 年美国研制出世界上第一台工业机器人。随后,日本、瑞典、德国、意大利等国都相继研制出了机器人并广泛应用。

小提示

可编程序控制器(简称 PLC)是以微处理器为核心,将微型计算机技术、自动化技术及通信技术融为一体的一种新型的高可靠性的工业自动化控制装置。

做一做

1)通过查阅资料了解世界上最早的机器人雏形出现在哪个国家。

2)查阅资料,了解世界上第一台工业机器人的外观。

1.1.3 工业机器人的分类

机器人按照不同的功能、用途、结构、坐标、控制方式、驱动方式等可分成很多类型,目前国际上没有制定统一的标准。本书仅以目前大众所认可的方式对机器人进行分类,供大家参考。

1. 按机器人的发展程度分类

按从低级到高级的发展过程,机器人有如下分类。

（1）第一代机器人

第一代机器人是"示教再现型"机器人，指的是只能以示教、再现的方式工作的工业机器人。示教内容为机器人操作结构的空间轨迹、作业条件、作业顺序等。这类机器人一般可以根据操作员所编的程序，完成一些简单的重复性操作。第一代机器人从 20 世纪 60 年代后半期开始投入使用。

所谓示教，即由人来教机器人运动的轨迹、作业位置、停留时间等。所谓再现，是指机器人按照人教给的动作、顺序和速度进行重复作业。示教可由操作人员手把手地进行，例如，操作人员抓住机器人手臂上的喷枪，把喷涂路线示范一遍，机器人记住了这一连串运动，工作时会自动重复这些运动，从而完成给定位置的喷涂工作。实际上比较普遍的示教方式是通过控制面板示教，操作人员利用控制面板上的开关或键盘控制机器人一步一步地运动，机器人会自动记录下每一步运动，然后重复。目前在工业现场应用的机器人大多属于第一代机器人。

（2）第二代机器人

第二代机器人是在第一代机器人的基础上发展起来的，具有不同程度的"感知能力"。这是因为在机器人上安装一些可感知环境的装置，通过反馈控制，使机器人能在一定程度上适应环境的变化。以焊接机器人为例，机器人焊接的过程一般是通过示教方式教会机器人运动轨迹，机器人携带焊枪根据运动轨迹进行焊接。要求工件被焊接的位置必须十分准确，否则，机器人行走的运动轨迹和工件上的实际焊缝位置将产生偏差。第二代机器人采用了焊缝跟踪技术，即在机器人上增加一个传感器，通过传感器来感知焊缝的位置，再通过反馈控制，使机器人能自动跟踪焊缝，从而实现对示教的位置修正。即使实际焊缝相对于原始设定的位置有所变化，机器人仍然可以很好地完成焊接工作。类似的技术现在正越来越多地应用在机器人上。

（3）第三代机器人

第三代机器人称为"智能机器人"，它具有多种感知功能，如视觉、听觉、压觉、触觉和语言逻辑判断功能等，可进行复杂的逻辑推理、判断和决策，可以在非特定环境下独立作业，同时具有发现问题，并能自主解决问题的能力，故称之为智能机器人。这类机器人带有多种传感器，不仅可以感知自身的状态，比如处在什么位置、自身的故障情况等；而且能够感知外部环境的状态，比如发现道路的路况，测出与协作机器的相对位置、距离和相互作用力等。机器人能够根据获得的信息进行逻辑推理、判断和决策，在变化的内部状况与外部环境中，自主决定自身的行为。这类机器人具有高度的适应性和自治能力，经过科学家多年来不懈的努力，已经研制了很多各具特点的试验装置，并提出了大量的新方法、新思想。但是，现在可应用的机器人的自适应技术仍十分有限，该技术是机器人今后发展的方向。

2. 按机器人的开发内容与应用分类

按开发内容与应用状况，机器人可分为如下三大类。

（1）工业机器人

工业机器人是在工业生产中使用的机器人的总称，也就是面向工业领域的多关节机械手或多自由度机器人，主要用于完成工业生产中的某些作业。根据用途的不同，工业机器人分为焊接机器人、装配机器人、喷涂机器人、码垛机器人、搬运机器人多种类型等。

焊接机器人是目前应用最多的工业机器人，包括弧焊机器人和点焊机器人，如图 1-4 所示,主要用于实现自动化焊接作业;装配机器人主要用于电子部件或电器装配;喷涂机器人主要用于各种喷涂作业;码垛机器人广泛应用于汽车、物流、包装、医药、仪表、电子等行业;搬运机器人是可以进行自动化搬运作业的工业机器人,广泛应用于机床上下料、冲压机自动化生产线、自动装配流水线、码垛搬运、集装箱的自动搬运等。

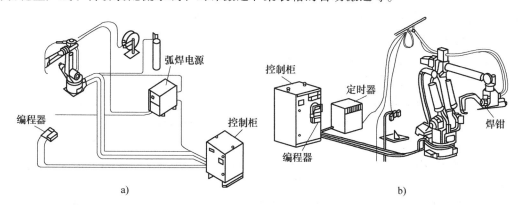

图1-4 焊接机器人的基本组成

a) 弧焊机器人 b) 点焊机器人

工业机器人的优点是可以通过更改程序,方便迅速地改变工作内容或方式,以满足生产要求的变化,如改变焊缝轨迹及喷涂位置、变更装配部件或位置等。随着对工业生产线柔性的要求越来越高,对各种工业机器人的需求也越来越广泛。

(2) 特种机器人

我国的机器人专家从应用环境出发,将机器人分为工业机器人和特种机器人两大类。特种机器人是除工业机器人之外的、用于非制造业并服务于人类的各种机器人,包括服务机器人、水下机器人、农业机器人、娱乐机器人、军用机器人等。

服务机器人主要应用在清洁、护理、救援、执勤、娱乐等场合。服务机器人通常是可移动的,在多数情况下,可由一个移动平台构成,平台上装有一只或几只手臂,代替或协助人完成服务和安全保障的有关工作,如清洁、护理、娱乐和保安等。护理机器人的特点:可以自由地向任意方向前进来运送患者;床上特殊进口处的两只机械手,可以连床一起把患者抱起来;具有供患者独立、自行操作的装置(主要是人机对话方式)等。清扫机器人的特点:行驶稳定,清扫效果良好,作业时的行驶路线呈梳形(由直线段和圆弧段构成)。

水下机器人又称水下无人深潜器,代替人在水下危险的环境中作业。人类借助潜水器具潜入到大海之中探秘已有很长的历史,目前人类可以利用深海潜水器具潜入深海。然而,由于危险性大且费用极高,因此水下机器人的研究自然成为备受关注的发展方向。"探索者"号无缆水下机器人、6000m水下机器人均是由我国自主研发成功的水下机器人。

此外,还有一些特种机器人,如墙壁清洗机器人、爬缆索机器人及管内移动机器人等。这些机器人都是根据某种特殊用途设计的特种作业机器人,为人类完成一些高强度、危险性大或无法完成的工作提供了很大帮助。

目前,国际上的机器人专家,从应用环境出发也将机器人分为两大类:制造环境下的工业机器人和非制造环境下的服务与仿人型机器人,这和我国专家对机器人的分类是一致的。

(3) 智能工业机器人

具有触觉、力觉或简单的视觉的工业机器人，能在较为复杂的环境下工作，如具有识别功能或更进一步增加自适应、自学习的功能，即成为智能型工业机器人。它能按照人给的"宏指令"自选或自编程序去适应环境，并自动完成更为复杂的工作。

智能机器人具有多种由内部和外部传感器组成的感觉系统，不仅可以感知内部关节的运行速度、力的大小等参数，还可以通过外部传感器（如视觉传感器、听觉传感器、触觉传感器、嗅觉传感器等）对外部环境信息进行感知、提取、处理并做出相应的决策，在结构或半结构化环境中自主完成某种作业。智能机器人还有效应器，作为作用于周围环境的手段。由此可知，智能机器人至少要具备三个要素：一是感觉要素，用来认识周围环境状态；二是运动要素，对外界做出反应性动作；三是思考要素，根据感觉要素所得到的信息，思考出采用什么样的动作。目前，智能机器人尚处于研究和发展阶段。

我国工业和信息化部、国家发展和改革委员会、财政部等三部门联合印发了《机器人产业发展规划（2016—2020 年）》，指出机器人产业发展要推进重大标志性产品率先突破。在工业机器人领域，聚焦智能生产、智能物流，攻克工业机器人关键技术，提升可操作性和可维护性，重点发展弧焊机器人、真空（洁净）机器人、全自主编程序智能工业机器人、人机协作机器人、双臂机器人、重载 AGV（Automated Guided Vehicle，自动导引运输车）等六种标志性工业机器人产品，引导我国工业机器人向中高端方向发展。在服务机器人领域，重点发展消防救援机器人、手术机器人、智能型公共服务机器人、智能护理机器人等四种标志性产品，推进专业服务机器人实现系列化，个人/家庭服务机器人实现商品化。

3. 按机器人的结构形式分类

按结构形式，机器人可分为关节型机器人和非关节型机器人两大类，其中关节型机器人的机械本体部分一般是由若干关节与连杆串联而成的开式链机构。

关节型机器人，也称关节手臂机器人或关节机械手臂，是当今工业领域中最常见的工业机器人的形态之一。它适合用于诸多工业领域的机械自动化作业，如自动装配、喷漆、搬运、焊接等工作。

按照构造关节型机器人可分为 5 轴和 6 轴关节机器人、托盘关节机器人、平面关节机器人 SCARA。按照工作性质关节型机器人可分为搬运机器人、点焊机器人、弧焊机器人、喷漆机器人、激光切割机器人等类型。

非关节型机器人是指机器人不是关节型的，包括直角坐标型机器人、圆柱坐标型机器人、球坐标型机器人等类型。

4. 按坐标形式分类

机器人是一种具有机电一体化的机构。通常关节机器人依据坐标形式的不同可分为直角坐标型、圆柱坐标型、球坐标型、多关节坐标型以及并联机构机器人。

（1）直角坐标型机器人

所有运动都是由直线运动机构实现的机器人称为直角坐标型机器人，如图 1-5 所示。所谓直线运动就是伸缩运动，由 X，Y，Z 三个坐标方向上的移动来确定机器人的位置，动作范围由各直线动作范围所决定。

该类机器人的优点是位置精度高，控制无耦合，避障性好，结构简单，控制方便。它的缺点是：结构庞大，工作范围小，灵活性差，难以与其他机器人协调工作；移动轴的结构较复杂，且占地面积较大。主要用于印刷电路板的元件插入和螺钉紧固等工作，也可用于焊

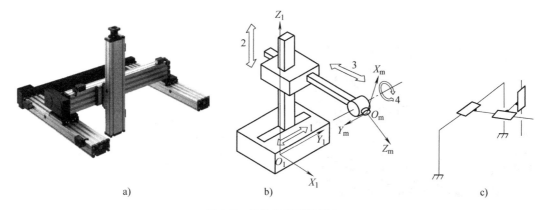

图1-5　直角坐标型机器人

a）直角坐标型机器人实例　b）直角坐标型机器人结构示意图　c）直角坐标型机器人图形符号

接、搬运、上下料、码垛、包装、检测、装配、贴标、喷码、涂胶和切割等一系列工作。

（2）圆柱坐标型机器人

由一个旋转运动和两个方向上直线运动（水平方向和铅垂方向）的三种运动机构组合而成的机器人称为圆柱坐标型机器人，如图1-6所示。Versatran机器人是该类机器人的典型代表，机器人手臂的运动是由垂直立柱平面内的伸缩和沿立柱的升降两个直线运动及手臂绕立柱的转动复合而成的。圆柱坐标型机器人的位置精度仅次于直角坐标型机器人，结构简单，刚性好，但在机器人运动范围内，必须留有前后方向运动的空间，因此空间利用率较低。主要用于重物的装卸和搬运。

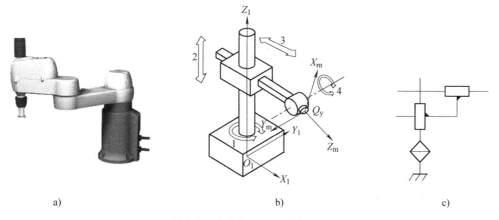

图1-6　圆柱坐标型机器人

a）圆柱坐标型机器人实例　b）圆柱坐标型机器人结构示意图　c）圆柱坐标型机器人图形符号

（3）球坐标型机器人

由旋转、摆动和直线运动三种运动机构组合的机器人称为球坐标型机器人，如图1-7所示。摆动是指构件的轴线绕另一轴线的回转运动。这类机器人结构紧凑，重量较轻，占地面积较小，节省空间，位置精度较高，能与其他机器人协调工作，但避障性差，平衡性较差，位置误差与臂长有关。球坐标型机器人主要用于食品、药品、电子等行业的搬运、分拣等。

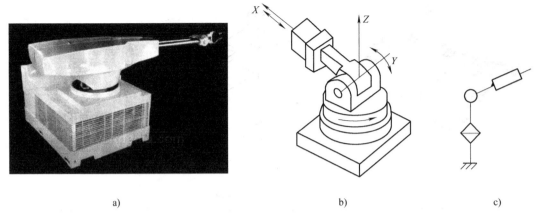

a)   b)   c)

图 1-7　球坐标型机器人

a) 球坐标型机器人实例　b) 球坐标型机器人结构示意图　c) 球坐标型机器人图形符号

（4）多关节坐标型机器人

由多个关节和摆动机构组成的机器人称为多关节坐标型机器人。其手部空间位置的改变是通过三个回转运动来实现的，PUMA 机器人是其代表。多关节坐标型机器人主要由立柱、前臂和后臂组成，如图 1-8 所示，机器人的运动由前臂、后臂的俯仰及立柱的回转构成。结构紧凑，占地面积小，工作空间大，灵活性强，能与其他机器人协调工作，避障性好，但其位置精度较低，平衡性较差，控制存在耦合，因此比较复杂。这类机器人目前应用最广泛，主要用于汽车、电子、食品等行业的焊接、喷涂等。

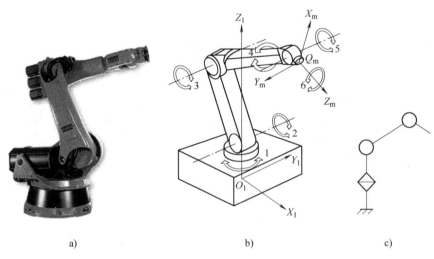

a)   b)   c)

图 1-8　多关节坐标型机器人

a) 多关节坐标型机器人实例　b) 多关节坐标型机器人结构示意图　c) 多关节坐标型机器人图形符号

（5）并联机构机器人

并联机构机器人是从基底到终端输出的端板由多个连杆并行连接的机构。并联机构因为有多个连杆支撑，因此具有刚性好、结构稳定、承载能力强、精度高等优点，其外观和运动结构如图 1-9 所示。但是，因为其连杆之间相互干涉，因此与串联机构相比具有作业范围小的缺点。并联机构机器人是一种新型结构机器人，也是机器人功能的一种拓展。

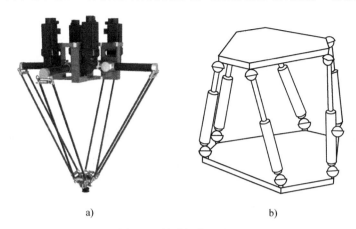

a)   b)

图1-9　并联机构机器人

a）并联机构机器人实例　b）并联机构机器人结构示意图

5. 按机器人的性能指标分类

按照负载能力和作业空间等性能指标，机器人可分为五类。

① 超大型机器人。超大型机器人的负载能力为 10^7N 以上。

② 大型机器人。大型机器人的负载能力为 $10^6 \sim 10^7$N，作业空间为 10m³ 以上。

③ 中型机器人。中型机器人的负载能力为 $10^5 \sim 10^6$N，作业空间为 1~10m³。

④ 小型机器人。小型机器人的负载能力为 $1 \sim 10^5$N，作业空间为 0.1~1m³。

⑤ 超小型机器人。超小型机器人的负载能力为 1N 以下，作业空间为 0.1m³ 以下。

6. 按控制方式分类

按执行机构运动的控制方式，机器人分成两类。

（1）点位控制机器人

按点位方式控制的机器人的运动为空间点到点之间的直线运动，在作业过程中只控制几个特定工作点的位置，点与点之间的运动过程不进行控制。在点位控制的机器人中，所能控制点数的多少取决于控制系统的复杂程度。目前有部分工业机器人是采用点位控制方式的。按点位方式进行控制的机器人适用于机床上下料、点焊、一般搬运和装卸等作业。

（2）连续轨迹控制机器人

按连续轨迹方式控制的机器人的运动轨迹可以是空间的任意连续曲线。机器人在空间的整个运动过程都处于控制中，能同时控制两个以上的运动轴，使手部位置可沿任意形状的空间曲线运动，而手部的姿态也可以通过腕关节的运动来控制。按连续轨迹方式控制的机器人适用于连续焊接和喷涂等作业。

7. 按驱动方式分类

按驱动方式，机器人分成四类。

（1）气压传动式机器人

气压传动式机器人以压缩空气作为动力源来驱动执行机构的。这种驱动方式的优点是空气来源方便、动作迅速、结构简单、造价较低，缺点是空气具有可压缩性，导致工作速度不易控制、稳定性较差，噪声大。因气源压力一般只有 60MPa 左右，故该类机器人适用于抓举力要求较小或高速轻载、高温、粉尘大的作业环境。

（2）液压传动式机器人

液压传动式机器人采用液压元器件驱动执行机构。它的优点是负载能力强、传动平稳、结构紧凑、动作灵敏，缺点是密封要求较高，不宜在高温或低温的场合工作，制造精度较高，导致成本较高，要附带电液伺服阀、油箱、滤油换热器等。该类机器人适用于重载或低速驱动场合。

（3）电力传动式机器人

电力传动式机器人采用交流或直流伺服电动机驱动执行机构。目前越来越多的机器人采用电力传动式驱动方式，这是因为电动机可选择品种多，控制灵活方便，传动结构简单，不需要中间转换机构。

电力传动机器人是利用各种电动机产生的力或力矩，直接或经过减速机构来驱动机器人，以获得所需的位移、速度和加速度。电力传动具有无环境污染、易于控制、运动精度高、成本低和传动效率高等优点，应用最为广泛。电力驱动可分为步进电动机驱动、直流伺服电动机驱动、无刷伺服电动机驱动等。

（4）机械传动式机器人

机械传动式机器人采用凸轮、连杆、齿轮齿条、链传动、间歇机构等机械传动机构来驱动执行元件。机械传动式机器人的优点是工作程序固定、运动准确、性能可靠，但结构尺寸较大。该类机器人主要用于工作主机上下料及辅助性工作。

8. 按机器人工作时的机座可动性分类

按照机器人工作时机座的可动性，机器人分为两类。

（1）固定式机器人

固定式机器人固定在机座上，只能通过移动各个关节完成任务。固定式机器人可以根据工作需要作某个方向上的移动，但不是以移动作业为主，移动中各运动部件对机座的相对运动关系不变。关节型机器人属于固定式机器人。

（2）移动式机器人

移动式机器人可沿任意方向移动。这种机器人可分为有轨式机器人、履带式机器人和步行机器人，其中步行机器人又可分为单足、双足、多足行走机器人。

9. 按程序输入方式分类

按程序输入方式分类，机器人分为两类。

（1）编程输入型机器人

编程输入型机器人将计算机上已编好的作业程序文件，通过 RS-232 串口或者以太网等通信方式传送到机器人控制柜。

（2）示教输入型机器人

示教输入型机器人的示教方法有两种：一种是由操作者用手动控制器（示教操纵盒），将指令信号传给驱动系统，使执行机构按要求的动作顺序和运动轨迹操演一遍。另一种是由操作者直接带动执行机构，按要求的动作顺序和运动轨迹操演一遍。在示教过程的同时，工作程序的信息即自动存入程序存储器中，在机器人自动工作时，控制系统从程序存储器中取出相应信息，将指令信号传给驱动机构，使执行机构再现示教的各种动作。示教输入程序的工业机器人称为示教再现型工业机器人。

1）查阅资料，说出第一代机器人和第二代机器人的主要区别。

2）查阅资料，了解哪一类工业机器人目前应用最广泛。

3）查阅资料，了解我国工业机器人今后的发展方向。

1.1.4 工业机器人的应用

工业机器人已广泛应用于汽车制造、电子、橡胶塑料、军工、航空制造、食品工业、医药设备与金属制品等领域，其中汽车工业中应用最多。本节只介绍常见的工业机器人。

1. 焊接机器人

焊接作业包括点焊和弧焊，是工业机器人使用最多的作业类型之一。点焊机器人可以通过重新编程调整空间点位，以满足不同零件的需要，因此特别适宜于小批量、多品种的生产环境。点焊机器人典型的应用领域是汽车车身的焊装流水线，但现在在中小型零部件制造企业的应用不断扩展。弧焊机器人广泛用于各种复杂结构件和容器的焊接，弧焊机器人最常用于结构钢的熔化极活性气体保护焊（CO_2、MAG）、不锈钢、铝的熔化极惰性气体保护焊（MIG）、各种金属的钨极惰性气体保护焊（TIG）等。目前世界各国的汽车工业已大量使用焊接机器人进行生产，焊接自动化率高，对提高产品质量和生产效率有很大帮助。

UNIMATE、MOTOMAN、点焊机器人等都是典型的焊接机器人，图 1-10 所示为 UNIMATE 机器人。

焊接机器人主要有以下优点：

① 稳定和提高焊接质量。

② 提高劳动生产率。

③ 改善工人劳动强度，可在有害环境下工作。

④ 降低了对工人操作技术的要求。

⑤ 缩短了产品改型换代的准备周期，减少相应的设备投入。

⑥ 可实现小批量产品的焊接自动化。

2. 喷涂机器人

由于喷涂作业工作环境恶劣，对人体有害，因此发达国家大量使用了喷涂机器人。喷涂机

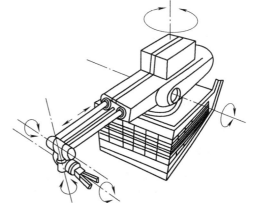

图 1-10 UNIMATE 机器人

器人能在恶劣环境下连续工作，并具有工作灵活、工作精度高等特点，因此喷涂机器人被广泛应用于汽车、大型结构件等喷涂生产线，以保证产品的加工质量、提高生产效率、减轻操作人员劳动强度和危害。

喷涂机器人在使用环境和动作要求上有如下的特点：

① 工作环境包含易爆的喷涂剂蒸气。

② 沿轨迹高速运动，途经各点均为作业点。

③ 多数和被喷涂件都安放在传送带上，边移动边喷涂，所以需要一些特殊性能。

挪威生产的 TRALLFA 机器人是目前世界上使用最多的喷涂机器人，该机器人为关节型

机器人，有六个自由度，采用电液或全电动伺服驱动，既可实现点位控制，也可实现连续轨迹控制。

3. 搬运机器人

搬运机器人是可以进行自动化搬运作业的工业机器人，被广泛应用于机床上下料、冲压机自动化生产线、自动装配流水线、码垛搬运、集装箱等的自动搬运。这类机器人精度相对低一些，但负荷比较大，运动速度比较高。搬运机器人和数控机床一起组成柔性加工系统，一条柔性生产线可配置几台至十几台搬运机器人。典型的搬运机器人有 T^3 和 FUNAC 机器人。

4. 装配机器人

装配机器人是工业生产中用于装配生产线上对零件或部件进行装配的工业机器人。装配机器人在电子工业领域使用最多，主要用于电路板的装配以及电动机、发动机部件、阀门等产品的装配，也较多地用于汽车及其部件、计算机、玩具、机电产品及其组件的装配等方面。PUMA 700 机器人（见图1-11）是一种典型的用于装配作业的关节型机器人，采用直流伺服电动机驱动、微机控制点位或连续轨迹控制方式。随着机器人智能化程度的提高，使得装配机器人有可能对复杂产品如汽车发动机、电动机等进行自动装配，并可大大提高产品质量和生产效率。水平多关节型机器人是装配机器人的典型代表，它共有四个自由度：两个回转关节，上下移动以及手腕的转动。装配机器人是柔性自动化装配系统的核心设备，由机器人操作机、控制器、

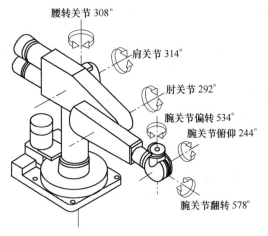

图 1-11　PUMA 700 机器人

末端执行器和传感系统组成。装配机器人具有精度高、柔顺性好、工作范围小、能与其他系统配套使用等特点，主要用于各种电器制造行业。

做一做

1）查阅资料，说一说焊接机器人的主要优点。

2）试说出装配机器人的主要用途。

小结

本节主要介绍了工业机器人的概念、工业机器人的发展历史、工业机器人的分类与应用，使学习者较全面地了解工业机器人的定义、历史进程、大致分类与实际应用领域。

思考题：

1. 简述工业机器人的概念。

2. 按机器人的开发内容与应用，工业机器人分为哪些类型？

3. 按坐标形式，工业机器人分为哪些类型？

4. 按驱动方式，工业机器人分为哪些类型？

5. 简述焊接机器人、喷涂机器人的特点与应用场合。

1.2 工业机器人的组成与技术参数

1.2.1 工业机器人的基本组成

一般说来，工业机器人系统由三大部分六个子系统组成，如图1-12所示。三大部分是机械部分（用于实现各种动作）、传感部分（用于感知内部和外部的信息）和控制部分（控制机器人完成各种动作），六个子系统是驱动系统、机械系统、传感系统、控制系统、人机交互系统、机器人—环境交互系统。

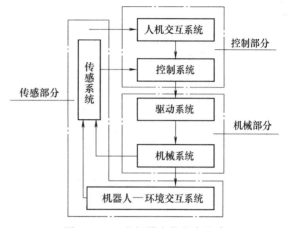

图1-12 工业机器人的基本组成

1. 驱动系统

驱动系统主要指驱动机械系统的驱动装置，是机器人的动力系统，提供机器人各部位、各关节动作的原动力，一般由驱动装置和传动机构两部分组成。根据驱动方式的不同，驱动系统可分为液压、气压、电动等驱动方式及把它们结合起来应用的综合系统。驱动系统可以直接与操作机相连，也可通过同步带、链条、轮系、谐波齿轮等机械传动机构进行间接驱动。

2. 机械系统

机械系统又称操作机或执行机构系统，是机器人完成作业任务的执行机构，它由一系列连杆、关节或其他形式的运动副所组成。机械系统通常包括机座、立柱、手臂、腕关节和手部（末端执行器）等，是一个多自由度的机械系统。工业机器人的机械系统由机座、手臂、手部（末端执行器）三大部件组成。手臂一般由上臂、下臂和手腕组成。手部（末端执行器）是直接装在腕关节上的一个重要部件，它可以是两手指或多手指的手爪，也可以根据操作需要换成焊枪、吸盘、扳手等作业工具。每一部件都有若干自由度，构成一个多自由度的机械系统。若机座具备行走机构便构成行走机器人；若机座不具备行走及腰转机构，则构成单臂机器人。

3. 传感系统

传感系统中的传感器是机器人的感测元件，是机器人系统的重要组成部分，由内部传感器和外部传感器组成。内部传感器用来检测机器人的自身状态（内部信息），为机器人的运动控制提供必要的本体状态信息，如位置传感器、速度传感器等。外部传感器用来感知外部世界，检测作业对象与作业环境的状态（外部信息），可分成环境传感器和末端执行器传感器两种类型。对于一些特殊的信息，传感器比人类的感知系统更有效。

4. 控制系统

控制系统是机器人的指挥中枢,是根据程序和反馈信息控制机器人动作的中心,负责对作业指令信息、内外部环境信息进行处理,并依据预定的本体模型、环境模型和控制程序做出决策,产生相应的控制信号,通过驱动器驱动执行机构的各个关节按所需的顺序、沿既定的位置或轨迹运动,完成特定的作业。若工业机器人不具备信息反馈特征,则为开环控制系统;若具备信息反馈特征,则为闭环控制系统。

根据控制原理,控制系统可分为程序控制系统、适应性控制系统和人工智能控制系统;根据控制运动的方式,控制系统可分为点位控制和连续轨迹控制。如图 1-13 所示为机器人控制系统组成框图。

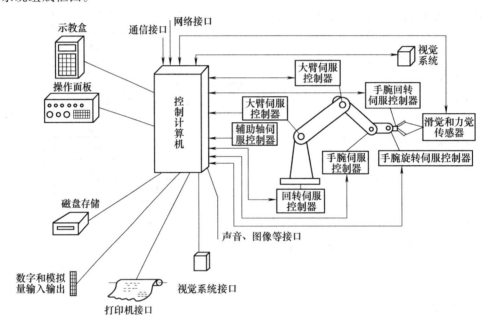

图 1-13 机器人控制系统组成框图

5. 人机交互系统

人机交互系统是使操作人员与机器人进行联系和参与机器人控制的装置。人机交互系统可分为指令给定装置和信息显示装置两大类。

6. 机器人—环境交互系统

机器人—环境交互系统是实现工业机器人与外部设备的相互联系和协调并构成功能单元的系统。机器人可与外部设备集成为一个功能单元,如加工制造单元、装配单元和焊接单元等。同时,也可以是多台机器人、多台机械设备及多个零件存储装置等集成为一个执行复杂任务的功能单元。

做一做

1) 说出工业机器人的六个子系统名称。

2) 查阅资料,了解工业机器人三大部分的作用。

3) 观看工业机器人系统组成的有关图片。

1.2.2 工业机器人的主要技术参数

机器人的技术参数反映了机器人可完成的工作、具有的最佳操作性能等情况，是选择、设计、应用机器人所必须考虑的重要因素。机器人的主要技术参数包括自由度、分辨率、定位精度、重复定位精度、工作范围、承载能力及最大工作速度等。

1. 自由度

自由度是指机器人所具有的独立坐标轴运动的数目，手部（末端执行器）的开合自由度不包括在内。自由度反映了机器人动作的灵活性，可用轴的直线移动、摆动或旋转动作的数目来表示。在三维空间中描述一个物体的位置和姿态需要六个自由度。工业机器人的自由度是根据其用途而设计的，可能小于或大于六个自由度。目前，涂装、焊接机器人多为六个或七个自由度，搬运、装配、码垛机器人多为四至六个自由度。例如，A4020 装配机器人具有四个自由度，可以在印制电路板上接插电子器件；PUMA 562 机器人具有六个自由度，可以进行复杂空间曲线的弧焊作业。机器人的自由度越多，就越接近人手的动作机能，通用性就越好；但自由度越多，结构就越复杂，对机器人的整体要求就越高，这是机器人设计中的一个矛盾。

> **小提示**
>
> 机构自由度就是机构具有的独立坐标轴运动的数目，因此，当机构的主动件等于自由度数时，机构就具有确定的相对运动。

2. 分辨率

分辨率是指机器人的每个轴能够实现的最小的移动距离或者最小的转动角度。定位精度、重复定位精度和分辨率这三个参数共同作用决定机器人的工作精度。机器人的分辨率由系统设计检测参数决定，并受位置反馈检测单元性能的影响。

分辨率分为编程分辨率与控制分辨率，统称为系统分辨率。

编程分辨率是指程序中可以设定的最小距离单位，又称基准分辨率。例如：当电动机旋转 0.1°，机器人手臂端点移动的直线距离为 0.01mm 时，其基准分辨率为 0.01mm。

控制分辨率是位置反馈回路能够检测到的最小位移量。例如：若每周（转）1000 个脉冲的增量式编码盘与电动机同轴安装，则电动机每旋转 0.36°（360°，1000r/min），编码盘就发出一个脉冲，0.36°以下的角度变化无法检测，则该系统的控制分辨率为 0.36°。显然，当编程分辨率与控制分辨率相等时，系统性能达到最高。

3. 定位精度和重复定位精度

精度是测量值与真值的接近程度，包含精密度、准确度和精确度三个方面。机器人的运动精度包括定位精度和重复定位精度。

① 定位精度。指机器人末端操作器的实际位置与目标位置之间的偏差。

② 重复定位精度。指在同一环境、同一条件、同一目标动作、同一命令下，机器人连续重复运动多次时，其位置的分散情况是各次不同位置平均值的偏差。重复定位精度是衡量一系列误差值的重复度。

定位精度和重复定位精度测试的典型情况如图 1-14 所示。

4. 工作范围

工作范围是指机器人手臂末端或手腕中心所能到达的所有点的集合，又称工作区域、工

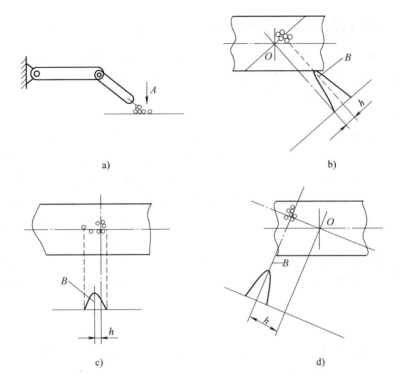

图 1-14 定位精度和重复定位精度测试的典型情况

a) 重复定位精度的测试 b) 合理的定位精度,良好的重复定位精度 c) 良好的
定位精度,很差的重复定位精度 d) 很差的定位精度,良好的重复定位精度

作行程。由于末端执行器的形状和尺寸是多种多样的,为了真实反映机器人的特征参数,因此工作范围是指不安装末端执行器时的工作区域。目前,单体工业机器人本体的工作范围可达 3.5m 左右。

工作范围的形状和大小是十分重要的,机器人在执行某作业时可能会因为手部不能到达的作业死区而完不成任务。图 1-15 和图 1-16 所示分别为 PUMA 机器人和 A4020 型 SCARA 机器人的工作范围。

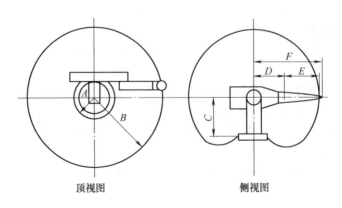

顶视图　　　　　　　　　　侧视图

图 1-15　PUMA 机器人工作范围示意图

5. 最大工作速度

最大工作速度通常指机器人手臂末端的最大速度，是影响生产效率的一个重要指标。提高工作速度，可提高工作效率。因此，提高机器人的加速或减速能力，保证机器人加速或减速过程中的平稳性是非常重要的。

6. 承载能力

承载能力是指机器人在工作范围内的任何位置和姿态上所能承受的最大质量。机器人的承载能力不仅取决于负载的质量，并且与机器人运行的速度和加速度的大小及方向有关。为安全起见，承载能力这一技术指标是指高速运行时的承载能力。通常，承载能力不仅指负载质量，而且包括机器人末端操作器的质量。目前，工业机器人的承载能力在0.5~800kg。

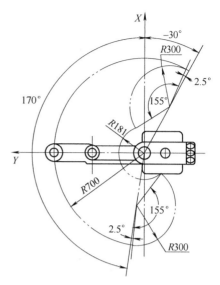

图 1-16 A4020 型 SCARA 机器人工作范围

根据自身工作的实际需求，选择合适的技术参数，可以提高生产效率，降低实际成本支出，实现效益最大化。表 1-1~表 1-3 为不同类型的工业机器人的主要技术参数。

表 1-1 MOTOMAN UP6 型通用工业机器人的主要技术参数

	机械结构	垂直多关节型
基本参数	自由度数	6
	载荷质量	6kg
	重复定位精度	±0.08mm
	本体质量	130kg
	安装方式	地面安装
	电源容量	1.5kV·A
最大动作范围	S 轴(回旋)	±170°
	L 轴(下臂倾动)	+155°、−90°
	U 轴(上臂倾动)	+190°、−170°
	R 轴(手臂横摆)	±180°
	B 轴(手腕俯仰)	+225°、−45°
	T 轴(手腕回旋)	±360°
最大速度	S 轴	2.44rad/s(140°/s)
	L 轴	2.79rad/s(160°/s)
	U 轴	2.97rad/s(170°/s)
	R 轴	5.85rad/s(335°/s)
	B 轴	5.85rad/s(335°/s)
	T 轴	8.37rad/s(500°/s)

表 1-2　MOTOMAN EA1400 型弧焊机器人的主要技术参数

基本参数	机械结构	垂直多关节型
	自由度数	6
	载荷质量	3kg
	重复定位精度	±0.08mm
	本体质量	130kg
	安装方式	地面安装
	电源容量	1.5kV·A
最大动作范围	S 轴(回旋)	±170°
	L 轴(下臂倾动)	+155°、-90°
	U 轴(上臂倾动)	+190°、-170°
	R 轴(手臂横摆)	±180°
	B 轴(手腕俯仰)	+180°、-45°
	T 轴(手腕回旋)	±360°
最大速度	S 轴	140°/s
	L 轴	160°/s
	U 轴	170°/s
	R 轴	340°/s
	B 轴	340°/s
	T 轴	520°/s

表 1-3　PUMA562 机器人的主要技术参数

参数	说明
自由度	6
驱动	DC 伺服电动机
手爪控制	气动
控制器	系统机
重复定位精度	±0.1mm
承载能力	4.0kg
手腕中心最大距离	866mm
直线最大速度	0.5m/s
功率要求	1150W
重量	182kg
制造厂商	美国 Unimation

做一做

1) 查阅资料,了解机器人的自由度为什么不是越多越好的原因。

2) 说出工业机器人的主要技术参数的内容与意义。

1.3 工业机器人的发展现状、发展趋势与发展前景

1. 工业机器人在中国的发展现状与发展趋势

（1）工业机器人在中国的发展现状

自 1962 年美国研制出世界上第一台工业机器人以来，机器人技术及其产品发展很快，已成为柔性制造系统、自动化工厂、计算机集成制造系统的自动化工具。它作为先进制造业的支撑技术、信息化社会的新兴产业和智能制造技术浪潮的关键技术，是世界制造大国争先抢占的第三次工业革命的制高点。无论是美国的先进制造、德国的工业 4.0，还是中国的《中国制造 2025》，都将工业机器人列为产业转型升级和智能制造的重点方向。工业机器人的竞争已上升到国家产业战略的层面。工业机器人竞争的结果，必然对世界制造业的格局产生重大影响，重塑整个现代工业。目前，常见的工业机器人有点焊机器人、弧焊机器人、搬运机器人、码垛机器人、装配机器人、喷涂机器人等，已经在生产线中得到广泛应用。

我国机器人研究始于 20 世纪 70 年代，30 多年来，相继研制出示教再现型的点焊、弧焊、搬运、装配、喷漆等多种工业机器人和服务机器人、特种机器人。目前，示教再现型机器人技术已基本成熟，并得到较广泛的应用。中国第一台潜深 1000m 的无缆水下机器人"探索者号"，由中国科学院沈阳自动化研究所与其他单位合作研制成功，1994 年 12 月通过专家验收。"探索者号"经过实验室检测和海上试验，其技术性能已达到国家"863"计划的合同要求，在整机主要技术性能和指标方面达到国际 20 世纪 90 年代最先进的同类水下机器人的水平，其中水下平台回收技术是创新性的。它的研制成功大大缩小了中国与发达国家在这一领域的差距，标志着中国水下机器人技术正在走向成熟。近几年，中国在深水机器人领域频有斩获。由中国科学院沈阳自动化研究所承担的"6000m 水下无人无缆潜器（AUV）实用化改造"课题于 2011 年立项、2012 年年底完成研制、2013 年被命名为"潜龙一号"，这也是中国首台拥有完全自主知识产权的同类设备。2017 年 4 月 9 日，由交通运输部烟台打捞局承担的 3000m 级水下机器人海试任务成功结束，标志着我国已具备 3000m 级深水救捞能力。烟台打捞局 3000m 级水下机器人是国家重点投资装备，主轴功率 147kW，作业深度 3000m，可在海底三节流速情况下保持对海底 10cm 的定位精度，配备双七功能机械手、扭力扳手、多波束和旁扫声纳等一系列先进装备，可完成 3000m 以内各种深水救捞搜寻和海洋工程作业任务。图 1-17 所示为水下机器人实物图和示意图。

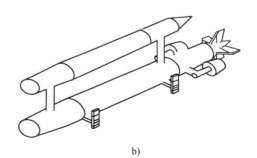

a)   b)

图 1-17 水下机器人实物图和示意图

a）实物图 b）示意图

沈阳新松机器人自动化股份有限公司（以下简称"新松"）隶属中国科学院，是一家以机器人技术为核心，致力于数字化智能制造装备的高科技企业，是国内机器人产品线最全的厂商。新松已形成了自主核心技术、核心零部件、领先产品及行业系统解决方案为一体的完整产业价值链。2000年起，沈阳新松机器人自动化股份有限公司开发了包括工业机器人、移动机器人、洁净机器人、特种机器人和服务机器人五大类80余种机器人产品。图1-18所示为其自行研制的双臂协作工业机器人。

图1-18　双臂协作工业机器人

进入21世纪，中国的汽车、电子等产业快速发展，与此同时，劳动力成本也快速增加，制造业面临巨大的危机，转型智能制造成为新趋势。于是，政府推动工业机器人等新兴产业迅速崛起，我国机器人产业得以快速发展。目前，我国已成为全球最大的工业机器人消费市场，工业机器人应用于汽车制造、电子电气、机械加工、物流等诸多领域，其中汽车工业应用最多。实践证明，机器人代替人工生产是制造业的发展趋势，是实现智能制造的基础，也是实现工业自动化、智能化和数字化的保障。

我国先后研制出了点焊、弧焊、装配、喷漆、切割、搬运、码垛等各种用途的工业机器人。2014年自主品牌工业机器人销量达到1.7万台，2016年工业机器人产量已达7.24万台。其中，服务机器人在科学考察、医疗康复、教育娱乐、家庭服务等领域已经研制出一系列代表性产品并实现应用。自2013年起我国成为全球第一大工业机器人应用市场，2014年销量达到5.7万台，占全球销量的1/4，机器人密度由五年前的11台增加到36台，但仅达到全球均值的一半，居世界第28位。在整体的全球统计中，这大致与葡萄牙（42台）、印度尼西亚（39台）相当。预计，到2020年，我国工业机器人年销量将达到15万台；到2025年，工业机器人年销量将达到26万台。到"十三五"末，我国机器人产业集群年产值预计将突破1000亿元。

由于工业机器人产业的发展对地区的工业基础和相关科研实力有较高要求，同时随着产业的转型升级，发达地区的制造业需要提升。目前我国工业机器人产业主要集中于东北、京津冀和长三角地区。东北地区是国内老工业基地，是最早从事工业机器人生产的地区；京津冀地区因其技术优势，工业机器人产业也有所发展，主要企业覆盖领域包括工业机器人及自动化生产线、工业机器人集成应用、工业机器人技术咨询等产品和服务；长三角地区是中国汽车制造业、电子制造企业集中地，也是重要的机器人公司集聚地。据工业和信息化部统计，目前我国有20多个省市把机器人作为重点产业进行培育、推进发展，机器人企业的数量超过了800个。

2015年5月，国务院印发了《中国制造2025》，部署全面推进实施制造强国战略。《中国制造2025》提出：坚持"创新驱动、质量为先、绿色发展、结构优化、人才为本"的基本方针；坚持"市场主导、政府引导；立足当前、着眼长远；整体推进、重点突破；自主发展、开放合作"的基本原则，通过"三步走"实现制造强国的战略目标。大力推动重点领域突破发展，包括高档数控机床和机器人等领域，机器人领域要围绕汽车、机械、电子、危险品制造、国防军工、化工、轻工等工业机器人、特种机器人，以及医疗健康、家庭服务、教育娱乐等服务机器人应用需求，积极研发新产品，促进机器人标准化、模块化发展，扩大市场应用。突破机器人本体、减速器、伺服电动机、控制器、传感器与驱动器等关键零部件及系统集成设计制造等技术瓶颈。

2016 年 4 月，国家工业和信息化部、国家发展和改革委员会、财政部联合印发了《机器人产业发展规划（2016—2020 年）》，提出了发展机器人产业的五项主要任务：一是推进重大标志性产品率先突破，二是大力发展机器人关键零部件，三是强化产业创新能力，四是着力推进应用示范，五是积极培育龙头企业。提出了机器人产业的五年发展目标：形成较为完善的机器人产业体系；技术创新能力和国际竞争能力明显增强，产品性能和质量达到国际同类水平，关键零部件取得重大突破，基本满足市场需求；并从产业规模持续增长、技术水平显著提升、关键零部件取得重大突破、集成应用取得显著成效等四个方面提出了具体目标。

据报道，为促进我国机器人产业健康发展，工业和信息化部等部委将陆续出台一系列后续产业发展促进措施，着力解决两大关键问题：一是推进机器人产业迈向中高端发展，二是规范市场秩序，防止机器人产业无序发展。工业和信息化部同时强调，在自主品牌、关键技术等方面，我国的机器人，特别是工业机器人大多还是一些中低端产品，六轴以上多关节的机器人供给能力相对较低，因此，机器人产业存在高端产业低端化和低端产品产能过剩的风险。

（2）工业机器人在中国的发展趋势

① 产品方面：人机协作功能助力工业机器人步入 2.0 时代。

在行业需求变化、柔性化要求提升等影响下，国外的 KUKA、ABB 和国内的新松等工业机器人知名企业纷纷推出人机协作型机器人产品，人机协作机器人更能适应对机器人柔性化和感知能力等方面的要求。一方面，人机协作机器人柔性化程度更高，相比传统汽车产业中体型大、移动范围大的重型机器人，人机协作机器人具备轻量化、小型化、精细化的特点，能够满足未来以 3C 为主导的消费电子产业对工业机器人的供应需求；另一方面，人机协作机器人提升了感知能力，可以通过被示范训练的方式来学习、完成各种作业任务，可对其程序进行编程，并进行可视化操作，为未来开拓新应用领域打下坚实的基础。

② 技术方面：机器视觉技术成为国内产业上游环节切入点。

机器视觉技术是用机器代替人眼来做测量和判断，主要用计算机软件来模拟人的视觉功能，从客观事物图像中提取信息并进行处理，最终用于实际检测、测量和控制。从市场需求来看，全世界机器人数量逐年递增的同时也在拉动对机器视觉功能的需求；从技术层面来看，近年来我国机器视觉行业的专利数量快速增加，将推动机器视觉技术向更高精度、高要求方向发展。此外，高端装备制造业对精度的严格要求也必须由机器智能识别来完成。大力培育和发展机器视觉对于加快制造业转型升级，提高生产效率，实现制造过程的智能化和绿色化发展具有重要的意义。

③ 应用方面：不断向军工、医药、食品等领域深化。

工业机器人作为高新技术战略，无论在推动国防军事、智能制造、资源开发，还是在培育、发展未来机器人产业上都具有重要意义。从行业结构变化趋势来看，汽车、电子行业仍是国内工业机器人的主要应用领域，但随着其他应用领域的不断拓展，塑料橡胶、食品、军工、医药设备、轨道交通、采矿、建筑业等领域的市场占比将逐渐增加。近年来国家十分重视环保和民生问题，塑料橡胶等高污染行业、民生相关的食品饮料以及制药行业，机器人作为实现自动化、绿色化生产的重要工具将会帮助相关企业进行产业结构调整。未来，机器人在新兴行业的应用将不断深化，机器人正在为提高人类的生活质量发挥着重要的作用。

中国制造业面临着向高端转型，面临国际先进制造、参与国际分工的巨大挑战。加快工业机器人技术的研究开发与生产是中国抓住这个历史机遇的主要途径。因此我国工业机器人产业发展要进一步落实：第一，工业机器人技术是我国由制造大国向制造强国转变的主要手段和途径，政府要对国产工业机器人有更多的政策与经济支持，加大技术投入与改造；第二，在国家的科技发展计划中，应该继续对智能机器人研究开发与应用给予大力支持，形成产品和自动化制造装备同步协调的新局面；第三，部分国产工业机器人质量已经与国外相当，企业采购工业机器人时不要盲目进口，应该综合评估，立足国产。

智能化、仿生化是工业机器人发展的最高阶段，随着材料、控制等技术不断发展，工业机器人将逐步应用于各个领域。伴随移动互联网、物联网的发展，多传感器、分布式控制的精密型工业机器人将会越来越多地逐步渗透制造业的方方面面，并且由制造实施型向服务型转化。

（3）我国工业机器人产业发展面临的主要问题

虽然我国机器人产业发展较快，但与工业发达国家相比，还存在较大差距。主要表现在：机器人产业链关键环节缺失，零部件中高精度减速器、伺服电动机和控制器等依赖进口；核心技术创新能力薄弱，高端产品质量可靠性低；机器人推广应用难，市场占有率亟待提高；企业"小、散、弱"问题突出，产业竞争力缺乏；机器人标准、检测认证等体系亟待健全。

① 高精度减速器、伺服电动机和控制器等依赖进口。

我国工业机器人近年来在某些关键技术上有所突破，但在整体核心技术方面仍处于落后地位，特别是在制造工艺与整套装备方面，缺乏高精密、高速与高效的减速器、伺服电动机、控制器等关键部件，这就导致了工业机器人关键零部件严重依赖进口。虽然我国在相关零部件方面有了一定的基础，但是无论从质量、产品系列全面性，还是批量化供给方面都与国外存在较大的差距，特别是在高性能交流伺服电动机和精密减速器方面的差距尤其明显，形成严重依赖进口的局面，影响了国产机器人的市场竞争力。

② 品牌影响力处于劣势。

国内机器人企业在过去几十年中取得了一定的成就，但品牌影响力处于劣势依然是民族企业面临的重大问题。虽然我国已经拥有一大批从事机器人开发的企业，但大多没有形成较大的规模，缺乏市场的品牌认知度，在市场层面一直面临国外品牌的打压。

③ 创新成果及产学研实际转化率较低。

成果转化率和产业化率不高，严重制约了我国机器人与自动化装备产业的发展。与世界发达国家相比，我国机器人在技术研究层面上尚未形成"产学研用"有效紧密结合的协同创新局面，导致技术成果转化率低。我国的科技资源主要分布在高校院所，而高校院所在选题上往往侧重于科学技术领域的前沿和高新，与实际应用、产业需求存在脱节的情况。从企业方面看，从基础原创性成果到产品研发之间缺乏转化的"桥梁"，导致大量研究成果无法转化为产品。

④ 产业化程度不高。

一是关键零部件依赖进口，使国产工业机器人成本居高不下，甚至高于国外同类产品，造成产品无法推广应用；二是工业机器人诸多技术方面仍然停留在仿制层面，创新能力不足，制约了机器人市场的拓展；三是近年来行业内更加重视工业机器人的系统研发，忽视关键技术的突破，使工业机器人某些核心技术处于实验室研究阶段，制约了机器人产业化进程。

2. 工业机器人在国外的发展现状

（1）总体现状

根据国际机器人联合会统计，2013年全球工业机器人销量17.9万台，同比增长12%，2014年全球工业机器人销量22.9万台，同比增长29%，其中在亚洲的销量占到2/3，全球制造业机器人密度平均值由5年前的50台提高到66台，其中工业发达国家机器人密度普遍超过200台。与此同时，服务机器人发展迅速，应用范围日趋广泛，以手术机器人为代表的医疗康复机器人形成了较大产业规模，空间机器人、仿生机器人和反恐防暴机器人等特种作业机器人实现了应用。2015年，全球机器人销量首次突破了24万台。

从全球来看，目前欧洲和日本是工业机器人的主要产地，ABB、KUKA、发那科（FANUC）、安川电机（YASKAWA）四家企业是工业机器人的主要供货商，占据着全球约50%的市场份额。目前，对全球机器人技术发展最有影响的国家是美国和日本。工业机器人的市场集中度非常高，减速器、伺服电动机、控制器等核心部件的技术壁垒较高，高昂的生产成本和技术专利垄断是制约其他企业发展的重要因素。

（2）美国

美国是机器人的诞生地，早在1962年，美国Unimation公司的"尤尼曼特"机器人和AMF公司的"沃莎特兰"机器人是两种程序控制型机器人，作为最早工业机器人的实用机器就诞生了。比号称"机器人王国"的日本要早五六年。20世纪70年代，美国进行了手、眼结合的机械手系统和装配自动化系统的研究，机器人技术已发展到多关节机器人的计算机控制阶段。目前，美国在机器人技术的综合研究水平上仍处于领先地位，医疗机器人和国防军工机器人在全球具有优势。相比德国高达25%的应用比率，机器人在美国制造业中的应用相对较低，仅为11%。2008—2013年间，机器人在美国的销量以平均每年12%的速度增长，仅2013年，美国的机器人装机量就上升了6%，达到了将近24万台。不过，2013年美国工业机器人生产商的全球市场份额仍不足10%，且国内新增装机量大部分源于进口。

（3）日本

1967年，为了解决劳动力短缺的问题，日本汽车制造业引进了美国的实用机械手。20世纪70年代，日本的发那科株式会社、富士电机、安川电机制作所开发了圆柱坐标型机器人和多关节坐标型机器人的实用机器。20世纪70年代后半期，神户制钢和东芝共同开发的水平多关节机器人问世。自1975年，日本的汽车制造业为使产品多样化和弥补劳动力的不足，大量引进了弧焊机器人和点焊机器人。可以说，1980年是日本机器人普及之年。20世纪80年代初期，日本的一些企业参与了工业机器人的开发，由此拉开了开发工业机器人的竞争序幕。到20世纪80年代中期，日本已成为"机器人王国"，机器人的产量和使用的数量在国际上处于领先地位。其中，在工业机器人和家用机器人方面处于世界领先地位。目前，日本是全球最大的机器人出口国，机器人产量占全球份额的50%以上。

（4）德国

1985年，德国政府提出了要向高级的、带感觉的智能机器人领域进军的计划。随之机器人开始进入德国的各个产业。除了应用于汽车、电子等技术密集型产业外，工业机器人还广泛装备于传统产业。在德国传统产业转型升级的过程中，机器人有效地降低了生产成本，并提高了产品质量。

据报道，2012年，德国工业行业每万人机器人拥有量为273台。国际机器人协会发布的数据显示，2013年，机器人在德国的销量比2012年提高了4%，超过了1.8万台。目前，机器人在德国制造业中的应用率相对较高，每四个就业岗位就有一个工业机器人。德国机器人产业化模式的主要特点在于分工合作，即将具备一定智能化的机器人个体，通过数据交互来实现高度智能化。

（5）韩国及其他国家

目前，工业机器人自动化的全球领导者为韩国。韩国的机器人密度超过全球平均值的七倍（478台），紧随其后的是日本（314台）和德国（292台）。美国目前的机器人密度是164台，居全球第七。

日本、韩国、美国、德国的工业机器人市场成熟度高。日本技术实力和数量世界第一，欧美快速追赶日本。日本、德国的工业机器人水平全球领先，日本在工业机器人的减速器、伺服电动机等关键零部件的研发方面有较强的技术壁垒，德国在本体零部件、原材料和系统集成方面优势明显。

3. 工业机器人的发展前景

（1）发展前景

在经济结构转型和劳动力成本上升的背景下，机器人市场需求持续增长，而扶持政策的不断出台更有助于推动产业加速发展。第四次工业革命的自动化进程不断加速，到2018年大约有130万台工业机器人将在全球投入使用。

码垛和焊接两类工业机器人的销量将占到总销量的70%以上，其中码垛机器人结构相对简单且在3C、食品饮料等劳动密集型行业有较大需求空间。焊接机器人主要应用于汽车领域，整车厂对焊接精度要求较高，国内机器人可在工程机械和汽车零部件等细分行业寻找机会。

现代生产和救援工作有些需要工人在危险的环境（有毒气体、易爆环境）中作业，使得工人的身体健康难以得到保障。特殊工作环境的应用场景具有需求刚性，在未来会不断促进专业服务机器人新品种的开发。

目前家庭清洁机器人是使用数量最多、应用范围最广的一类家务服务机器人。在人力成本提高及渗透率远低于发达国家等因素的驱动下，未来中国家务清洁机器人的市场发展空间很大。

手术机器人是医疗机器人中体量最大的机器人，其次为微创放射性手术系统、急救机器人、外骨骼机器人、辅助康复机器人、非医疗医院机器人等占比均较小。图1-19所示为拥有"三头四臂"的达芬·奇机器人在手术室布局示意图。

对于机器人未来的发展方向，世界各国都有自己的规划，但无论亚洲国家和欧洲国家的差异，还是发达国家和发展中国家的不同，几乎所有的国家都能确定，如果不能充分发挥机器人的优势，那么高端制造业水平必将在未来落后于其他国家。

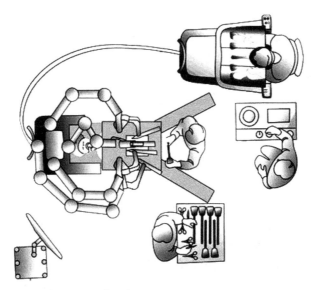

图 1-19　达芬·奇机器人在手术室布局示意图

（2）世界各国机器人发展战略

① 日本：产业体系配套完备，政府大力推动应用普及和技术突破。

据报道，日本政府将在经济增长战略中，把机器人产业作为重点扶持产业之一。2014年8月，日本独立行政法人新能源产业技术综合开发机构（NEDO）公布了《机器人白皮书》，提议充分利用机器人技术来解决人口减少的问题。其中预测，医疗、护理等服务行业机器人将进一步普及，预计2020年市场规模为现在的3倍以上，达到约2.8万亿日元（约合1700亿元人民币）。

② 德国：带动传统产业改造升级，政府资助人机交互技术及软件开发。

2012年，德国推行了以"智能工厂"为重心的"工业4.0计划"，工业机器人推动生产制造向灵活化和个性化方向转型。依此计划，通过智能人机交互传感器，人类可借助物联网对下一代工业机器人进行远程管理。这种机器人还将具备生产间隙的"网络唤醒模式"，以解决使用中的高能耗问题，促进制造业的绿色升级。

按照设想，工业4.0连接的是生产设备，即生产的"一体化"。把不同的设备通过数据交互连接到一起，让工厂内部甚至工厂之间都能成为一个整体。实际上，这种"一体化"是为了"分散化"。在工业4.0中，工业生产将由"集中式控制向分散式增强型控制"的基本模式转变，"分散化"后的生产将变得更加灵活。在这种模式下，不同的生产设备既能够协作生产，又可以各自快速地对外部变化做出反应。这完全是信息时代产生的大量个性化需求反映到生产端的结果，工业生产将告别上一个时代的标准化，走向个性化。

③ 美国：引领智能化浪潮，明确提出以发展工业机器人提振制造业。

同样提出要在制造业发起"再工业化"的还有美国。2011年6月，美国启动《先进制造伙伴计划》，明确提出通过发展工业机器人提振美国制造业。根据计划，美国将投资28亿美元，重点开发基于移动互联技术的第三代智能机器人。

以智能化为主要方向，美国企业一方面加大对新材料的研发力度，力争大幅度降低机器人自重与负载比，另一方面加快发展视觉、触觉等人工智能技术，如视觉装配的控制和导航。随着智能制造时代的到来，美国有足够的潜力反超日本和欧洲。迅速发展的智能工业机器人市场也吸引了诸多创新型企业。以谷歌为代表的美国互联网公司也开始进军机器人领域，试图融合虚拟网络能力和现实运动能力，推动机器人的智能化。

④ 韩国：使用密度全球第一，多项政策支持第三代智能机器人的研发。

韩国已启动 2018 年到期的第二个智能机器人开发五年计划。第二个五年计划侧重于通过将技术与其他产业如制造业和服务业的融合实现扩张。韩国政府将通过四个策略推动作为战略工业产业的机器人产业的发展：开展机器人研究与开发，提升综合能力；扩大各行业对机器人的需求；构建开放的机器人产业生态系统；公私联合投资 26 亿美元加快建设机器人的融合网络。

⑤ 中国：面临核心技术被发达国家控制等挑战，但产业市场空间巨大。

2015 年中国科技重大专项重点支持机床机器人，同时将重点推进在船舶、汽车发动机、航天、航空、民爆等行业自动化车间的应用。

当前中国工业机器人产业发展的中心任务是开发满足用户需求的工业机器人系统集成技术、主机设计技术和关键零部件的制造技术，突破一批关键技术和核心零部件，突破可靠性和稳定性指标，在重要的工业领域推进工业机器人的规模化示范应用。到 2020 年，形成较为完善的工业机器人体系，培育 3~5 家具有国际竞争性的龙头企业；工业机器人行业和企业的竞争能力明显增强，高端产品的市场占有率提高到 45% 以上。机器人密度达到 100 台以上，能够基本满足国防建设、国民经济建设和经济发展的需要。

首先，中国在机器人领域的部分技术已达到或接近国际先进水平。对智能化程度要求不高的焊接、搬运、清洁、码垛、包装机器人的国产化率较高。

其次，中国企业具有很强的系统集成能力，这种能力在电子信息等高度模块化产业和高铁等复杂产品产业中都得到体现。系统集成的意义在于根据具体用户的需求，将模块组成可应用的生产系统，这可能成为中国机器人产业打破国外垄断的突破口。

再次，中国机器人产业的市场空间巨大。目前，中国机器人使用密度较低，制造业万人机器人累计安装量不及国际平均水平的一半，服务和家庭用机器人市场尚处于培育阶段，机器人应用市场增长空间巨大；二代机器人仍然是主流，向第三代智能机器人升级换代空间巨大；机器人主要应用于汽车产业，它向其他领域扩展空间巨大。

（3）未来机器人研究的领域与方向

1）未来将开发机器人新的应用领域。

由于对机器人研究和开发技术的不断进步，机器人已经在很多工作领域得到应用。根据对机器人产业的市场需求预测，可以预见今后机器人的应用将更多涉及医疗福利领域、生物产业领域、公共领域和生活领域。例如，功能恢复训练、辅助护理、检测诊断和辅助手术等医疗福利领域的应用；农业、林业、畜牧业、水产业等领域的应用；宇宙、海洋、原子能、探测地雷、微生物等危险且超出人类能力作业的领域；生活服务、家务服务、教育、娱乐、值班站岗等领域；消防和救灾等公共领域；人员密集型且需要自动化的物流、保安、清扫、生活线路的维护及收发等办公服务领域。应用机器人的这些领域几乎都是为了改善环境、解决劳动力不足及医疗福利等社会需求的问题，并且需求在今后还会不断增加。

2）未来机器人研究开发的方向。

未来机器人的研究开发的方向是原子能、宇宙、海洋、灾害、医疗福利等非制造领域的机器人技术，以及高智能化的软件技术、媒体技术、网络技术等。另外，机器人的研究成果在工业机器人制造技术中的应用、研究及与应用脱节也是需要研究的课题之一。今后需要研究开发的方向主要是以下几个方面：

① 在生活环境中的移动技术（两脚步行技术等）。

② 环境识别（距离、水平、方向）。

③ 躲避障碍物的移动。

④ 与人类共存的安全技术。

⑤ 声音识别和会话。

⑥ 远程操作。

⑦ 非接触的识别和判断。

（4）未来机器人在各个领域中的应用

机器人的普及是在制造现场以制造为中心展开的，今后的任务是将已经实用化的机器人高水平化，进一步开发新的应用领域，进一步提高机器人技术，以期能够在各个领域中均有应用。

① 制造领域。通过机器人技术的提高，使机器人在更加广阔的领域和生产中应用，如进行超微工业产品的加工、组装的微型制造技术等。

② 农业林业。在农业（种植、喷洒农药、采摘蔬菜和果实等）、畜牧业（挤奶、粪便处理等）和林业（植树、采伐和修剪枝条等）中应用的机器人技术。图1-20所示为采摘水果的机器人的工作示意图。

③ 维护。对各种社会资源（公路、铁路、飞机场、港口、广播和通信等交通和通信设施；水管、垃圾处理厂和公园等生活基础设施等方面）进行定期检查、保养、拆除等维护工作的机器人。

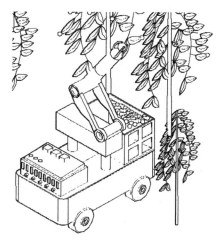

图1-20 采摘水果的机器人的工作示意图

④ 灾害救助。在地震、台风、洪水、火山爆发、火灾等灾害中进行搜索救人、灭火、拆除和整理等恢复性工作的机器人。

⑤ 海洋领域。建设水中建筑物时，进行各种操作和焊接工作，敷设和修补海底电缆、海底矿物资源的开采、多用途观测等作业的机器人。

⑥ 宇宙领域。在宇宙空间中进行空间站安装和维护、为人造卫星补给燃料及其回收和分解、在行星表面进行矿物开采和地质调查等作业的机器人。

⑦ 医疗和福利。在医疗领域使用机器人做手术或通过微创治疗和远程治疗系统对手术医生进行帮助的机器人。在福利方面是对身体有障碍的人或卧床的老人进行日常生活的帮助和护理，以及帮助手脚有障碍的人融入社会的机器人。

⑧ 家庭自动化。帮助老年人和身体有障碍的人自立，以及减轻家务劳动为目的进行家务服务（烹饪、整理、清除、育儿、看家等）作业的机器人。图1-21所示为家中会做菜的机器人的作业示意图。

⑨ 娱乐。在日常生活中以个人娱乐或学习为目的的宠物、学习教练等机器人和娱乐设施机器人。如图1-22所示为能踢足球的机器人的作业示意图。

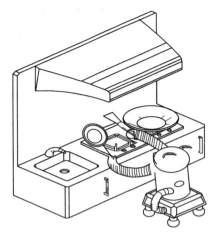

图 1-21　会做菜的机器人的作业示意图

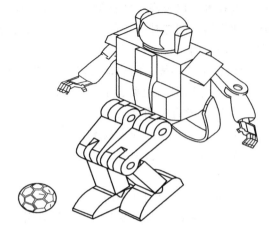

图 1-22　能踢足球的机器人的作业示意图

做一做

1）查阅资料，了解我国工业机器人在发展过程中会遇到的主要问题。

2）了解工业机器人在美国、日本的发展现状。

3）想一想机器人将来会在哪些领域得到应用。

4）想一想为什么我国会成为全球第一大工业机器人应用市场。

小结

本节主要介绍了工业机器人六个系统的概念与作用，描述了工业机器人七个主要技术参数，介绍了工业机器人在中国的发展现状与发展趋势，以及工业机器人在国外的发展现状和工业机器人未来发展前景。使学习者能明确工业机器人六个系统的概念与作用，了解工业机器人的主要技术参数、发展现状、趋势与未来发展前景。

思考题：

1. 简述工业机器人六个系统的概念与作用。

2. 简述机器人技术参数中的自由度、分辨率、定位精度和重复定位精度四个技术参数的概念。

3. 简述工业机器人在中国的发展趋势。

4. 简述我国工业机器人产业发展面临的主要问题。

5. 简述工业机器人在国外的发展现状。

6. 简述工业机器人在美国、德国、日本等国家的未来发展前景。

7. 机器人主要有哪几种类型？

第2章

工业机器人机械零件与机构

本章主要描述工业机器人相关的机械及机械传动基础知识，学习机械零件及其应用，掌握机械传动的分类与典型机构的组成、特点与应用，了解液压与气压传动的基本知识及在工业机器人领域的典型应用，学会阅读机械运动简图且能画出典型工业机器人机械运动简图。

机械及机械传动基础知识是工业机器人专业学习的必修内容，通过对机械的概念、组成、特征的了解，以及对机械传动基础知识的理解，为后续的机械零件和部件的装配学习奠定基础。

2.1　工业机器人机械及机械传动基础

机械零件与机构是机械产品中最重要的组成部分，也是工业机器人中不可缺少的。

2.1.1　认识机械

据报道：日本川崎重工业目前已开始针对工厂自动化生产线派遣机器人，以应对企业生产线人手不足且临时需要增产的情况下迅速提升生产力的突发情况。

目前，duAro 机器人（见图 2-1）不仅能在电子零部件厂中负责零件拼装及搬运，还可以在快餐工厂从事摆盘及酱料包包装的工作。

工业机器人要实现各种功能，除了需要强大的程序控制以及电气系统外，还需要精密的机械机构和机械零件来实现其复杂的运动。因此，需要我们认真了解学习工业机器人机械传动领域的基本知识与技能。

所谓机械，就是将具有一定强度的物体组合起来，接受外界提供的能量，按照人们的预想要求实现确定的相对运动，从而完成某些有效的工作的装置。工业机器人的运动离不开多种机械零件和机械传动，因此，需要认真学习相关的机械基础知识。

图 2-1　duAro 机器人

1. 机械

机械是能够帮助人们降低工作难度或省力的工具装置，是机器与机构的总称。

（1）机械的四个组成部分

① 输入部分。接受能量、物质和信息的部分。

② 转换和传动部分。将接受的能量、物质和信息等传递给其他机械或者转换成其他形式的部分。

③ 输出部分。直接完成指定工作的部分。

④ 安装固定部分。使机械上的各个部分保持确定的位置的部分。

（2）机械所具有的三个特征

① 由多个构件组成。

② 各构件间有确定的相对运动关系。

③ 能做功或进行能量转换。

2. 机构与构件

（1）机构

以传递或变换运动和力为目的，由若干个运动副组成具有确定的运动功能的系统称为机构。机构有两个条件：一是人为实体的组合；二是实体之间又具有确定的相对运动。

机构由原动件、从动件、机架三部分组成，如脚踏自行车、脚踏缝纫机下针机构（见图 2-2）、发动机的曲柄滑块机构（见图 2-3）和工业机器人的执行机构（见图 2-4）。

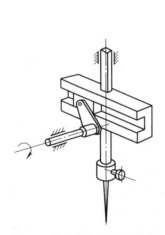

图 2-2　脚踏缝纫机下针机构

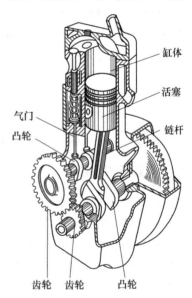

图 2-3　发动机的曲柄滑块机构

（2）构件

构件是机器中运动的基本单元，如发动机的连杆（见图 2-5）和线性导轨（见图 2-6）。

（3）运动副

机械和仪器等都是由许多构件组成的，各个构件互相接触并做相对运动，两构件之间能产生某些相对运动的活动连接称为运动副。

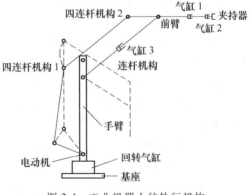

图 2-4　工业机器人的执行机构

根据运动副中两构件的接触形式不同，运动副可分为低副和高副。

　　① 低副。低副是指两构件以面接触的运动副。按两构件的相对运动形式，低副可分为转动副、移动副和螺旋副，如图 2-7 所示。

图 2-5　发动机连杆

图 2-6　线性导轨

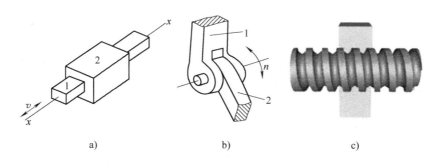

a)　　　　　　　　　　　b)　　　　　　　　　　　c)

图 2-7　低副结构示意图

a）移动副　b）转动副　c）螺旋副

　　② 高副。高副是指两构件以点或线接触的运动副，如图 2-8 所示。

2.1.2　认识机械运动简图

1. 机构运动简图

　　用规定的简单线条和符号代表构件和运动副，按比例尺定出运动副的位置，准确表达机构运动特征的简单图形。机构运动简图一定要按比例尺绘制，否则只能称为机构示意图。其作用是能反映各个构件之间的连接关系和运动关系。

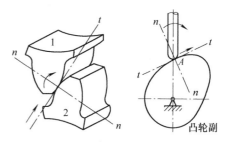

图 2-8　高副结构示意图

2. 常见机构运动简图符号

　　常见机构运动简图符号见表 2-1。具体的可查阅 GB/T 4460—2013《机械制图　机构运动简图用图形符号》，进行学习和了解。

3. 常见主流工业机器人外观及运动简图

　　常见主流工业机器人外观及运动简图见表 2-2。

表 2-1 常见机构运动简图符号

机构名称	基本符号	机构名称	基本符号
平面机构		扇形齿轮	
连杆		向心轴承	
曲柄（或摇杆）		普通轴承	
偏心轮		滚动轴承	
导杆		电动机	
		一般符号	
		装在支架上的电动机	
滑块		推力轴承	
齿轮机构		单向推力	
圆柱齿轮		双向推力	
		推力滚动轴承	
		单向向心推力	
锥齿轮		双向向心推力普通轴承	
		槽轮机构	
蜗轮蜗杆		一般符号	
		外啮合	
齿轮齿条		内啮合	

表 2-2　常见主流工业机器人外观及运动简图

品牌型号	外观	运动简图
ABB IRB 4400		
KUKA　KR5 SCARA		
FUCNA　R-2000iB		
MOTOMAN　HP20		

做一做

试画出图 2-9a~c 的运动简图。

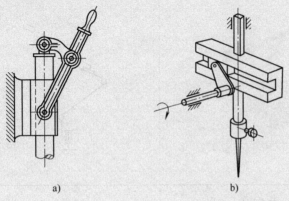
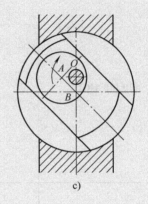

图 2-9　练习题图

a）唧筒机构　b）缝纫机下针机构　c）偏心盘滑块机构

1）通过对运动简图的分析，了解工业机器人的运动范围和功能。

2）请举例说明学校已有的机械设备中具体有哪些机构。

3）请说出学校的工业机器人的品牌、数量、自由度数。

4）请说出学校现有工业机器人中使用了哪些机构。

5）按机械运动简图的规定画法，画出学校现有工业机器人的运动简图。

2.1.3　认识通用机械零部件

1. 零件与部件

① 零件。机器中最小的制造单元，如螺钉。

② 部件。一套协同工作且完成共同任务的零件组合，如轴承。

③ 通用机械零部件。机械由许多零件、部件组成，如螺栓、螺母、轴、齿轮和弹簧等。在各种机械中基本都会用到这些零件和部件，因此统称为通用机械零部件。

④ 专用零件。仅在特定类型机器中使用的零件，如活塞、曲轴。

通用机械零部件目前已经实现标准化，在设计和使用中尽量采用标准件。目前许多国家已实现标准化，我国有国家标准，如 GB/T 3098.1—2010《紧固件机械性能　螺栓、螺钉和螺柱》、GB/Z 19414—2003《工业用闭式齿轮传动装置》等，日本有日本工业标准（JIS），国际上有国际标准化组织（ISO）制定的国际标准。这对于提高工作效率，降低生产成本都有重要的意义。对于没有实现标准化的零件与部件，要依据产品的强度和刚度来确定尺寸，考虑加工时的便捷性，考虑采用优先数。

小提示

别混淆了"工具"和"仪器"

工具：虽然各部分都是由具有一定强度的物体组成的，但各部分之间没有相对运动，如锉刀、扳手等。

仪器：虽然各部分之间有相对运动，但对外不输出有用功，如圆度仪器等。

2. 机械零件的分类

机械零件通常可按用途分类如下:

① 连接件,如螺栓、螺母等。

② 轴用件,如轴、联轴器、轴承和键等。

③ 传动件,如齿轮、V带、链和凸轮等。

④ 制动器与缓冲件,如制动器和弹簧等。

⑤ 管件,如管、管接头和阀等。

常见机械零件的名称、实物图和简介见表2-3。

表 2-3 常见机械零件的名称、实物图和简介

序号	名 称	实物图	简 介
1	螺栓 螺母		螺栓是由头部和螺杆(带有外螺纹的圆柱体)两部分组成的一类紧固件,需与螺母配合,用于紧固连接两个带有通孔的零件。螺母是具有内螺纹并与螺栓配合使用的紧固件,用以传递运动或力 根据材质的不同,分为碳钢、高强度钢、不锈钢等;有普通、非标之分
2	螺钉 螺柱		螺钉通常单独使用,有时加垫圈使用,一般起紧固或定位作用,属于拧入机体内的螺纹 螺柱多用于被连接件很厚且需要紧凑连接或因拆卸频繁而不宜采用螺栓连接的地方。螺柱一般为两端都带有螺纹的双头螺柱和一端带螺纹的单头螺柱。通常将一端螺纹拧入部件机体中,另一端与螺母配合起连接和紧固的作用,但在很大程度上还具有定位的作用
3	木螺钉 自攻螺钉		木螺钉用于拧入木材,起连接或紧固作用 自攻螺钉与其相配的工作螺纹孔不需预先攻螺纹,在拧入自攻螺钉的同时,使内螺纹自动成形
4	垫圈 挡圈		垫圈放在螺栓、螺钉和螺母等的支承面与工件支承面之间使用,起防松和减小支承面应力的作用 挡圈主要用于零件在轴上或孔中定位、锁紧或止退

（续）

序号	名　称	实物图	简　介
5	铆钉 焊钉	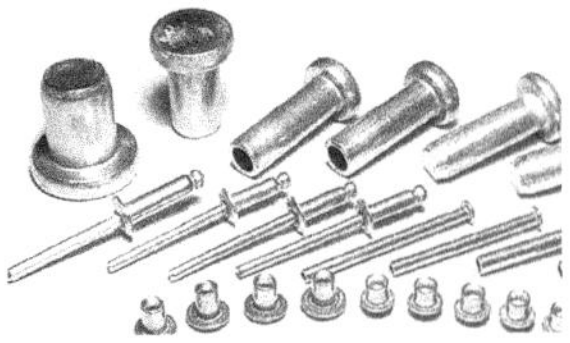	铆钉一端有头部且杆部无螺纹。使用时将杆部插入被连接件的孔内,然后将杆的端部铆紧,起连接或紧固作用
6	弹簧	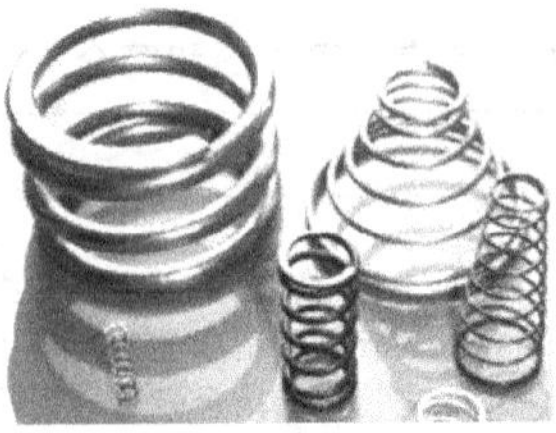	弹簧是一种利用弹性来工作的机械零件。用弹性材料弹簧钢制成的零件,在外力作用下发生形变,除去外力后又恢复原状。它实现吸收能量、缓冲、防振、力的测量、储能及缓慢释放、复位等功能。弹簧的种类复杂多样,按形状分,主要有螺旋弹簧、涡卷弹簧、板弹簧、异形弹簧等
7	滚动轴承		轴承是机械设备中一种重要零部件。它的主要功能是支承机械旋转体,降低其运动过程中的摩擦系数,保证其回转精度
8	销(键)		销通常用于定位也可用于连接或固定零件,还可作为安全装置中的过载剪断元件,有圆柱销和圆锥销等 键通常连接轴与轴上零件,实现周向固定而传递扭矩。有些键还可实现轴上零件的轴向固定或轴向移动,如减速器中齿轮与轴的连接 键分为平键、半圆键、钩头斜键、楔键和花键等
9	离合器	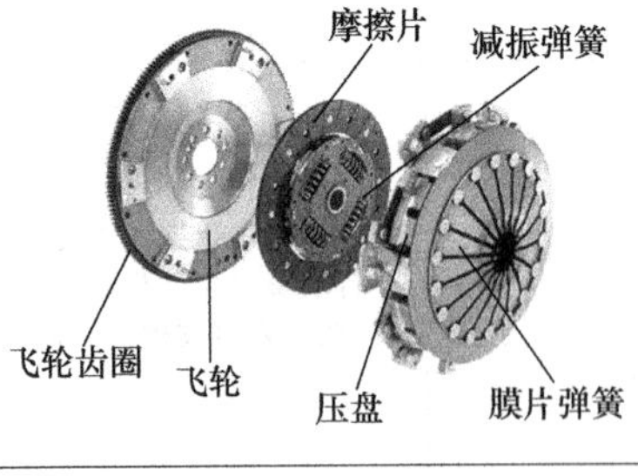	离合器是可将传动系统随时分离或接合,实现从动件间歇运动的部件。可分为牙嵌式离合器、摩擦离合器、同步离合器、电磁离合器等
10	联轴器	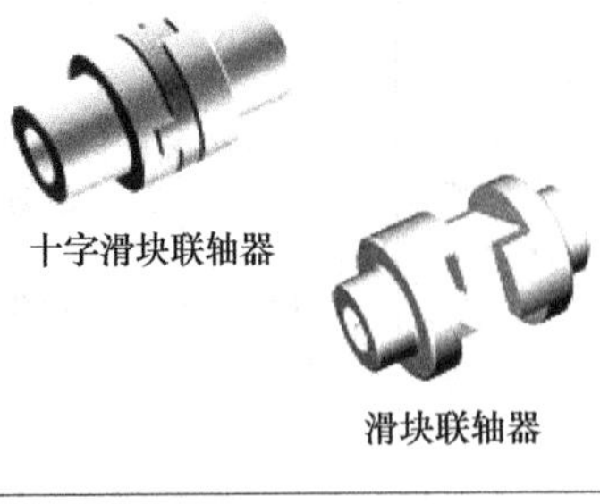	联轴器由两半部分组成,是用来连接不同机构中的两根轴(主动轴和从动轴)使之共同旋转以传递转矩的机械零件。在高速重载的动力传动中,还有缓冲、减振和提高轴系动态性能的作用。具体结构形式可查阅相关手册

（续）

序号	名　称	实物图	简　介
11	制动器		制动器是能将机械运动部件的动能转换成热能，从而使机械降速或者停止的装置，如摩擦制动器。制动力除了人力，还有流体压力、电磁力等
12	管件、管接头、阀	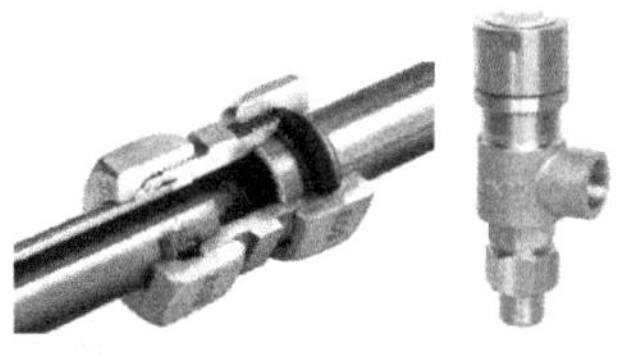	管件、管接头和阀在机械设备及工业机器人中应用较广泛。使用时需依据现行的国家标准和行业标准进行选用
13	轴	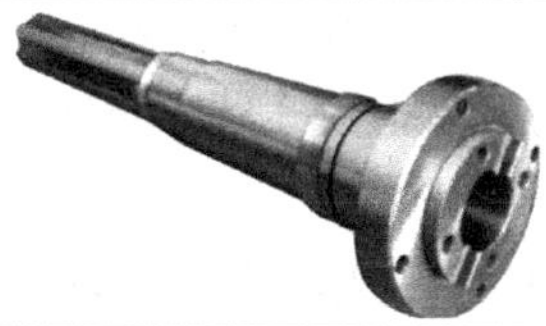	轴是支承转动零件并与之一起回转以传递运动、转矩或弯矩的机械零件。一般为金属圆柱阶梯状
14	轴套		轴套是套在转轴上的筒状机械零件，是滑动轴承的一个组成部分 一般来说，轴套与轴承座采用过盈配合，而与轴采用间隙配合
15	箱体		箱体是减速器的重要组成部件，它是传动零件的基座，应具有足够的强度和刚度 箱体通常用灰铸铁制造，具有很好的铸造性能和减振性能 近年来铝合金铸件因具有良好的塑性、抗腐蚀性、轻量化等特点，已被广泛应用于汽车、航空、船舶等领域

做一做

1）简述零件、部件、通用零部件的区别。

2）常用的紧固件有哪些？

小结

本节主要介绍了机械、机构和构件的概念及应用，零件、部件的概念及常用的典型结构类型；详细介绍了常用机械零件的作用；简单介绍了机器人结构分类及机械运动简图。

思考题

1. 简述机械的概念。

2. 简述机构和构件的概念及作用。

3. 简述高副、低副的特点，请列举机械结构中常见的运动副。

4. 机械中常用的传动件有哪些？简述其传动特点。

5. 查 GB/T 4460—2013《机械制图 机构运动简图用图形符号》，画出挠性齿轮、蜗轮与球面蜗杆、三个自由度的运动副等的示意图。

6. 按机械运动简图的规定画法，画出学校现有工业机器人的运动简图。

2.2 机械传动的分类及应用

机械传动在机械工程中应用非常广泛，机械传动有多种形式。按受力分，可分为柔性传动和刚性传动。通常按机件间运动形式分为两类：

① 靠机件间的摩擦力传递动力和运动的摩擦传动。包括带传动、绳传动和摩擦轮传动等。摩擦传动容易实现无级变速，适用于轴间距较大的传动场合，过载打滑还能起到缓冲和保护传动装置的作用，但这种传动一般不能用于大功率的场合，也不能保证准确的传动比。

② 靠主动件与从动件啮合或借助中间件啮合传递动力或运动的啮合传动。包括齿轮传动、链传动、螺旋传动和谐波传动等。啮合传动适用于大功率的场合，传动比准确，但一般要求较高的制造精度和安装精度。基本产品分类：减速器、制动器、离合器、联轴器、无级变速器、丝杠、滑轨等。

2.2.1 常见机械传动及工作原理

1. 机械传动的分类

机械传动的形式很多，门类繁多，本书以常见的机械传动进行分类。机械传动的分类具体见表 2-4。

表 2-4 机械传动的分类

机械传动													
柔性传动						刚性传动							
摩擦传动					啮合传动		啮合传动						
摩擦轮传动	带传动				同步带传动	链传动	齿轮传动				蜗杆传动			螺旋传动		
	平带传动	圆带传动	V带传动	多楔带传动			圆柱齿轮传动	锥齿轮传动	齿轮齿条传动	人字齿轮传动	圆柱蜗杆	环面蜗杆	锥面蜗杆	滑动螺旋	静压螺旋	滚动螺旋

2. 常见机械传动及工作原理

（1）摩擦轮传动

① 摩擦轮传动的工作原理。利用两轮直接接触所产生的摩擦力来传递运动和动力的一种机械传动，如图 2-10 所示。在正常传动时，主动轮依靠摩擦力的作用带动从动轮转动，并保证两轮面的接触处有足够大的摩擦力，使主动轮产生的摩擦力矩足以克服从动轮上的阻力矩。

② 摩擦轮的传动特点及应用。摩擦轮传动结构简单，使用维修方便，传动时噪声小，并可在运转中变速、变向；传动效率较低，不宜传递较大的转矩，主要适用于两轴中心距较近的传动及高速小功率传动的场合。

（2）带传动

带传动是依靠带与带轮之间的摩擦来传递运动和动力的，可分为平带传动、圆带传动、V带传动、多楔带传动和同步带传动。图 2-11 所示为常见带传动类型。

图 2-10 摩擦轮传动

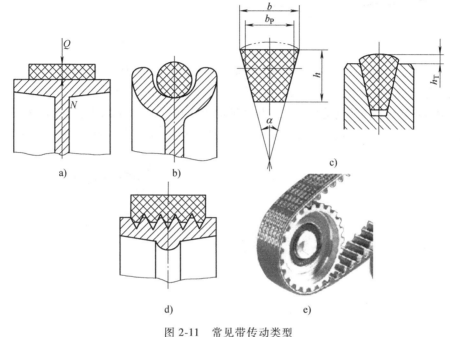

图 2-11 常见带传动类型
a）平带传动 b）圆带传动 c）V带传动 d）多楔带传动 e）同步带传动

① 带传动的工作原理。带传动是利用张紧在带轮上的柔性带进行运动或动力传递的一种机械传动。如图 2-12 所示，把一根或几根闭合成环形的带张紧在主动轮 D_1 和从动轮 D_2 上，使带与带轮之间的接触面产生正压力（或同步带与两同步带轮上的齿相啮合），当主动轴 O_1 带动主动轮 D_1 回转时，依靠带与两带轮接触面之间的摩擦力（或齿的啮合）使从动轮 D_2 带动从动轴 O_2 旋转，实现两轴间运动和动力的传递。

② 传动特点及应用。带传动具有结构简单、传动平稳、能缓冲吸振、可以在大的轴间距和多轴间传递动力，且造价低廉、不需润滑、维护容易等特点，在近代机械传动中应用十分广泛，图 2-13 所示为输送带。

摩擦型带传动能过载打滑、运转噪声低，但传动比不准确。带传动除用以传递动力外，有时也用来输送物料、进行零件的整列，在工业机器人系统中应用广泛。

③ 同步带的应用。同步带一般以钢丝绳或玻璃纤维为强力层，外面覆着聚氨酯或氯丁橡胶的环形带，带的内周制成齿状。

我国采用节距制，目前已制定了同步带相应标准 GB/T 11361—2008《同步带传动　梯形齿带轮》、GB/T 11362—2008《同步带传动　梯形齿同步带额定功率和传动中心距的计算》和 GB/T 11616—2013《同步带传动　节距型号 MXL、XXL、XL、L、H、XH 和 XXH 同步带尺寸》，具体可查阅了解。

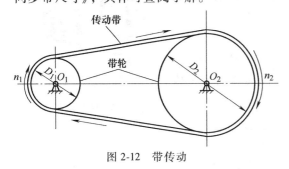

图 2-12　带传动

图 2-13　输送带

同步带传动机构是在带的内侧和带轮外圆周上加工出与齿轮相似的齿形，完全由齿形啮合来传动，能实现同步运转；与齿轮相比，具有噪声小、不需要润滑等特点，适用于轴间距较大的轻载传动。但同步带传动机构的造价比 V 带传动机构高出 15~20 倍。同步带的齿形分梯形同步带和弧齿同步带两类，其中弧齿同步带又有多种系列。图 2-14 所示为同步带传动机构实例。

a)

b)

图 2-14　同步带传动机构实例

a）多关节机器人同步带传动的实例　b）同步带在直线定位单元中的应用

（3）链传动

① 链传动的工作原理。链传动是由链条和具有特殊齿形的链轮组成的传递运动和（或）动力的传动，是一种具有中间挠性件（链条）的啮合传动，如图 2-15 所示。

② 传动特点及应用。链传动有许多优点，与带传动相比，无弹性滑动和打滑现象，平均传动比准确，工作可靠，效率高，传递

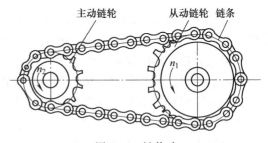

图 2-15　链传动

功率大，过载能力强，相同工况下的传动尺寸小，所需张紧力小，作用于轴上的压力小，能在高温、潮湿、多尘、有污染等恶劣环境中工作。

链传动的缺点主要有仅能用于两平行轴间的传动，成本高，易磨损，易伸长，传动平稳性差，运转时会产生附加动载荷、振动、冲击和噪声，不宜用在急速反向的传动中。链传动的实例应用如图 2-16 所示。

图 2-16 链传动实例应用

（4）绳索传动

① 绳索传动的工作原理。绳索传动是依靠紧绕在槽滑轮上的绳索与槽轮间的摩擦力来传递动力和运动的机械传动。绳索传动的实例应用如图 2-17 所示。

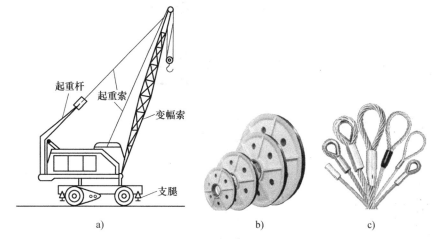

图 2-17 绳索传动的应用
a）起重机 b）滑轮 b）钢丝绳索

② 传动特点及应用。绳索传动常用于起重机、电梯、索道等设备中，如图 2-18 所示。绳索与齿轮和带、链相比价格便宜，结构简单易造，成本极低，尤其是传递超大功率时更显优势，适宜较远距离工作环境下传递力矩。

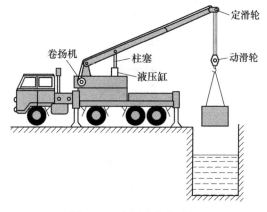

图 2-18 液压汽车起重机

做一做

1）常用的机械传动类型有哪些？
2）简述带传动、链传动的工作原理及特点。

2.2.2 齿轮工作原理及应用

1. 齿轮的工作原理及分类

齿轮传动是由若干齿轮啮合，用于传递平行轴间动力和运动的一种机械传动。按轮齿与齿轮轴线的相对关系，齿轮传动的分类见表2-5。

表2-5 齿轮传动的分类

类型	特征	啮合情况	实物图	特点
平面齿轮传动	直齿圆柱齿轮传动	外啮合		不承受轴向力，加工方便；内啮合齿轮结构紧凑，齿轮齿条可以将旋转运动转换为直线运动
		内啮合		
		齿轮齿条啮合		
	斜齿圆柱齿轮传动			与直齿轮相比强度高、噪声小。运动时会产生轴向力，要在设计时给予考虑
	人字齿齿轮传动			用于大的传动和重载设备，人字齿齿轮相当于两个斜齿轮合并，具备斜齿轮的优点，又克服了斜齿轮会产生较大的轴向力的缺点

（续）

类型	特征	啮合情况	实物图	特点
空间齿轮传动	两轴相交	直齿锥齿轮传动	 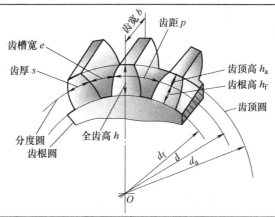	能够实现两相交轴之间的运动传递
		螺旋齿轮		两斜齿轮的轴线交错安装的齿轮副

2. 标准直齿圆柱齿轮各部分名称及主要参数

（1）标准直齿圆柱齿轮各部分名称及计算公式（见表 2-6）

表 2-6 标准直齿圆柱齿轮各部分名称及计算公式

分度圆 d	齿轮上设计和加工时计算尺寸的基准圆称为分度圆。该圆上,齿厚和齿槽宽相等。分度圆直径用 d 表示,$d = mz$
齿顶圆 d_a	过齿轮齿顶的圆称为齿顶圆,其直径用 d_a 表示,$d_a = m(z+2)$
齿根圆 d_f	过齿轮槽底的圆称为齿根圆,其直径用 d_f 表示,$d_f = m(z-2.5)$
齿宽 b	齿轮有齿部位沿分度圆柱面直母线方向度量的宽度称为齿宽,用 b 表示,$b = (6 \sim 10)m$
齿顶高 h_a	分度圆到齿顶圆之间的径向距离称为齿顶高,用 h_a 表示,$h_a = h_a^* m$（通常 $h_a^* = 1$）
齿根高 h_f	分度圆到齿根圆之间的径向距离称为齿根高,用 h_f 表示,$h_f = 1.25m$

（续）

全齿高 h	齿顶圆到齿根圆之间的径向距离称为齿高，用 h 表示，$h = 2.25m$
齿厚 s	在分度圆上，同一齿两侧齿廓之间的弧长称为齿厚，用 s 表示，$s = p/2 = \pi m/2$
齿槽宽 e	在分度圆上，齿槽宽度的弧长称为齿槽宽，用 e 表示，$e = p/2 = \pi m/2$
齿距 p	在分度圆上，相邻两齿同侧齿廓之间的弧长称为齿距，用 p 表示，$p = \pi m$
标准中心距 a	标准安装的一对啮合传动齿轮两轴线之间的最短距离用 a 表示，$a = m(z_1 + z_2)/2$

（2）标准直齿圆柱齿轮的基本参数

① 齿数 z。在齿轮整个圆周上均匀分布的轮齿总数称为齿数，用 z 表示。

② 压力角。齿轮渐开线齿廓上某点的法线与该点速度方向所夹的锐角称为压力角，用 α 表示。国家标准中规定渐开线圆柱齿轮分度圆上的压力角为标准值，即 $\alpha = 20°$。

③ 模数 m。齿距除以圆周率所得的商称为模数，用 m 表示，单位为 mm。模数是齿轮几何尺寸计算中最基本的一个参数，模数的大小反映轮齿的大小。模数越大，轮齿越大，齿轮所能承受的载荷就越大；反之，模数越小，轮齿越小，齿轮所能承受的载荷也就越小。

3. 齿条在机器人中的应用

齿条传动由齿轮、齿条组成，是机械传动中应用最广的一种传动形式。齿条传动时齿条的齿廓为直线而非渐开线（对齿面而言则为平面），相当于分度圆半径为无穷大圆柱齿轮，如图 2-19 所示。它的特点是传动比较准确，效率高，结构紧凑，工作可靠，寿命长。

图 2-19　齿轮齿条传动

做一做

1）齿轮传动的类型有哪些？

2）阐述模数的概念、作用。

3）齿轮齿条传动在机械传动过程中起什么作用？

2.2.3　螺旋与蜗杆传动

1. 螺旋传动

螺旋传动是利用螺杆和螺母的啮合来传递动力和运动的机械传动，主要用于将主动件的回转运动转换为从动件的直线运动的场合。按其作用分为传力螺旋、传导螺旋和调整螺旋；按其摩擦类型分为滑动螺旋传动（见图 2-20）、静压螺旋传动和滚动螺旋传动。

静压螺旋传动是螺纹工作面间形成液体静压油膜润滑的螺旋传动，如图 2-21 所示。

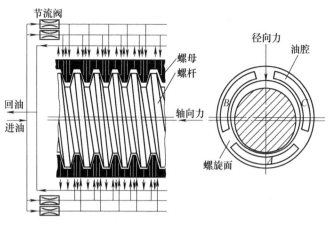

图 2-21　静压螺旋传动

图 2-20　滑动螺旋传动

滚动螺旋传动是利用滚动体在螺纹工作面间实现滚动摩擦的螺旋传动，又称滚珠丝杠传动。滚动体通常为滚珠，也可用滚子，如图 2-22 所示。

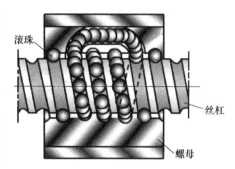

图 2-22　滚动螺旋传动

2. 蜗杆传动

蜗杆传动是空间交错的两轴间传递运动和动力的一种传动，两轴线间的夹角可为任意值，常用的为 90°，如图 2-23 所示。通常，蜗杆为主动件，蜗轮为从动件。蜗杆传动用于交错轴间传递运动和动力，传动比大，但不能实现由输出轴到输入轴的逆向传动。

a)

b)

c)

图 2-23　蜗杆传动

a）圆柱蜗杆　b）环面蜗杆　c）锥面蜗杆

蜗杆传动具有结构紧凑、传动比大、承载能力大、传动平稳、无噪声、能自锁等优点，缺点是传动效率较低且蜗轮制造成本较高，它主要用于减速装置。

做一做

1）简述螺旋传动的概念及特点。

2）常用的蜗杆传动有哪些？蜗杆传动的特点是什么？

2.2.4 直线导轨

在机器人中保证运动顺滑进行的连接机构叫关节，关节可分为转动和直动两种。前面已经介绍了与转动关节有关的内容，在这里主要介绍直动关节。

直动关节是由直线运动机构和为其全程导向的直线导轨构成的。导轨有滑动导轨、滚动导轨、静压导轨和磁悬浮导轨等，在工业机器人上大量应用的是滚动导轨。

导轨的分类介绍如下。

① 按导轨形状分。分为圆轴形、平板形和轨道形。图 2-24a 所示为轨道循环式滚子导轨副，是一种四方向等载荷型滚动直线导轨副。

② 按导轨有无滚动体的循环分。分为循环式和非循环式。图 2-24b 所示为圆轴循环式滚珠导轨，图 2-24c 所示为非循环式滚珠轨。

③ 按滚动体分。分为滚珠、滚子和滚针。安装滚珠的导轨适用于轻、中型载荷，且需要摩擦小的场合；安装滚子的滚动导轨刚性大，适用于载荷较大的场合。

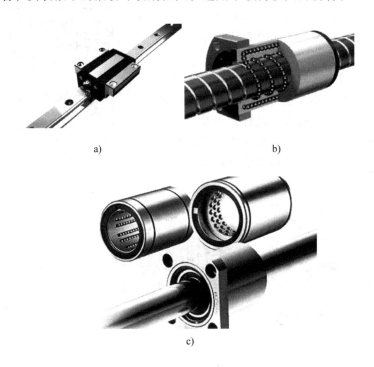

图 2-24 直线导轨的类型

a）轨道循环式滚子导轨副 b）圆轴循环式滚珠导轨 c）非循环式滚珠轨

模块化直线导轨组合已广泛应用于工业机器人产品中，图 2-25 所示为常见模块化直线导轨组合。

做一做

1）在工业机器人中，常用的机械导轨有哪些？

2）装有滚珠的导轨具有什么特点？

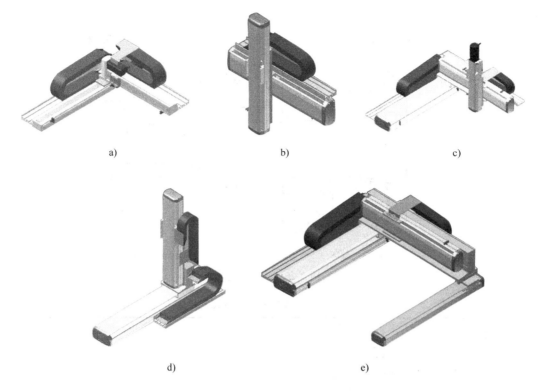

图 2-25　　模块化直线导轨组合

a）十字悬臂　b）十字组合　c）三轴直交悬臂　d）抬举组合　e）（X、Y 轴）龙门组合

2.2.5　轴和轴承及应用

1. 轴

轴是机器中的重要零件之一，其主要功能是传递运动和动力，同时支承回转零件（如齿轮、带轮、链轮等）、承受载荷，以及保证装在轴上的零件具有确定的工作位置和一定的回转精度。

（1）轴的分类及应用

① 按照轴线形状不同分。分为直轴、曲轴和软轴。

② 直轴按承受载荷的不同。可分为转轴、心轴和传动轴。

（2）轴的结构及轴上零件的固定

① 轴的结构。在实际使用中，轴上往往需要安装零件，因此多数情况下将轴做成阶梯形，如图 2-26 所示。

② 轴上零件的固定。轴上零件的固定方式有两种，即轴向固定和周向固定。具体可见表 2-7 和表 2-8。

2. 轴承

用于确定轴与其他零件相对运动位置并起支承和导向作用的零（部）件称为轴承。轴承是支承轴的零件或部件。按照轴承与轴工作表面间摩擦性质的不同，轴承可分为滑动轴承和滚动轴承两大类。

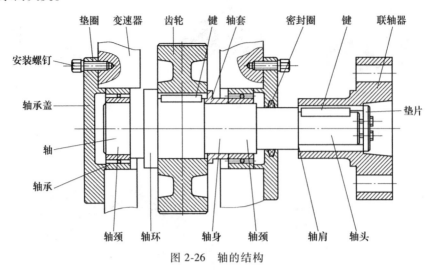

图 2-26 轴的结构

表 2-7 轴上零件轴向固定方式及特点

方 式	示 意 图	特 点
轴肩与轴环		定位方便、可靠,不需要附加零件,能承受的轴向力大,广泛用于各种轴上零件的定位
套筒	定位套筒	结构简单、定位可靠,多用于距离较小的轴上零件定位。但由于套筒与轴之间存在间隙,故在轴高速运转情况下不宜使用
轴端挡圈	轴端挡圈	定位可靠,能够承受较大的轴向力,应用广泛
圆锥面		拆装方便,兼作周向定位,适用于高速、冲击以及对中性要求较高的场合

（续）

方 式	示 意 图	特 点
圆螺母	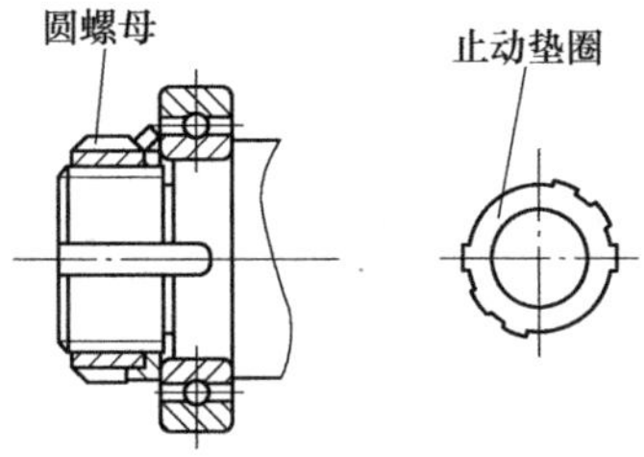 圆螺母　止动垫圈	定位可靠、可承受较大的轴向力,能实现轴上零件的间隙调整,多用于固定轴端零件
弹性挡圈	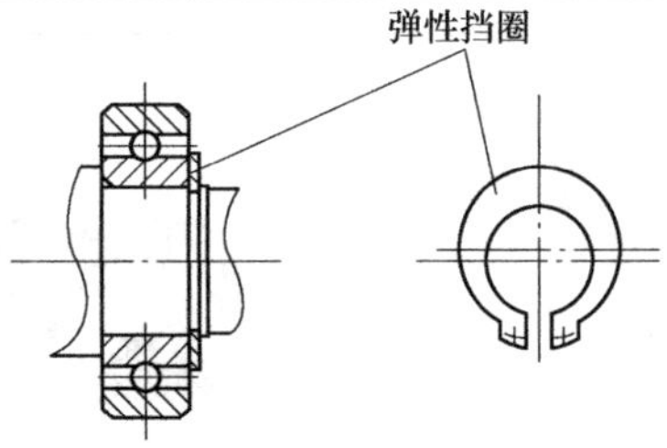 弹性挡圈	结构紧凑、简单,装拆方便,受力较小,常用于轴承的定位
其他	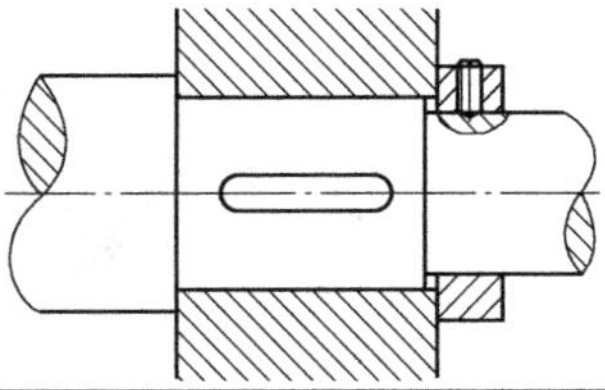	紧定螺钉、弹簧挡圈、锁紧挡圈等多用于轴向力不大的场合

表 2-8　轴上零件周向固定方式及特点

方 式	示 意 图	特 点
平键连接	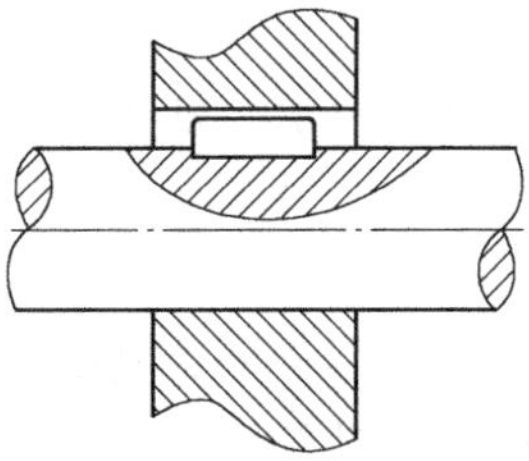	结构简单、制造容易、装拆方便,用于传递转矩较大、对中性要求一般的场合,应用最为广泛
花键连接	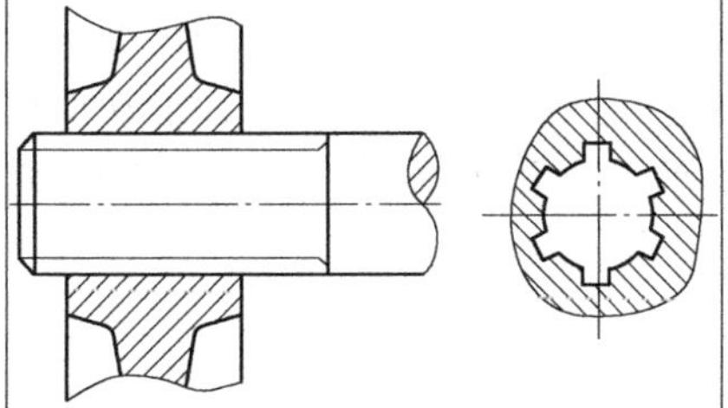	承载能力大、对中性好、导向性好,但制造较困难、成本较高,适用于载荷较大、对中性要求较高或零件在轴上移动时要求导向性良好的场合
销连接	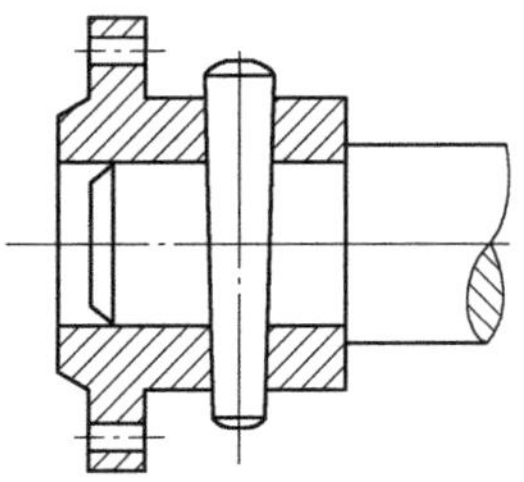	可兼作轴向定位,常用作安全装置,过载时可被剪断,防止损坏其他零件

（续）

方　式	示　意　图	特　点
过盈配合	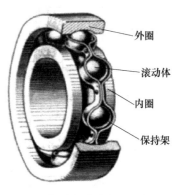	结构简单，对中性好，承载能力强，同时有轴向和周向固定作用

（1）滚动轴承

1）滚动轴承的基本结构。滚动轴承的组成包括外圈、内圈、滚动体和保持架，如图 2-27 所示。

① 内圈：通常装在轴上，并与轴一起旋转。

② 外圈：通常固定在支架上。

③ 滚动体：在内、外圈的滚道内滚动，有球、圆柱滚子、滚针、圆锥滚子、球面滚子等多种。

④ 保持架：将轴承中的一组滚动体等距离地隔开，引导并保持滚动体在滚道上运动。

2）滚动轴承的主要类型。

① 按轴承滚动体类型可分为球轴承和滚子轴承。

② 按轴承所受载荷可分为向心轴承、推力轴承和向心推力轴承。

③ 按轴承结构类型可分为深沟球轴承、圆柱滚子轴承、推力球轴承、角接触球轴承、圆锥滚子轴承和调心球轴承。

图 2-27　滚动轴承

（2）滑动轴承

滑动轴承是依靠主要元件间的滑动接触来支承转动零件的，其摩擦力较大，使用维护比较复杂，在多数设备中常被滚动轴承所替代。但由于滑动轴承具有结构简单、制造和装拆方便、耐冲击、吸振性好、运动平稳、旋转精度高，以及使用寿命长等优点，所以应用广泛。

滑动轴承一般由轴瓦和轴承座构成。根据承受载荷的方向不同，滑动轴承可分为向心滑动轴承（主要承受径向载荷）和推力滑动轴承（主要承受轴向载荷）两大类。常用向心滑动轴承的结构分为整体式和剖分式两种。

做一做

1）滚动轴承主要由哪几部分组成？

2）按所承受的载荷分类，滚动轴承可分为哪几类？

3）滚动轴承内、外圈的轴向是如何固定的？

小结

本节主要介绍了轴的结构特点、轴上零件的轴向和周向固定方式，介绍了轴承的作用、分类，介绍了滚动轴承的结构特点及类型，并简单介绍了滑动轴承的作用。

思考题

1. 机械中常用的传动形式有哪些？对比其特点。
2. 齿轮的结构特点及参数有哪些？
3. 常用的轴承类型有哪些？各有什么特点？
4. 滚动轴承由哪几部分组成？

2.3　机械运动与机构

　　工业机器人的主体结构是机械系统，一般由一系列连杆、关节或其他形式的运动副所组成。机械系统通常包括机座、立柱、腰关节、臂关节、腕关节和手爪等，构成一个多自由度的机械系统。如果工业机器人的机身具备行走机构便构成行走机器人；如果机身不具备行走及腰转机构，则构成单臂机器人。手臂一般由上臂、下臂和手腕组成。末端执行器是直接装在手腕上的一个重要部件，它可以是两手指或多手指的手爪，也可以是喷漆枪、焊枪等作业工具。要了解复杂的机械运动，必须先来了解工业机器人常用机构的种类与形式。

2.3.1　齿轮机构

　　齿轮机构是现代机械中应用最广泛的一种传动机构。它是由主动齿轮、从动齿轮和机架所组成的高副机构，通过轮齿的啮合来传递两轴之间的运动和动力。

　　与其他传动机构相比，齿轮机构的优点是结构紧凑、工作可靠、传动平稳、效率高、寿命长、能保证恒定的传动比，而且其传递的功率和适用的速度范围大。齿轮机构的制造、安装费用高，低精度齿轮传动的噪声大，不适合距离较大的两轴间的运动传递。设计工业机器人时，采用高速伺服电动机与减速器组合的形式是比较常见的。减速器是工业机器运动的关键部件。工业机器人常用的摆线针轮减速器的结构外形如图 2-28 所示，谐波减速器的结构外形如图 2-29 所示，RV 减速器的结构外形如图 2-30 所示。

图 2-28　摆线针轮减速器

图 2-29　谐波减速器

1. 减速器

减速器是将转速（或速度）降低的机械产品，也可以认为是力矩（或力）的放大机。

　　与减速器相连的电动机输出功率为转速与转矩之积。功率一定时，如果转速 n 降低，则输出转矩增加。其关系式为

$$P = 2\pi nT/(60 \times 1000)$$

式中，P 为电动机的输出功率（kW）；T 为转矩（N·m）；n 为转速（r/min）。

2. 典型的减速机构

（1）直齿圆柱齿轮减速器

这种减速器能够在减速的同时传递较大的力矩，在工业机器人上广泛应用，但这种减速器不适用于减速比大的情况。

图 2-31 所示为在多关节机器人的回转工作台上使用

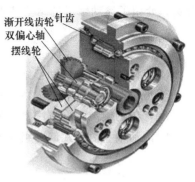

图 2-30　RV 减速器

的直齿圆柱齿轮减速机构。直齿圆柱齿轮传动没有轴向力，机构设计和齿轮的加工都比较容易，但存在齿侧间隙，定位时要特别注意。

（2）谐波减速器

谐波减速器是利用行星齿轮传动原理发展起来的一种新型减速器。谐波齿轮传动（简称谐波传动）是依靠柔性零件产生弹性机械波来传递动力和运动的一种行星齿轮传动，广泛应用于机器人领域。

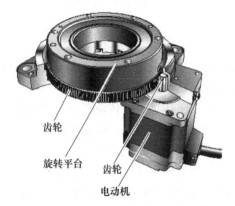

图 2-31　用于多关节机器人回转工作
台上的直齿圆柱齿轮减速机构

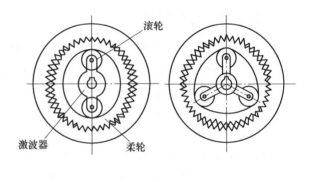

图 2-32　谐波减速器结构

如图 2-32 所示，谐波减速器由固定的滚轮（内齿圈）、波发生器（激波器）、柔性外齿圈（柔轮）三个基本零件构成，其特点如下：

① 减速比高。单级同轴可获得 1:30～1:320 的高减速比，结构构造简单，却能实现高减速比装置。

② 齿隙小。不同于普通的齿轮啮合，其齿隙极小，该特点对于控制器领域而言是不可或缺的要素。

③ 精度高。多齿同时啮合，并且有两个 180° 对称的轮齿啮合，因此齿轮齿距误差和累积齿距误差对旋转精度的影响较为平均，使位置精度和旋转精度达到很高的水平。

④ 零部件少、安装简便。三个基本零部件实现高减速比，而且它们都在同轴上，所以套件安装简便，造型简捷。

⑤ 体积小、重量轻。与齿轮减速器相比，体积缩为 1/3，重量减为 1/2，却能获得相同的转矩容量和减速比，实现小型化、轻质化。

⑥ 转矩容量高。柔轮材料使用疲劳强度大的特殊钢。与普通的传动装置不同，同时啮合的齿数约占总齿数的 30%，而且是面接触，因此使得每个轮齿所承受的压力变小，可获得很高的转矩容量。

⑦ 效率高。轮齿啮合部位滑动很小，减少了因摩擦产生的动力损失，因此在获得高减速比的同时保持高效率，并实现驱动电动机的小型化。

⑧ 噪声小。轮齿啮合转速低，传递运动力量平衡，因此运转安静，且振动极小。

（3）RV 减速器

RV（Rotate Vector）传动是新兴起的一种传动，它是在传统针摆行星传动的基础上发展起来的，不仅克服了一般针摆传动的缺点，而且具有体积小、重量轻、传动比范围大、寿命长、精度稳定、效率高、传动平稳等一系列优点。RV 减速器是由摆线针轮和行星支架组成的，具有体积小、抗冲击力强、转矩大、定位精度高、振动小及减速比大等诸多优点，被广泛应用于工业机器人、机床、医疗检测设备和卫星接收系统等领域。它具有比机器人中常用的谐波减速器高得多的疲劳强度、刚度和寿命，而且回转精度稳定，RV 减速器将逐渐取代谐波减速器。

做一做

1）简述齿轮机构的工作原理及工作特点。

2）谐波减速器是如何工作的？它具有什么样的特点？

3）RV 减速器与谐波减速器相比具有哪些优点？

2.3.2 连杆机构

1. 平面铰链四杆机构

（1）平面铰链四杆机构的组成

平面连杆机构是由一些刚性构件用转动副和移动副相互连接而组成的同一平面或相互平行平面内运动的机构。

构件间用四个转动副相连的平面四杆机构，称为平面铰链四杆机构，简称铰链四杆机构。

铰链四杆机构中，固定不动的构件称为机架，构件中不与机架相连的构件称为连杆，与机架用低副相连的构件称为连架杆。如图 2-33 所示，构件 4 为机架，构件 2 为连杆，构件 1 和 3 为连架杆。

连架杆按其运动特征可分为曲柄和摇杆两种：

① 曲柄。与机架用转动副相连且能绕该转动副轴线整圈旋转的构件。

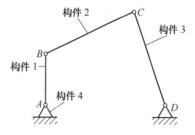

图 2-33 铰链四杆机构

② 摇杆。与机架用转动副相连但只能绕该转动副轴线摆动的构件。

（2）铰链四杆机构的基本类型

所有运动副均为转动副的四杆机构称为铰链四杆机构。四杆机构中，按连架杆能否做整周转动，可将四杆机构分为三种基本形式。四杆机构的基本形式及典型应用见表 2-9 所示。

表 2-9 四杆机构的基本形式及典型应用

基本形式	典型应用
曲柄摇杆机构	颚式粉碎机构
双曲柄机构	惯性筛机构
双摇杆机构	机车车轮联动机构

2. 铰链四杆机构的演化

除了上述三种铰链四杆机构外，在工程实际中还广泛应用着其他类型的四杆机构。这些四杆机构都可以看作是由铰链四杆机构通过不同方法演化而来的。

（1）曲柄滑块机构

曲柄滑块机构是具有一个曲柄和一个滑块的平面四杆机构，是由曲柄摇杆机构演化而来的。当摇杆 *CD* 的长度趋向无穷大时，原来沿圆弧往复运动的 *C* 点变成沿直线往复移动，也就是摇杆变成了沿导轨往复运动的滑块，曲柄摇杆机构就演化成曲柄滑块机构，如图 2-34 所示。

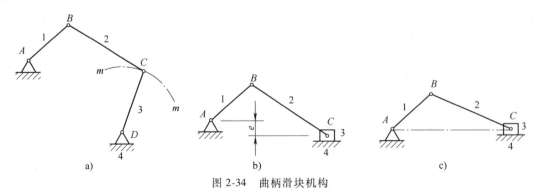

图 2-34 曲柄滑块机构

a）回杆机构 b）偏心曲柄滑块机构 c）对心曲柄滑块机构

曲柄滑块机构广泛应用在活塞式内燃机、空气压缩机、压力机等机械中。

（2）导杆机构

导杆是机构中与另一运动构件组成移动副的构件。连架杆中至少有一个构件为导杆的平面四杆机构称为导杆机构。

导杆机构可以看成是由改变曲柄滑块机构中固定件的位置演化而来的。如图 2-35a 所示的曲柄滑块机构，当取杆 1 为固定杆时，即可得到如图 2-35b 所示的导杆机构。若取杆 2 为固定件，即可得到如图 2-35c 所示的摆动滑块机构或称为摇块机构。若将滑块 3 作为机架，则可得到定块机构，如图 2-35d 所示。在该导杆机构中，与构件 3 组成移动副的构件 4 称为导杆。构件 3 称为滑块，可相对导杆滑动，并可随导杆一起绕 A 点回转。在导杆机构中，通常取杆 2 为主动杆。

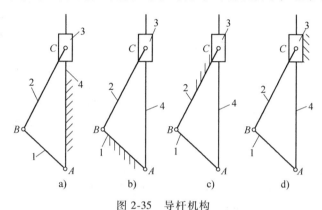

图 2-35　导杆机构

导杆机构分曲柄导杆机构、摆动导杆机构与曲柄滑块机构三种。

① 曲柄导杆机构。当机架 1 的长度小于主动杆 2 的长度时，主动杆 2 与导杆 4 均可做整周回转运动，即为曲柄导杆机构。

② 摆动导杆机构。当机架 1 的长度大于主动杆 2 的长度时，主动杆 2 做整周回转运动，导杆 4 只能做往复摆动，即为摆动导杆机构，常用于牛头刨床中。

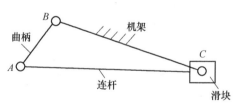

图 2-36　曲柄滑块机构

③ 曲柄滑块机构。当取杆 2 为固定件（机架）时，即可得到曲柄滑块机构，如图 2-36 所示。曲柄滑块机构广泛应用于自动卸料装置和抽水机中。

做一做

1）铰链四杆机构由哪几部分组成？

2）铰链四杆机构可以演变为哪几种形式？分别有什么特点？

3）惯性筛、卫星接收器、牛头刨床分别采用哪种机构？

2.3.3　凸轮与间歇机构

1. 凸轮机构

（1）凸轮机构的组成

　　凸轮机构主要由凸轮、从动件和机架三个基本元件组成。凸轮具有曲线轮廓或凹槽，做连续的等速转动、摆动或往复移动，使从动件获得预期的运动规律。

　　（2）凸轮机构的基本类型和应用

　　凸轮机构的类型繁多，其基本类型可按凸轮和从动件的不同形状和运动形式来区分。

　　① 按凸轮形状的运动形式分。可分为盘形凸轮机构、移动凸轮机构（见图 2-37）和圆柱凸轮机构（见图 2-38）。

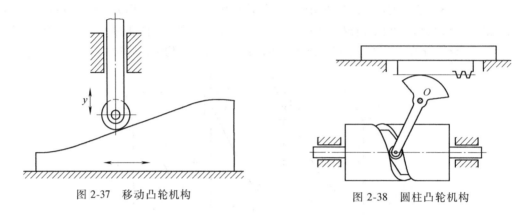

图 2-37　移动凸轮机构　　　　　　　　　　图 2-38　圆柱凸轮机构

　　② 按从动件的形状和运动形式分。根据从动件的形状可分为尖顶式凸轮机构（见图 2-39a 和 b）、滚子式凸轮机构（见图 2-39c）和平底式凸轮机构（见图 2-39d），根据从动件的运动形式可分为移动式凸轮机构和摆动式凸轮机构。

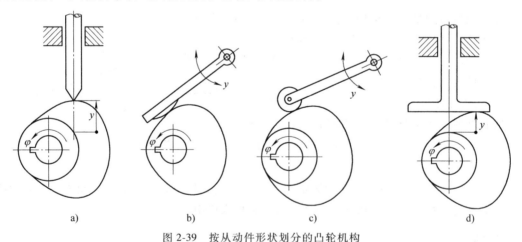

a)　　　　　　　　b)　　　　　　　　c)　　　　　　　　d)

图 2-39　按从动件形状划分的凸轮机构

a)、b) 尖顶式凸轮机构　c) 滚子式凸轮机构　d) 平底式凸轮机构

　　凸轮机构结构简单、紧凑，工作可靠，可以使从动件按各种预期的运动规律运动，它广泛应用在各种机器上，如内燃机、轻纺机械、动力机械、自动车床及各种电器。因为凸轮和从动件之间容易磨损，所以凸轮机构多用在传递动力不大的场合。如图 2-40 所示为凸轮机构仿真手指。

　　2. 间歇机构

　　自动或半自动机械中，常常需要某些机构在原动件做连续运动时，从动件做周期性的运动和停歇，即间歇运动。

间歇运动在形式上可分为间歇转位运动（分度运动）和直线间歇进给运动两类；根据运动过程中停歇时间的规律，间歇运动又可分为周期性和非周期性两类。常用的间歇运动机构有棘轮机构、槽轮机构、不完全齿轮机构、星轮机构、曲柄导杆机构等。

图 2-40　凸轮机构仿真手指

（1）棘轮机构

含有棘轮和棘爪的间歇结构称为棘轮机构。棘轮是具有齿形表面或摩擦表面的轮子，由棘爪推动做步进运动。棘爪是在主、从动件之间的一种爪形中介构件，用以阻止两个构件在某一个方向上的相对运动。常用的棘轮机构有齿式棘轮机构和摩擦棘轮机构，如图 2-41 所示。

棘轮机构结构简单、运动可靠，可灵活调节棘轮转动、停歇时间，但在工作过程中，棘轮与棘爪接触和分离的瞬间存在刚性冲击，运动平稳性较差。齿式棘轮机构不适于高速传动，常用于主动件速度不大、从动件行程需要改变的场合。如牛头刨床的横向进给机构、自行车后轴的齿式棘轮超越机构、防逆转棘轮机构等。摩擦棘轮机构传递运动平稳、无噪声，但容易打滑导致传动精度不高，常用作超越离合器。

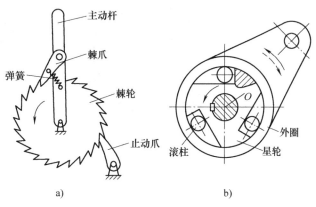

图 2-41　棘轮机构

a）齿式棘轮机构　b）摩擦棘轮机构

（2）槽轮机构

槽轮机构一般由带圆柱销的曲柄（或拨盘）、具有径向槽的槽轮和机架组成。槽轮机构分为外啮合和内啮合两种，如图 2-42 所示。

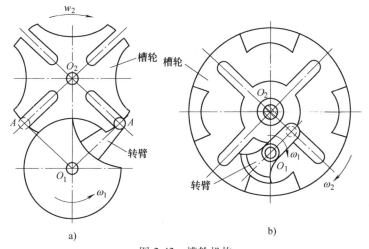

图 2-42　槽轮机构

a）外啮合槽轮　b）内啮合槽轮

槽轮机构的主要特点有结构简单、工作可靠、机械效率高、能准确控制槽轮转角，但槽轮转角大小不能调节，适用于转速不高的间歇运动场合，如电影放映机的卷片机构、刀架转位机构等。

（3）不完全齿轮机构

如图2-43所示，主动轮做连续转动，从动轮做反向间歇运动；两轮轮缘有锁止弧，以防止从动轮滑动、运动开始及终止时有冲击。

不完全齿轮机构的从动轮的停歇时间、转动时间及转动角度可在较大范围内选择，其加工工艺复杂，一般用于低速、轻载场合，如工作台的间歇转位及要求具有间歇运动的进给机构和计数机构等。

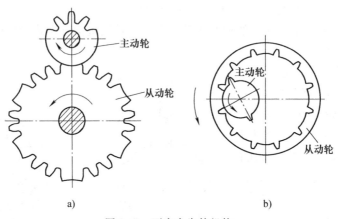

图2-43　不完全齿轮机构
a）外啮合式　b）内啮合式

做一做

1) 凸轮机构由哪几部分组成？
2) 凸轮机构主要有哪些特点？它主要应用于什么场合？
3) 常用的间歇机构有哪些？

小结

本节主要介绍了工业机器人常用的一些机构，如齿轮机构、四杆机构、四杆机构的各种演变机构、凸轮机构及间歇结构等，并介绍了各种机构的工作原理、结构特点、分类及应用场合。

思考题

1. 齿轮机构是如何工作的？

2. 典型的减速机构有哪些？

3. 简述 RV 减速器与谐波减速器的特点。

4. 在四杆机构中，导杆机构可以演变成哪几种机构形式？分别是怎样演变的？

5. 牛头刨床中滑枕的运动采用了哪种机构？简述其工作原理。

6. 常用的间歇结构有哪些？分别有什么特点？

2.4　液压与气压传动简介

液压与气压传动技术已经广泛应用于日常生产和生活中，如液压挖掘机、液压千斤顶、公交车启闭车门等机构，它们分别利用液压和气压传动系统完成铲斗的各种抓取动作、物体提升动作和车门启闭动作等。液压与气压传动具有广阔的应用前景，在工业机器人中完成物体的抓取、移动等动作，同样采用液压和气压传动来实现。本节将对液压与气压传动的基础知识进行介绍。

2.4.1　液压传动

1. 液压传动的工作原理

液压传动的工作原理可以用一个液压千斤顶的工作原理来说明。

如图 2-44 所示为液压千斤顶的工作原理图。千斤顶有大小两个工作液压腔，其内部分别装有大活塞和小活塞。活塞与缸体之间保持一种良好的配合关系，不仅保证活塞能在缸体内滑动，而且保证配合面之间实现可靠的密封。

大液压缸和大活塞组成举升液压缸。杠杆手柄、小液压缸、小活塞、单向阀 1 和吸油管组成手动液压泵。当提起杠杆手柄时，小活塞向上移动，小活塞下端液压腔容积增大，形成局部真空，这时单向阀 1 打开，通过吸油管从油箱中吸油，再用力压下手柄，小活塞下移，小活塞下腔压力高，单向阀 1 关闭，单向阀 2 打开，下腔的

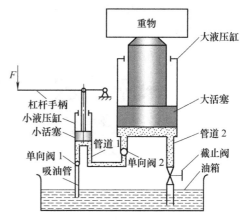

图 2-44　液压千斤顶的工作原理图

油液经管道 1 输入举升大液压缸的下腔，迫使大活塞向上移动，顶起重物。再次提起手柄吸油时，单向阀 2 自动关闭，使油液不能倒流，从而保证重物不会自行下落。不断地往复扳动手柄，就能不断地把油液压入举升液压缸下腔，使重物逐渐升起。如果打开截止阀，举升液压缸下腔的油液通过管道 2、截止阀流回油箱，重物就向下移动。这就是液压千斤顶的工作原理。

从液压千斤顶液压传动系统的工作原理可知：液压传动是以油液作为工作介质，通过密封容积的变化来传递运动，通过油液内部的压力来传递动力。液压传动装置实质上是一种能量转换装置，它先将机械能转换为便于输送的液压能，随后再将液压能转换为机械能做功。液压系统工作时，必须对油液进行压力、流量和方向的控制与调节，以满足工作部件在力、速度和方向上的要求。

2. 液压传动系统的组成

一个完整的能够正常工作的液压系统，由以下五个主要部分组成。

① 动力装置。供给液压系统压力油，将原动机输出的机械能转换为油液的压力能。例如液压泵。

② 执行装置。将液压泵输入的油液压力能转换为带动工作机构的机械能，以驱动工作

部件运动。例如液压缸和液压马达。

③ 控制元件。用来控制和调节油液的压力、流量和流动方向。例如各种压力控制阀、流量控制阀和方向控制阀等。

④ 辅助元件。将前面三个部分连接成一个系统，起到储油、过滤、测量和密封等作用，以保证液压系统工作可靠、稳定、持久。例如油箱、管路和接头、过滤器、蓄能器、密封件和控制仪表等。

⑤ 传动介质。传递能量，即液压油等。

3. 液压传动系统的控制阀

（1）方向控制阀

改变液压缸活塞的运动方向，实际上是控制液压系统中油液进入液压缸的流动方向。方向控制阀是液压系统中控制油液流动方向的控制元件，包括换向阀（见图2-45）和单向阀（见图2-46）。

1）换向阀。利用阀芯位置的改变，改变阀体上各油口的通断状态，从而控制油路连通、断开来改变液流方向。

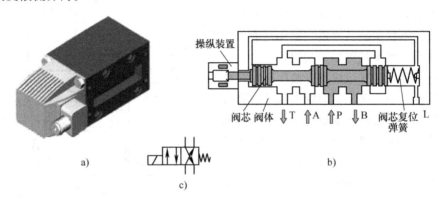

图 2-45　换向阀

a）实物图　b）结构　c）图形符号

换向阀图形符号的表示方法：

① 方框表示阀的工作位置，方框数即"位"数。

② 箭头表示两油口连接关系，截止符号表示此油口不通流。

③ 在一个方框内，箭头或截止符号与方框的交点数为油口的通路数，即"通"数。

④ P表示压力油的进口，T表示与油箱连通的回油口，A和B表示连接其他工作油路的油口。

⑤ 三位阀的中位及二位阀侧面画有弹簧的那个方框为常态位。

2）单向阀。控制油液只能按某一方向流动，而反向截止，故又称止回阀。

（2）压力控制阀

在液压系统中，控制工作液体压力的阀称为压力控制阀，简称压力阀。常用的压力阀有溢流阀、减压阀和顺序阀等。它们的共同特点是利用作用于阀芯上的油液压力和弹簧力相平衡的原理进行工作。

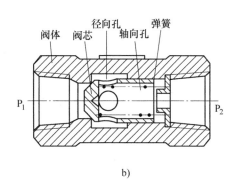

图 2-46 单向阀

a）实物图 b）结构 c）图形符号

① 溢流阀。主要是通过阀口的溢流使被控制系统或回路的压力维持恒定，实现稳压、调压或限压的作用，如图 2-47 所示。常态下溢流阀的阀口常闭，出油口接油箱，当系统压力低于溢流阀的调定压力时，溢流阀不工作。当外负载增大，系统压力升高到溢流阀的调定压力时，溢流阀打开溢流，系统压力不再升高，将始终稳定在溢流阀的调定压力值。

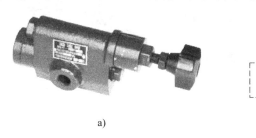

图 2-47 溢流阀

a）实物图 b）图形符号

② 减压阀（见图 2-48）。按调节性能的不同，减压阀分为定压式减压阀、定比式减压阀和定差式减压阀三种。定压式减压阀的作用是在不同工况下保持其出口压力基本不变。定差式减压阀的作用是保持其进口和出口之间的压力差基本不变。定比式减压阀的作用是使主油路压力与减压支路压力成固定比例。三类减压阀中，定压式减压阀应用最广。

（3）流量控制阀

在液压系统中，控制工作液体流量的阀称为流量控制阀，简称流量阀。常用的流量控制阀有节流阀和调速阀。

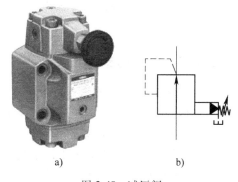

图 2-48 减压阀

a）实物图 b）图形符号

① 节流阀。节流阀是通过改变阀口（节流口）通流断面面积的大小来控制通过阀的流量，如图 2-49 所示。节流阀结构简单、制造容易、体积小，但负载和温度变化对流量稳定性的影响大。

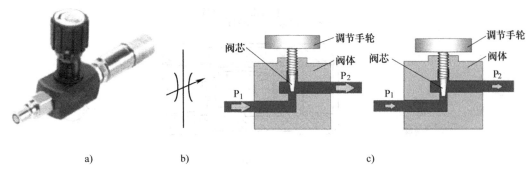

图 2-49 节 流 阀

a）实物图　b）图形符号　c）工作原理图

② 调速阀。调速阀是用于控制和调节执行元件的运行速度的元件，常用的有串联减压式调速阀和溢流节流阀，其中串联减压式调速阀应用最为广泛。如图 2-50 所示，串联减压式调速阀是由一个定差减压阀和一个可调节流阀串联组合而成的。用定差减压阀来保证可调节流阀前后的压力差不受负载变化的影响，使通过节流阀的流量保持稳定。

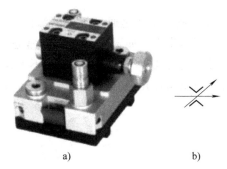

图 2-50 串联减压式调速阀

a）实物图　b）图形符号

做一做

1）简述液压传动系统的工作原理。
2）液压传动系统由哪几部分组成，分别起到什么作用？
3）常用的流量调速阀有哪些？

2.4.2 气压传动

1. 气压传动系统的概念

气压传动控制技术是以压缩空气为工作介质，进行能量传递或信号传递的控制技术。

2. 气压传动系统的组成和作用

一个完整的气压传动系统由以下几部分组成。

① 动力元件。提供系统动力的元器件，把空气进行压缩，形成压缩空气，并对其进行处理，最终可以向系统供应干净、干燥的压缩空气。

② 执行元件。推动外负荷做功的元器件，利用压缩空气实现不同的动作，来驱动不同的机械装置，如气缸、摆动缸、气动马达。

③ 控制元件。控制元件控制执行元件的运动速度、时间、顺序、行程及系统压力等。

④ 辅助元件。连接元件之间所需的一些元器件，以及对系统进行消音、冷却和测量等的一些元器件。

⑤ 压缩空气。向系统提供动力的工作介质。

3. 气压传动控制元件

（1）方向控制阀

在气压传动系统中，方向控制阀是用来控制压缩空气流过的路径，控制气流的通、断或流动方向的气压传动元件，包括换向阀、单向阀、梭阀、双压阀、快速排气阀和截止阀等。它是气压传动系统中应用最多的控制元件。

1）气动换向阀。气动换向阀是以压缩空气为动力推动阀芯运动，使气路换向或通断，分为双气控阀和单气控阀两种。

① 单气控阀如图 2-51 所示。单气控阀阀芯中一个方向的移动由压缩空气驱动，另一个方向的移动通常由弹簧的弹力驱动。单气控阀处于常态时，在弹簧的作用下阀芯处于右端位置，使阀口 2 与 3 相通，阀口 3 排气，而阀口 1 封闭；当有气控信号时，在压缩空气的作用下，阀芯克服弹簧力作用左移，阀口 2 与 3 断开，阀口 1 与 2 接通，阀口 2 有压缩空气输出。

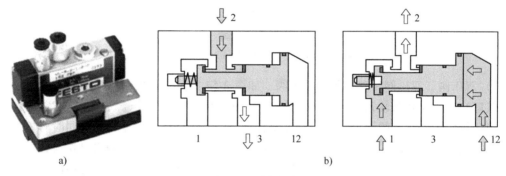

图 2-51 单气控阀

a）实物图 b）工作原理图

② 双气控阀如图 2-52 所示。1、4 为压缩空气输入阀口，2、5 为压缩空气输出阀口，3 为排气口，12、14 为控制阀 2、阀 4 导通的控制阀口。当控制阀口 12 有压缩空气输入时，阀口 1 与阀口 2、阀 4 和阀口 5 分别接通，使阀口 2、阀口 5 有压缩空气输出。当控制阀口 12 的压缩空气断开时，双气控阀仍保持原有的接通状态，即阀口 2、阀口 5 仍然有压缩空气输出，这就使当前的位置被"记忆"下来。直到控制阀口 14 有压缩空气输入，阀芯的位置才发生变化。

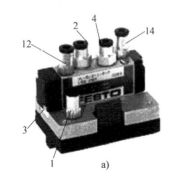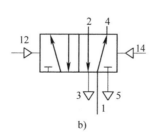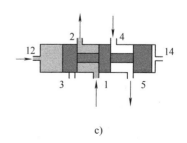

图 2-52 双气控阀

a）实物图 b）图形符号 c）工作原理图

2）梭阀。梭阀相当于两个单向阀组合而成的阀，如图 2-53 所示。梭阀有两个输入口（又称进气口），一个输出口（又称工作口）。不管压缩空气从哪一个进气口进入时，阀芯将封闭另一个进气口，使输出口有压缩空气输出。如果两端进气口的压力不等，则高压口的通道打开，高压的进气口与输出口相连，输出口输出高压的压缩空气，低压口的通道则被封闭。

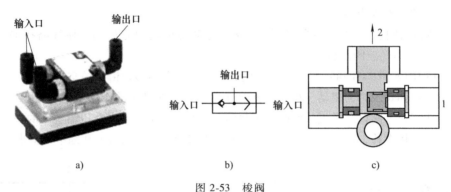

图 2-53　梭阀

a）实物图　b）图形符号　c）工作原理图

3）双压阀。双压阀是单向阀的派生阀，如图 2-54 所示。双压阀有两个信号输入口（又称进气口）和一个信号输出口（又称工作口）。当仅有一个进气口进气时，压缩空气推动阀芯运动，封住压缩空气的通道，使输出口没有压缩空气输出。如两个进气口同时有压缩空气输入，若气压相同，阀芯封住一个进气口通道而总有另一个进气口与输出口相通，使输出口有压缩空气输出。若两个进气口输入的压缩空气的压力不同，那么其中压力高的那一端推动阀芯移动，使压力低的一端进气口与输出口相连，则输出口输出低压力的压缩空气。

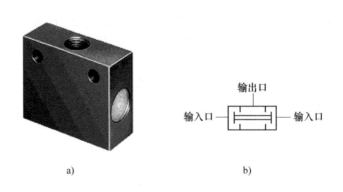

图 2-54　双压阀

a）实物图　b）图形符号

4）快速排气阀。快速排气阀是当输入口气压下降时，排出口能自动打开并使气体排出的阀，如图 2-55 所示。它可以使气缸快速排气，加快气缸的运动速度。它属于流量控制阀，一般安装在换向阀和气缸之间。当进气口有压缩空气进入时，使密封活塞上移，封住排气口，而使工作口有压缩空气输出；当工作口有气体排出时，密封活塞下移，封住进气口，使工作口与排气口相连，气体快速排出。

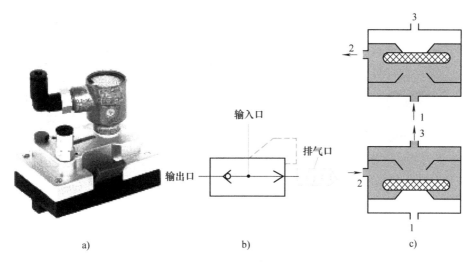

图 2-55　快速排气阀

a）实物图　b）图形符号　c）工作原理图

（2）压力控制阀

在气压传动控制系统中，控制压缩空气的压力以控制执行元件的输出力或控制执行元件实现顺序动作的阀被称为压力控制阀，包括压力顺序阀、调压阀、安全阀及多功能组合阀等，如图 2-56 所示。

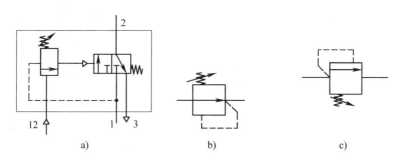

图 2-56　压力控制阀

a）压力顺序阀　b）调压阀　c）安全阀

（3）流量控制阀

在一些气压传动回路中，要根据工作要求控制气缸的运动速度，或者要控制换向阀的切换时间和气压传动信号的传递速度。此时，应该通过流量控制阀调节压缩空气的流量。流量控制阀是通过改变阀的空气通流截面积来实现流量控制的气压传动元件。常用的流量控制阀有节流阀、排气阀、快速排气阀。

① 节流阀。节流阀是通过调节阀的开度来限制压缩空气流量的控制阀，如图 2-57 所示。由于节流阀的结构简单、体积小，因此应用较广泛。

② 排气节流阀。排气节流阀是一种带有消声器件的流量控制阀，如图 2-58 所示。它的工作原理和节流阀相似。它常装在执行元件的排气口处，用于调节排入大气的气体流量。它在调节执行元件的运动速度的同时，还能够降低排气噪声。

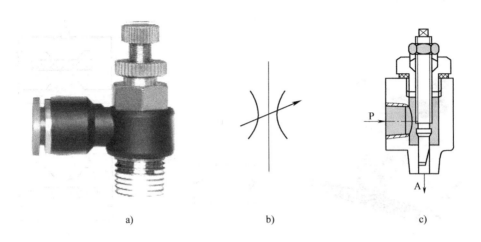

图 2-57　节流阀

a）实物图　b）图形符号　c）工作原理图

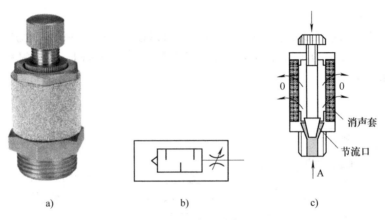

图 2-58　排气节流阀

a）实物图　b）图形符号　c）工作原理图

4. 气压传动技术应用

（1）气压传动技术在智能机械—机械手中的应用

机械手是能模仿人的手和臂的某些动作功能，用于按固定程序抓取、搬运物件或操作工具的自动操作装置。机械手是最早出现的工业机器人，也是最早出现的现代机器人，它可以代替人的繁重劳动实现生产的机械化和自动化，能在有害环境下或危险状况下操作以保护人身安全，因而广泛应用于机械制造、冶金、电子、轻工和原子能等领域。

由于气压传动系统使用安全、可靠，因此，它可以在高温、振动、易燃易爆、多尘埃、强磁、辐射等恶劣环境下工作。气压传动机械手具有结构简单、自重轻，动作迅速、平稳、可靠，可实现复杂动作，节能、不污染环境，容易实现无级变速，过载保护等优点。所以，气压传动机械手被广泛应用在汽车制造业、半导体和家电制造业、食品和药品生产行业以及精密仪器制造和军工领域。气动机器人抓手如图 2-59 所示。

（2）气动机械手气压传动系统

如图 2-60 所示是用于某专用设备上的气动机械手的结构示意图，它由四个气缸组成，可在三个坐标内工作，图中 A 为夹紧缸，其活塞退回时夹紧工件，活塞杆伸出时松开工件；B 为长臂伸缩缸，可实现伸出和缩回动作；C 为立柱升降缸；D 为回转缸，该气缸有两个活塞，分别装在带齿条的活塞杆两头，齿条的往复运动带动立柱上的齿轮旋转，从而实现立柱及长臂的回转。

图 2-59　气动机器人抓手

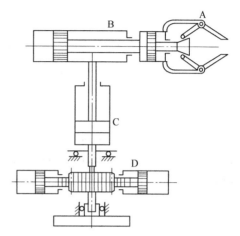

图 2-60　气动机械手气压传动系统

做一做

1）简述气压传动系统的工作原理。

2）梭阀的作用是什么？绘制其图形符号。

3）简述双压阀的工作原理。

小结

本节介绍了液压与气压传动系统的工作原理及系统组成，介绍了液压与气压传动系统的方向、压力、流量控制元件的工作原理、图形符号及应用。

思考题

1. 液压传动与气压传动相比，分别有什么特点？

2. 气压传动的流量控制元件分别有哪些，并简述其工作原理？

3. 简述气动机械手气压传动的过程。

第3章

工业机器人机械装配基础

本章主要介绍工业机器人机械装配基础知识，包括作业前的准备工作、装配常用设备、常用工量具及使用，以及常用零部件的装配技术和标准，让学习者了解工业机器人机械装配基础知识，掌握装配技术要求，了解并能执行标准化作业规范，做到安全文明生产。

3.1　作业前的准备工作

生产准备工作是保证生产正常进行的有效途径，必须按规范要求提前做好准备。准备的内容有人员、设备、物料、工艺和环境等方面。

3.1.1　对生产（学习）者的安全保护措施

1. 特种作业教育

对装配或使用工业机器人的人员除了进行常规的机电安全作业教育外，还需要进行工业机器人操作技术及安全作业等方面的特种教育，防止因技术操作不规范、不熟练等发生意外。操作人员要做到持证上岗、安全操作。

2. 操作者的生产作业保护

操作者应该学会正确选择和穿戴工作服、防护眼镜和安全帽等作业保护用具，如图 3-1 所示。

① 保护眼睛。在机械加工和装配生产车间，常常会有飞屑伤人等意想不到的危险发生，必须要养成戴防护眼镜的良好习惯，选择佩戴舒适的、随时都能佩戴的眼镜，如图 3-2 所示。工厂中通常有平面防护眼镜、塑料遮尘镜和防护面罩等。

② 保护听力。许多机械车间的噪声非常大，有些机械加工引起的噪声会造成听力的永久性损伤，要养成在噪声过大时戴防护耳塞或耳罩的习惯，如图 3-3 所示。

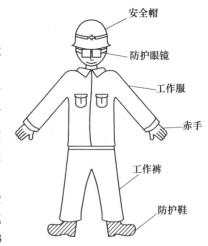

图 3-1　操作者的作业保护用具

③ 穿好工作服。穿宽松的衣服在操作机械设备时会带来安全隐患，如长袖、领带和敞开的衬衣都是非常危险的，因为它们容易被机械运动所

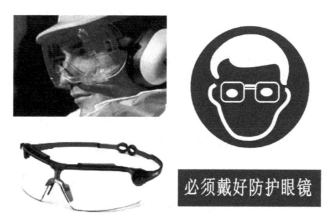

图 3-2　保护眼睛的用具

图 3-3　保护听力的用具

缠绕，如图 3-4 所示。

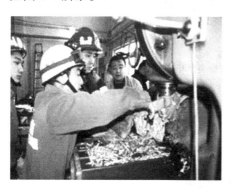

图 3-4　衣服过于宽松导致的事故案例图

　　另外，由于切削金属材料（如钻孔）时产生的切屑温度很高，高温切屑黏附在涤纶、人造丝、尼龙等人造纤维类衣服上时，可以将其完全熔透，衣裤被烧穿时皮肤就会被烫伤，令人疼痛难忍，有危险的同时还会降低生产效率。而棉质的工作服能起到保护作用，高温切屑飞溅到这种工作服上时会立即脱落。因此，在工作时必须穿合身的天然纤维工作服，而且不能有外露的口袋和丝巾。

　　④ 保护脚。尽管运动鞋穿起来很舒服，但是它不适合在工厂车间走动。穿好工作鞋（防护鞋）能有效防止坠物砸伤脚，当地面有切屑、外泄的切削液或润滑油时，也能起防滑

作用，还能防止疲劳。一些大型车间为了更安全，还会要求员工穿上钢制包头鞋，另外，对有防静电、绝缘等要求的一些特殊场合，还需要按要求穿电工工作鞋。

⑤ 安全帽。安全帽是防止冲击物伤害头部的防护用品。由帽壳、帽衬、下颏带和后箍组成。帽壳呈半球形，坚固、光滑并有一定弹性，抵抗冲击物的冲击和穿刺动能主要由帽壳承受。帽壳和帽衬之间留有一定空间，可缓冲、分散瞬时冲击力，从而避免或减轻对头部的直接伤害。冲击吸能性能、耐穿刺性能、侧向刚性、电绝缘性、阻燃性是安全帽的基本性能指标，采购和使用的安全帽应该符合国家标准 GB 2811—2007。进入车间必须戴安全帽，如图 3-5 所示。

⑥ 不留长发。长发缠绕引起的人身事故每年都有发生（见图 3-6），需引起高度的重视。机械加工时产生的气流或静电很容易将长发缠绕在旋转的机器上，通常如果头发长度超过 50mm 就很容易被机器所缠绕。

图 3-5　戴安全帽进入车间

图 3-6　长发缠绕在旋转的机器上

⑦ 不佩戴首饰。首饰等饰物或挂件容易被卷挂到运动着的机器上或粘在切屑上而引起危险。另外，首饰一般都传热导电，所以，从安全的角度考虑，机械加工时不能佩戴任何首饰。

操作人员必须经相关专业（或工种）岗位教育培训并持有上岗作业证。对工业机器人装配而言，除了进行机械专业的培训，如装配钳工的知识与技能培训外，还需要进行工业机器人（特种作业）专业的培训。

做一做

1）检查工作着装是否符合要求：工作服、工作鞋和手套等。
2）检查人员是否已经到位，是否满足生产的需求。
3）检查生产作业计划（教学任务）。
4）做好检查记录并纠正错误。

3.1.2　工业机器人所属设备的安全保护措施

1. 工作区域的警示与围栏设置

禁止任何人进入正在运行的机器设备的工作区域内。在工作区需按规定设置围栏或围墙，并且出入口有联锁装置，打开门时机器停止运转。围栏等设置范围应比工作区域大，留出紧急避让的空间，如图 3-7 所示。

安全门锁开关必须实行双通道的控制，启动/复位方式可选，可达到最高的性能等级要求 PLe 和最高的安全完整性等级要求 SIL3。

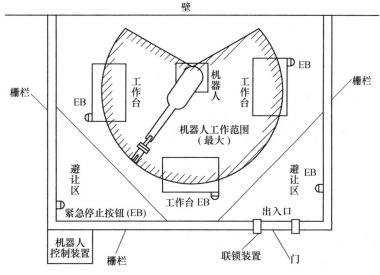

图 3-7　机器人工作范围设置

围栏需按工业级防护要求制作，达到牢固、安全的效果。其技术条件可查阅 GB 4053.3—2009《固定式钢梯及平台安全要求　第 3 部分：工业防护栏杆及钢平台》。

必须悬挂醒目的"作业中"的标志，应当在适当的位置设置多个紧急停止按钮（EB），以使机器能在任何时候、任何位置停止。

围栏的基本要求介绍如下：

（1）位置一

防止手从围栏上面触摸到设备，如图 3-8 所示。

① 确认手触摸不到危险地方的围栏高度（最小高度为 ≥1200mm，手触摸到的距离 ≥750mm）。

② 危险部分要设置防护罩。

（2）位置二

防止手从围栏间隙触摸到设备，如图 3-9 所示。要保证从围栏间隙不能进入其内部。

图 3-8　防止手从围栏上面触摸到设备

图 3-9　防止手从围栏间隙触摸到设备

① 围栏与易发生危险地方要距离 750mm 以上。

② 围栏上装金属网。

③ 危险部分要设置防护罩。

（3）围栏的形式

围栏的具体形式供制作防护时参考，如图 3-10 所示。

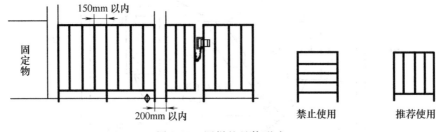

图 3-10　围栏的具体形式

小提示

禁止使用横式围栏，因为这种围栏容易攀登跨越。

2. 电源控制与安全装置

紧急停止状态时应切断电源。急停按钮实现双通道的控制，启动/复位方式可选，可达到最高的性能等级要求 PLe 和最高的安全完整性等级要求 SIL3。

① 紧急停止按钮。通常是红色按钮，按下此按钮即切断电源后，如果操作者不重新启动机器，机器人不能自动工作。

② 安全装置。安全装置有许多种类，如安装安全光幕（见图 3-11）、安全地毯/安全触边（见图 3-12）、双手开关和报警装置等。

图 3-11　安全光幕

注：图中 D 为安装距离，D_s 为
安全间隔，$D_s = 1.6 (T_1 + T_2)$

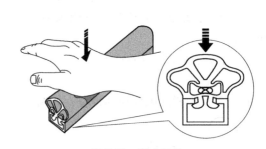

图 3-12　安全触边

向安全触边施以垂直压力，使接触带内的导电体互相接触，改变接触带内导电体的电阻和电流，并由控制机件做进一步的分析。

除了设备需要加装安全防护设施外，在车间（场地）也需按规定配置灭火器等，以防火灾的发生，并加强消防知识学习，指导操作人员熟练使用灭火器。

做一做

1）检查工业机器人设备说明书和操作手册。

2）检查"作业中""维修中"等警示挂牌，按规定使用。

3）检查围栏及紧急停止按钮的完好性。

4）参观生产车间（实训场所），了解生产（实训）现场工作情况，学习相关制度。

3.1.3　工艺及物料准备

工业机器人操作、所需工艺及物料准备介绍如下。

① 按作业要求检查工艺文件是否完整（装配工艺卡、作业方案、作业计划等）。

② 按作业要求检查工作记录（交接班）情况。

③ 按作业要求检查首件，并确认存放与记录。

④ 按作业要求核对并记录生产所用原料情况（品名、数量等），检查剩余物料。

⑤ 按作业要求检查现场辅助用品是否已备齐，防止混料、错用。

做一做

1）认真阅读作业任务单，按要求进行物品检查。

2）认真阅读作业任务单中的相关工艺要求，填写装配工艺卡、作业方案、作业计划。

3.1.4　工作现场"7S"管理与安全文明生产

安全生产，人人有责。从业人员必须认真执行"安全第一，预防为主"的方针，严格遵守安全操作规程和各种安全生产规章制度。设备是学校（企业）的重要财产，要做好文明生产，防止掠夺性使用设备，并加强设备维护保养，延长机床使用时间。要做到这些，学习安全文明生产的知识并学会设备保养的方法是必须的。

为确保装配车间实现优质、高效、低耗、安全生产，装配车间所有管理员、装配工必须严格遵守安全文明生产管理制度，并进行定期检查与考核。

作业现场是否按区域标识、物品是否按规定进行摆放、各工位"7S"管理情况等，是安全文明生产的基础，需要认真贯彻和执行。同时要做好常用设备的日常养护，掌握基本的养护程序与方法。

1. 安全文明生产与"7S"管理

（1）企业生产现场安全文明生产的基本要求

做好文明生产，生产班组应做到如下几点。

① 确保产品质量，做到零件"四无一不落地"（无锈蚀、无油污、无毛刺、无磕碰，零件不落地）。

② 工位器具、工具箱按规定位置摆放，工具箱内工具要定位存放，清洁无锈蚀；做到账、卡、物一致；量具和一类工具使用、保管合理。

③ 夹具、辅具和模具等工装器件，按规定摆放，做到整齐、清洁、无锈蚀。

④ 使用的设备实行定人、定机，凭操作证操作，保持设备完好，润滑正常，安全可靠，

清洁度好，外观见本色，无黄袍，无油污。

⑤ 设备工作面上不放零件、工具和杂物。

⑥ 图样、工艺文件和各种原始记录摆放整齐，每组管理园地简明、美观、大方、实用。

⑦ 地面无烟头、纸片、痰迹、油污、积水和杂物，确保道路畅通。

⑧ 生产岗位不吸烟、不看报、不聊天，工作时间不串岗。

⑨ 按规定穿戴好劳保用品。

⑩ 门窗等明亮、清洁。

（2）严格执行"7S"管理要求

学习"7S"管理制度内容，具体见"附录A 装配生产车间7S管理制度"，按要求整理、整顿、清洁工作场地、操作工具和设备等。

1）整理。效率和安全始于整理。把要与不要的人、事、物分开。对于生产现场不需要的杂物、污物坚决从生产现场清除掉。

2）整顿。将整理之后现场必要的物品分门别类放置，排列整齐。

① 有物必有位。生产现场物品各有其位，分区存放，位置明确；有位必分类，生产现场物品按照工艺和检验状态，逐一分类；分类必标识，状态标识齐全、醒目、美观、规范。

② 工件定置。根据生产流程，确定零部件存放区域，分类摆放整齐，零部件绝对不能掉在地上，不能越区、不能混放、不能占用通道。

③ 工位器具定置。确定工位器具存放位置和物流要求，如图3-13a所示。

④ 工具箱定置。工具箱内各种物品要摆放整齐，如图3-13b所示。

a)

b)

图 3-13 定置摆放

a）工位器具定置摆放 b）工具箱内物品定置摆放

3）清扫。将工作场所清扫干净，保持工作场所干净、亮丽。

车间场地必须保持清洁整齐，每天下班前必须清理场地，打扫卫生；装配工作台面及货架要随时清扫，附近不得有杂物及灰尘。

4）清洁。将整理、整顿、清扫实施的做法制度化、规范化，维护前面的成果。

5）素养。提高员工思想水平，增强团队意识，养成按规定行事的良好工作习惯。

必须养成良好的工作习惯，量具、工具用后要归位，不得随意摆放。每个装配工持证上岗，仪容仪表整洁。每个装配工工作有序，保持肃静，不得在工作时谈天说地，大声喧哗。

6）安全。清除安全隐患，保证工作现场工人的人身安全及产品质量安全，防止意外事故的发生。

① 发现隐患要及时解决，做好记录，不能解决的要上报领导，同时采取控制措施；发生事故要立即组织抢救，保护现场，及时报告；遇到生产中的异常情况，应及时处理，遇到危险紧急情况，先处理后报告，严禁违章指挥。

② 工作期间，在生产区域内不能有明火、不得吸烟，不准穿拖鞋，不准赤膊、赤脚。

7）节约。对时间、空间、质量、资源等方面合理利用，以发挥它们的最大效能，从而创造一个高效率的物尽其用的工作场所。

2. 装配现场定置管理

装配现场定置管理是使每一件物品都有最适合的地方放置，并确保物品按照要求放在规定的地方。定置管理的目的是缩短寻找物品的时间，缩短取放和操作的时间，从而提高效率、节省成本。

装配现场定置管理的基本内容介绍如下。

（1）定置管理的三定原则

三定原则指定点、定容、定量。

1）定点。也称为定位，是根据物品的使用频率和便利性，决定物品所应放置的场所。一般来说，使用频率越低的物品，应该放置在距离工作场所越远的地方。通过对物品的定点，能够维持现场的整齐秩序，提高工作效率。

① 确定摆放方法，如货架式、悬吊式、工具柜等，并在规定区域放置。

② 确定放在哪一层（一层、二层、三层），在一层中的什么位置（左、中、右）。

③ 确定放在作业台的左边或是右边，上面还是下面。

④ 确定清扫、清洁工具应放在何处。

2）定容。定容是为了解决用什么容器与什么颜色的标识的问题，容器的不同往往能使现场发生较大的变化，通过选用合适的容器，并在容器上加相应的标识，不但能使杂乱的现场变得有条不紊，还有助于管理人员树立科学的管理意识。

① 确定用纸箱、铁桶、木箱、胶箱中的哪一种容器（最好能够互换）。

② 容器上要有标识，最好使用颜色区分管理。

3）定量。定量就是确定保留在工作场所或其附近的物品的数量，按照精益生产的观点，在必要的时候提供必要的数量。因此，物品数量的确定应该以不影响工作为前提。通过定量控制，能够使现场井然有序生产，明显减少浪费。

① 相同的容器所装的物品数量应该一致。

② 生产量不变时，每次出库数量应该相同（切忌把车间当仓库使用）。

③ 桶、箱等容器的定量要清楚，且一目了然。

④ 备用品、消耗品应明确最大库存数量（在工量）和安全库存（在工量）数量。

（2）定置管理的三要素

三要素指场所、方法和标识。

① 放置的场所。什么物品应放在哪个区域都要明确，而且要一目了然。

② 放置的方法。所有物品原则上都要明确其放置方法：横放、竖放、斜置、吊放、钩放等。

③ 放置的标识。标识是使现场一目了然的前提，好的标识是指任何人都能够十分清楚任何一堆物品的名称、规格、使用方法和保质期等参数。标识的方法有：轮廓线、标签、阴

影和色标等。

做一做

1）学习相关的安全管理和现场 "7S" 管理制度，对照检查实训场所，找出差距并进行整改。

2）对所用工具、量具和设备进行一次现场整理、整顿和清扫活动。

3）检查各类标识标牌，进行学习认识，并对缺损的部分给予增补。

小结

本节主要介绍了作业前的准备工作与要求，从安全的角度出发，介绍了人、物、环境等的安全规范和注意事项，介绍了工作现场 "7S" 管理与安全文明生产基本要求，简单介绍了定置管理的知识，以帮助装配工人在学习训练的初始阶段，能较全面地了解和掌握工业机器人机械装配所涉及的相关安全知识与要求，以及作业现场定置管理的要求，在后续的工作实践中，以 "7S" 管理与安全文明生产要求为目标，做好生产的各项基础管理工作，树立安全意识，学习安全技能，提高作业现场的安全文明程度，为接下来的学习，打下基础，同时养成良好的职业素养。

思考题

1. 在操作工业机器人之前，要学会什么？

2. 要成为一名安全的工人机器人装配工人，应具备哪三个条件？

3. 说出三种可以保护眼睛的用具。

4. 列举出四种在车间内必须遵守的衣着方面的安全防护措施。

5. 在操作机床时，为什么不能戴手套？

6. 操作机床时长发应该怎样处理？

7. 在离开工厂前，为什么要清理鞋底？

8. 说出三个在操作工业机器人之前必须遵守的安全防护措施。

9. 装配现场定置管理的基本内容有哪些？

10. 为什么要严格遵守安全文明生产管理制度？

11. "7S" 管理制度中的整顿的具体要求有哪些？

12. "7S" 管理制度中的安全的具体要求有哪些？

13. 装配工上岗前为什么要进行岗前培训？

14. 通过学习，你认为现在的工作场所还有哪些方面没有达到 "7S" 管理要求？需要从哪几方面进行改进？

3.2　工业机器人装配钳工常用设备

工业机器人机械装配过程与其他机械产品装配有许多相似的地方，都会涉及钳工相关的常用设备的使用。对于常用设备，使用者需要了解其基本名称、结构、作业特点，以及使用方法和注意事项等。本节将对钳工常用的设备进行较为详细的介绍并提出使用时应该注意的事项，为后续的作业打好基础。

3.2.1 孔加工设备

钻床是装配钳工在装配现场经常要用到的孔类加工设备，常用的有台式钻床、立式钻床和摇臂钻床，可进行钻孔、扩孔、锪孔、铰孔、攻螺纹、研磨等多项操作。装配钳工作业现场最常用的是台式钻床。工作中要安全、熟练地操作台式钻床，需要了解台式钻床的结构、工作原理和操作规程，掌握设备保养的方法和手段。单件装配现场还会用到手电钻，因此，需要了解并学会正确使用手电钻。

1. 台式钻床

（1）台式钻床的结构与工作原理

台式钻床是一种小型钻床，是装配钳工常用的钻孔设备。台式钻床主要由机座、电动机、立柱、主轴、主轴头架、锁紧装置、工作台、钻夹头、进给手柄及带罩等组成，如图 3-14 所示。台式钻床钻孔直径一般在 13mm 以下，最大不超过 16mm。台式钻床具有结构简单、操作方便、易于维护等特点。

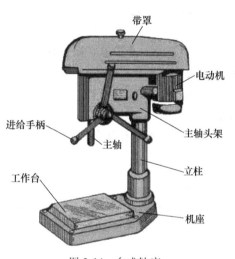

图 3-14　台式钻床

台式钻床的工作原理：电动机经塔轮与传动带驱动主轴旋转，安装在主轴上的钻夹头夹紧钻头，使之随着主轴旋转；工件装夹在工作台上；操作者操纵手柄，通过齿轮齿条驱使主轴向下进给，从而完成孔的加工。通过钻床上两处手柄的松紧，可调整主轴箱和工作台沿立柱做上下升降运动，通过工作台下部的调节螺钉，使工作台除可绕立柱回转 360°外，还可以左右倾斜 45°，以便用来钻斜孔。

（2）台式钻床的操作要求

① 作业前。检查各操作手柄、开关、旋钮是否在正确位置，操纵是否灵活，安全装置是否齐全、可靠；按润滑要求加油润滑，然后接通电源；检查转速是否调整到规定的范围，工作台高度是否调整到合适的位置，低速运转 3~5 分钟，确认正常后方可开始工作。

② 作业中。严禁超负荷、超性能作业加工；装卸钻头应停车进行，装钻夹头时，锥面要擦干净，装夹要牢固；卸下时用标准斜铁和铜锤轻敲，严禁用其他物件乱敲；工件、工装要正确固定，禁止戴手套操作；机床运行中出现异常现象，应立即停机，查明原因及时处理。

③ 作业后。必须将各操纵手柄置于"停机"位置，切断电源，进行日常维护保养；如较长时间不用，应在钻床未涂漆的表面涂油保养。

（3）台式钻床的维护保养

1）平时应严格按钻床五定润滑图表（见表 3-1）加油。保持润滑，操作者每次使用后应及时清除切屑，切断电源，保持设备各部位的清洁。

表 3-1　钻床五定润滑图表

设备编号	设备型号	润滑点编号	润滑方式	规定用油	规定代用油	加油标准	加油周期	换油周期	实施者
01	Z4112	①	手润滑	通用锂基脂 2 号	极压锂基脂 2 号	轴承 2/3	半年一次	每年一次	维修工
		②④⑤	手润滑	L-HH 32 号或 40 号	L-HL 32 号或 40 号	适量	每天一次	/	操作工
		③	油枪	钙基润滑脂 1 号	极压锂基脂 2 号	适量	半年一次	每年一次	操作工

润滑点编号说明：①电动机轴承；②主轴外表（钻杆）；③花键、升降齿轮齿条；④工作台面；⑤立柱表面

2）钻床类设备的一级保养。

① 作业前：擦拭钻床外表面及滑动面；检查各操纵手柄及电器开关，要求位置正确无松动，动作灵活；检查各紧固件无松动；检查各安全装置完整、安全、灵活、准确、可靠；检查外部电器及地线，确保牢固可靠；按润滑图表加油；低速启动运转，声音正常，润滑良好。

② 作业中：严格遵守操作规程；操作中要通过听、看、摸、闻等方法观察设备的运转情况，发现问题及时处理；遇到故障实行"停、呼、待"。

③ 作业后：清扫切屑，认真擦拭外表面及各滑动面；操纵手柄、开关放在空位；做好交接班记录。

周末全面擦拭机床各部位，保持漆见本色铁见光，检查紧固件无松动，检查、清洗油线及毛毡，润滑各部位。

📝 **小提示**

机械设备五定润滑图表是保证设备正常运转，防止事故发生，减少机器磨损，延长使用寿命，提高设备的生产效率和工作精度的一项有效措施。

五定：定润滑部位、定润滑油牌号、定润滑周期、定加油量、定加油人。

3）周期性保养。钻床运行三个月应进行周期性保养，保养时间为 1~2h，以操作工为主，维修工配合进行。首先切断电源，然后进行保养工作，具体保养内容介绍如下。

① 外保养：擦洗机床，做到无油污、无锈蚀；配齐螺钉、螺母和手柄球等。

② 传动系统：检查传动系统是否灵活，调整传动带松紧度。

③ 电器：擦拭电动机，检查、紧固接零装置。

④ 主轴和带轮轴承：定期用润滑脂润滑（每年清洗一次，需卸下主轴带轮和花键套，将轴承从轴承座中取出，然后涂抹润滑脂）。

⑤ 其他摩擦部分和轴承：用机油润滑主轴下面的轴承，将润滑油注入主轴带轮花键套中。

📝 **做一做**

1）查阅资料，了解台式钻床铭牌各部分的意义。

2）对台式钻床进行一次外保养，去除油污，配齐缺失的零件。

3）在教师的指导下，进行台式钻床的转速和主轴架高度调整操作。

4）学习正确使用钻夹头安装钻头。

5）编制企业（学校）现有设备五定润滑图表，并按确认后的图表进行设备加油保养。

2. 手电钻

手电钻是一种手提式电动工具，图 3-15 所示是其中一种型号的手电钻。在修理零件和机械装配时受工件形状或加工部位的限制不能用钻床钻孔时，可使用手电钻加工。

（1）手电钻的规格

手电钻的电源电压分单相（220V、36V）和三相（380V）两种。

采用单相电压的手电钻规格有 $\phi6mm$、$\phi10mm$、$\phi13mm$、$\phi19mm$、$\phi23mm$ 五种。

采用三相电压的手电钻规格有 $\phi13mm$、$\phi19mm$、$\phi23mm$ 三种，在使用时可根据不同情况进行选择。

图 3-15　手电钻

（2）使用手电钻安全警示

① 使用手电钻前必须检查电源线、开关、壳体有无损坏，避免造成人员触电。

② 严禁戴手套使用手电钻，否则会造成手被铰伤。

③ 严禁用手电钻钻盛有化学品的容器，防止钻头发热引燃残留的化学品，造成爆炸或火灾事故。

④ 在潮湿地方使用手电钻时，必须站在绝缘垫或干燥的木板上进行，防止人员触电。

⑤ 使用插线板时，电源线严禁乱拖、乱放，否则会造成人员摔倒或使用手电钻者受伤。

⑥ 在生产现场严禁使用工具打闹嬉戏。

⑦ 严禁其他人员站在手电钻旁边，操作者使用手电钻时不要用力过猛，否则会使钻头折断飞出，造成人员受伤。

⑧ 手电钻未完全停止转动时，不能卸、装钻头，否则会造成操作人员受伤。

（3）手电钻安全操作规程

正确的手电钻安全操作流程是防止事故发生和顺利完成作业的有效途径，如图 3-16 所示。

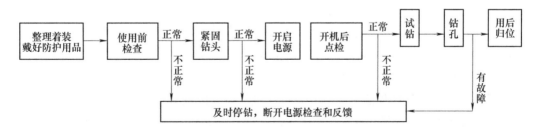

图 3-16　手电钻安全操作流程

1）作业前。

① 工作前应检查手电钻的手柄和电源导线、插头、壳体是否损坏，并确认手电钻使用的电压正常。

② 用工具（钥匙）将钻夹头松开，钻孔前应确认。夹好对应钻头并固定牢靠。

2）作业中。

① 将电源插头插进对应插座，按下启动开关，空载运行 2~3min，检查钻头运行是否平

稳以及是否有异常声音。

② 对准划线孔位后再开动手电钻，禁止在转动中手扶钻杆对孔。

③ 使用手电钻钻孔开始时或工件要钻穿时，慢慢匀速加压或退出，不可用力过猛，避免因切削力突然增大或减小而产生扎刀现象使钻头折断伤人。

④ 使用手电钻钻薄板时，薄板下应垫木板；钻圆轴类工件时，工件下面应垫 V 型铁以防移动；如用大钻头钻厚铁板时必须固定铁板，防止工件旋转伤人。

⑤ 使用手电钻向上钻孔时，只许用手顶、托钻柄并戴好防护眼镜和口罩。

⑥ 操作中发现漏电现象，电动机发热程度超过规定，转动速度突然变慢或有异声时，应立即停用，交给维修人员进行检修。

⑦ 停电、休息或离开工作地时，应立即切断电源。

⑧ 作业时人员应精神集中，严禁做与生产无关的事情，防止发生安全事故。

3）作业后。作业结束后应拔掉电源，卸下钻头，清洁现场环境并将手电钻归位。

（4）手电钻应急措施及保养

1）应急措施。手电钻作业受工作条件和操作者技能水平等多种因素的影响，工作中可能会产生许多的危险，常见手电钻危险源、危险因素、危害及应急措施见表3-2，需认真学习加以防范。

表 3-2　常见手电钻危险源、危险因素、危害及应急措施

序号	危险源	危险因素	危害	应急措施
1	高速旋转钻头	旋转	易卷入异物，如头发、围巾等	1）当有头发或其他异物卷入时，操作者或临近人员应立即断开电源，将头发或其他异物与手电钻分开，伤情轻的应及时包扎止血，伤情重的应及时拨打120急救电话送医院救治 2）发生人员触电危险时，首先要采用正确的方法（使用绝缘的物品）使其脱离电源，然后根据伤者情况迅速采取人工呼吸法或人工胸外心脏挤压法进行急救，同时立即拨打120急求电话，将伤员送医院救治 3）如出现钻头折断伤人事故时，伤情轻的及时包扎止血，伤情重的应及时拨打120急救电话送医院救治
2	人员	违章操作	人身伤害	
3	钻头折断	飞出伤人	人身伤害	
4	电源线	破损漏电	触电	

2）手电钻维护保养。

① 检查钻头：使用磨损的钻头将导致电动机故障并降低效率，因此，发现钻头磨损时应进行更换或重新刃磨锋利。若使用尖端磨损或断裂的钻头，将会滑脱而导致危险，必须更换新的钻头。

② 检查安装螺钉：要经常检查安装螺钉是否紧固妥善，若发现螺钉松动，应立即重新拧紧，否则会发生严重的事故。

③ 维修：电动工具发生故障时，请有经验的维修工维修或送维修店处理。

小提示

为了保证产品的安全与可靠，修理手电钻、进行碳刷检查或更换，以及任何其他保养或调节都应由专业电动工具维修中心人员进行处理。

做一做

1）查阅资料，了解手电钻铭牌各部分的意义。

2）仔细检查手电钻电线是否有破损等不安全状况。

3）按操作流程进行现场操作并进行交流学习。

4）观看相关安全警示宣传片。

3.2.2　砂轮机和风砂轮

1. 砂轮机

（1）砂轮机的结构

砂轮机主要由砂轮、电动机、防护罩、机体和托架组成。砂轮机构造如图3-17所示。

图3-17　砂轮机构造

如图3-18所示，砂轮机按外形不同可分为台式砂轮机和立式砂轮机两种，按功能不同分带吸尘器（图3-18c）和不带吸尘器（图3-18a、b）两种。

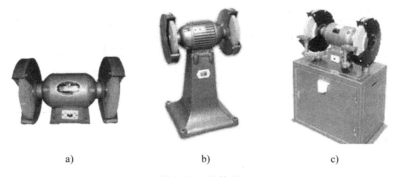

图3-18　砂轮机

a）台式砂轮机　b）立式砂轮机　c）带吸尘器式砂轮机

（2）砂轮机的正确使用方法

① 作业前。合理选择砂轮。刃磨工具、工具钢刀具以及清理工件毛刺飞边时，应使用白色氧化铝砂轮；刃磨硬质合金刀具则应使用绿色碳化硅砂轮。使用前必须经目测检查和敲

击检查确定无破裂和损伤。

目测检查：所有砂轮必须经目测检查，如有破损不准使用。

敲击检查：将砂轮通过中心孔悬挂，用小木槌敲击，敲击点在砂轮任一侧面上，距砂轮外圆面 20~50mm 处。敲打后将砂轮旋转 45°再重复进行一次。若砂轮无裂纹则发出清脆的声音，允许使用；如发出闷声或哑声，则说明砂轮有裂纹，不准使用。

安装砂轮：选择与砂轮机主轴相配的砂轮，将砂轮自由地装配到砂轮主轴上，不可用力挤压。砂轮内径与主轴和卡盘的配合间隙适当，避免过大或过小。配合面清洁，没有杂物，砂轮的卡盘左右对称，压紧面径向宽度相等。压紧面平直，与砂轮侧面接触充分，装夹稳固，防止砂轮两侧面因受力不平衡而变形甚至碎裂。卡盘与砂轮端面之间应垫一定厚度的柔性材料（如石棉橡胶板、弹性厚纸板或皮革等），使卡盘夹紧力均匀分布。砂轮的松紧程度应以压紧到足以带动砂轮不产生滑动为宜，不能过紧。当用多个螺栓紧固大卡盘时，应按对角线成对顺序逐步均匀旋紧，禁止沿圆周方向顺序紧固螺栓，或一次把某一螺栓拧紧。紧固砂轮卡盘只能用标准扳手，禁止用接长扳手或敲打的办法加大拧紧力。

接通电源，观察砂轮的转向是否正确，如不正确需及时请维修工修理。

戴好防护眼镜，防止火花溅入眼睛。不允许戴手套操作，避免手套被卷入发生危险。不允许二人同时使用同一片砂轮，严禁违规操作。

② 作业中。在使用砂轮机时，必须严格按照安全操作规程进行工作，以防止出现砂轮碎裂等安全事故。

使用砂轮机时，开启前应首先认真检查砂轮片与防护罩之间有无杂物，砂轮片是否有撞击痕迹或破损，确认无任何问题后再启动砂轮机。启动后观察砂轮的旋转方向是否正确，砂轮的旋转是否平稳，有无异常现象。待砂轮正常旋转后，再进行磨削。

经常及时检查托架是否完好和牢固，调整托架与砂轮之间的距离，控制在 3mm 之内（见图 3-19），并小于被磨工件最小外形尺寸的 1/2，距离过大则可能造成磨削件轧入砂轮与托架之间而发生事故。

磨削时，操作者的站立位置和姿势必须规范。操作者应站在砂轮侧面或斜侧面位置，以防砂轮碎裂飞出受伤。严禁面对砂轮操作，避免在砂轮侧面进行刃磨。

忌在砂轮机上刃磨铝、铜等有色金属或木料。当砂轮磨损超过极限时（砂轮外径大约比心轴直径大 50mm）就应更换新砂轮。

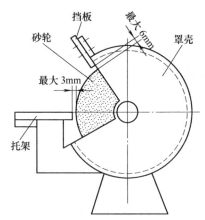

图 3-19　砂轮与托架的距离

使用时，手切忌碰到砂轮片，以免磨伤。不能将工件或刀具与砂轮猛撞或施加过大的压力，以防砂轮碎裂。如发现砂轮表面跳动严重，应及时用砂轮修整器进行修整。

磨削长度小于 50mm 的较小工件时，应用虎钳或其他工具牢固夹住，不得用手直接握持工件，防止其脱落在防护罩内卡破砂轮。

在使用砂轮机时，其声音应始终正常，如发出尖叫声、嗡嗡声或其他嘈杂声时，应立即停止使用，关掉开关，切断电源，并通知专业人员检查修理后方可继续使用。

磨削淬火钢时应及时喷水冷却，防止烧焦退火；磨削硬质合金时不可喷水冷却，防止硬质合金碎裂。

③ 作业后。砂轮机使用完毕后，立即切断电源，清理现场，养成良好的工作习惯。

小提示

　　砂轮机更换砂轮通常由专业人员负责，未经过砂轮装配作业学习和考核的人员不能私自更换砂轮，以防装拆不当而引发事故。

　　当手指不小心被砂轮损伤时，应及时清理伤口止血，及时去医院救治。

2. 风砂轮

风砂轮是一种以压缩空气为动力源的气动工具，通过压缩空气驱动砂轮旋转，完成清理工件的飞边和毛刺、去除材料多余量、修光工件表面、修磨焊缝和齿轮倒角等工作，如图3-20所示。

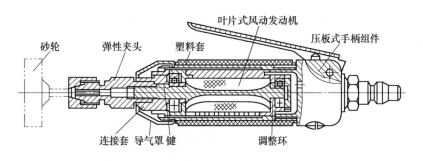

图 3-20　风砂轮

（1）风砂轮操作规程

1）作业前。

① 根据修磨工件的材料、形状、修磨量选取合适的风砂轮。

② 开机前应用手转动风砂轮，检查风砂轮是否裂纹，防护罩及各部是否正常。

③ 必须戴防护眼镜，不准戴手套。

2）作业中。

① 关闭气源开关，连接风砂轮与压缩空气源后，再打开气源开关。

② 过大、过长工件不得在风砂轮上磨削，所磨工件必须拿稳，不得单手持工件进行磨削。

③ 不准用棉纱、布包住工件进行磨削。

④ 不要使风砂轮旋转平面指向人体，修磨工件时压力要适当，不准两手同时进行磨削。

3）作业后。应及时切断总气源，拆卸砂轮以免损坏，清理工作现场。

（2）风砂轮维护保养

① 更换新砂轮时应切断总气源，轴端螺母、垫片不要压得过紧，以免压裂砂轮。

② 磨削完毕后应关闭气源，应经常清除防护罩内的积粉，并定期检修、更换主轴润滑油脂。

风砂轮的危险源可参见手电钻。

做一做

1）说出砂轮机和风砂轮各组成部分的名称，了解其结构。

2）采用敲击和目测的方法，检查砂轮是否有安全隐患。

3）利用工具正确更换砂轮并对安装好的砂轮进行修正。

4）采用报废钢条进行磨削训练，做到站立姿势、用力力度等正确，磨削面平整。

5）用风砂轮进行打磨练习，做到倒角均匀，磨削面平整。

3.2.3 起重机械

装配作业通常用到的起重机械有千斤顶和小型单梁起重机，作业者需要了解其基本性能和使用注意事项。

1. 千斤顶

千斤顶是一种小型起重工具，主要用来起重工件或重物，如图 3-21 所示。装配钳工常在拆卸和装配设备中用它来支承零件。它具有体积小、操作简单、使用方便等优点。

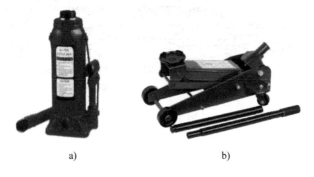

a)   b)

图 3-21 千斤顶

a）立式　b）卧式

（1）千斤顶操作及保养

1）作业前。

① 工作前认真检查千斤顶各部分是否完好，对于油压式千斤顶需要检查油液是否干净，安全栓是否有损坏；对于机械式千斤顶需要检查螺旋、螺纹和齿条的磨损情况，磨损量达20%时，严禁使用。

② 了解千斤顶上次作业的使用情况，清除安全隐患；了解本次作业的工作内容。

③ 检查千斤顶的机件有无损坏，是否灵活，如发现丝杠、螺母出现裂纹，应禁止使用。对于油压式千斤顶应检查其活塞阀门是否良好，油箱中的油量是否充足，一旦发现漏油或机件故障，应立即更换检修。

④ 加垫的木板或铁板等表面不能有油污，以防受力时打滑。

2）作业中。

① 千斤顶应设置在平整、坚实处，并用垫木垫平。

② 千斤顶必须与负重面垂直，其顶部与重物的接触面间应加防滑垫层。

③ 在顶升的过程中，应随着重物的上升在重物下加设保险垫层，到达顶升高度后应及时将重物垫稳。

④ 将升到位的物体垫稳，缓慢下放千斤顶，将千斤顶收回。

⑤ 起重较重的工件时，应在重物下面随时垫枕木，以防发生意外。

3）作业后。

① 清理干净，放回存放地点。

② 存放时，要将机体表面涂以防锈油，把顶升部分回落到最低位置，妥善保管。

液压千斤顶在使用一段时间后，应拆卸、清洗、换油、检查，保持千斤顶性能完好，能正常工作。做到精心养护设备，保证不漏油，并保持设备清洁。

📝 **小提示**

作业时应集中精力、辨明方向、看清人员、谨慎操作、牢记规程。

（2）液压千斤顶使用注意事项

① 使用液压千斤顶要选择合适的型号。

② 打开泄压阀使千斤顶活塞降到最低位置。

③ 千斤顶的底座要垫平，最好用方木板，增大承压面积。

④ 被顶升的物件与丝杠顶杆要求接触平稳，有时也可加顶板，防止将物件顶变形。

⑤ 千斤顶上被举重物的质量要平衡，防止倾斜打滑。

⑥ 用手压泵打压举升千斤顶活塞，试顶无误后再继续顶升。

📝 **做一做**

1）检查作业现场所用的千斤顶是否良好。

2）用机械式千斤顶尝试顶起重物，初次顶起重物高度不得高于100mm，以防发生意外。

3）学会液压千斤顶的调试，注意操作规范。

2. 单梁起重机

单梁起重机是一种轻型的起重设备（见图3-22），它由吊架和球链手拉葫芦（见图3-23）组成。单梁起重机具有体积小、质量轻、价格低廉且使用方便等优点，有手动和电动两种形式。装配钳工在工作中使用较多的是手动葫芦，与悬臂吊（见图3-24a）或小型龙门架（见图3-24b）配套使用，拆卸或装配机械零部件。

（1）单梁起重机使用注意事项

① 电动葫芦的限位器是防止吊钩上升或下降超过极限位置的安全装置，不能当作行程开关使用。

② 在重物下降过程中出现严重自溜刹不住车现象时，应迅速按下"上升"按钮，使重物上升一些后，按下"下降"按钮，直至重物徐徐落地后，再进行检查调整。

③ 严禁超载起重重物和长时间将重物吊在空中。

④ 操作者需经过专门的培训学习，经考试合格后才能操作。

⑤ 维护保养由专业人员进行。

图 3-22　单梁起重机

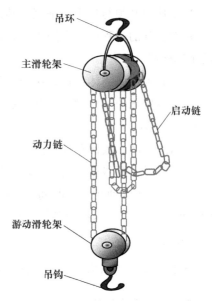

吊环
主滑轮架
启动链
动力链
游动滑轮架
吊钩

图 3-23　球链手拉葫芦结构示意图

a)　　　　　　　　　　b)

图 3-24　悬臂吊和龙门架

a）悬臂吊　b）龙门架

💾 **小提示**

　　起重物品时，注意起吊物的重心是否在规定的范围内，防止重心在起吊时偏移而发生意外。

（2）手拉葫芦的使用方法及注意事项

① 悬挂环链手拉葫芦的支架或吊环必须有足够的支承和悬挂强度。

② 被起吊的重物不得超过环链手拉葫芦的允许载荷范围。

③ 悬吊重物所用的绳套必须牢固，长度适当。

④ 拉动环链要缓慢平稳，不能用力过猛。

⑤ 拉动前应检查环链有无损伤，防止中途断裂。

⑥ 环链手拉葫芦吊起的重物摆动不能过于剧烈，重物下面严禁站人。

3. 吊装作业

在工业机器人装配过程中，由于其结构的特殊性，装配过程中吊装是一件非常重要的事情，需要了解吊装作业的常用设备和吊装作业基本方法和注意事项。图3-25所示为机器人吊装装配作业。

（1）吊装作业分级、分类

1）吊装作业分级。吊装作业按吊装重物的质量分为三级。

① 吊装重物的质量大于80t时，为一级吊装作业。

② 吊装重物的质量大于等于40t且小于等于80t时，为二级吊装作业。

③ 吊装重物的质量小于40t时，为三级吊装作业。

2）吊装作业分类。吊装作业按吊装作业级别分为三类。

① 一级吊装作业为大型吊装作业。

② 二级吊装作业为中型吊装作业。

③ 三级吊装作业为一般吊装作业。

图3-25 机器人吊装装配作业

（2）吊装作业的注意事项

除了吊装前做好吊装的装备工作，如检查吊装设备、吊带等，进行吊装作业还需要：清理好作业空间，防止因作业场所物品存放过多而影响吊装作业；查阅被吊机械设备的安装（起吊）说明书，确定起吊位置；安排持有培训上岗证书的操作人员（教师）进行操作，做到安全第一，预防为主。具体要求可参见书后"附录H 起重吊装注意事项"，也可查阅起重作业相关资料，按规范进行吊装。

📝 **做一做**

1）在教师的指导下，操作单梁起重机，进行上升、下降、前进、后退的操作。

2）了解环链手拉葫芦的基本结构，按要求起吊重物，注意观察物体的重心变化。

3.2.4 搬运用设备

搬运重物时，尽可能使用机械设备来代替人力进行。通常一名技工，只有在不得已的情况下，才会选择用人力解决搬运问题。车间常用的搬运设备和用具有手动液压搬运车、液压吊运车、坦克搬运车等。图3-26所示为常用搬运工具。

1. 手动液压搬运车安全操作规程

（1）使用步骤

① 运载货物整齐码放在垫板上。

② 将货叉完全插入垫板下面，将货物叉起，保持货物平稳。

③ 将货叉升至适当高度，即可进行拉运。

④ 将货物拉至目的地后停止并将货叉降至最低位置，开始卸料。

（2）注意事项

① 手动液压搬运车严禁载人，在货物搬运过程中，货物周围不得有人。

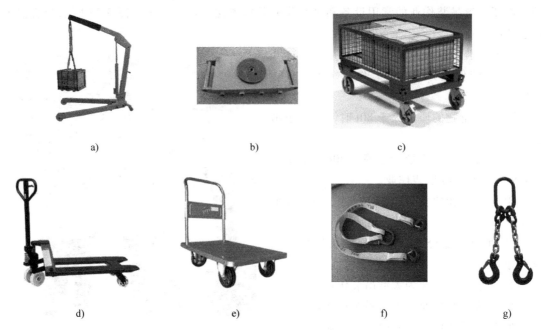

图 3-26 常用搬运工具

a）液压吊运车 b）坦克搬运车 c）乌龟车 d）手动液压搬运车 e）小推车 f）吊带 g）索具

②手动液压搬运车在装载时，严禁超载/偏载（单叉作业）使用，所载物品质量必须在搬运车允许负载范围内。

③使用时，必须注意通道及环境，不能撞到他人、物品和货架。

④手动液压搬运车不允许重载长期静置停放的物品。

⑤手动液压搬运车空载时，不能载人或在滑坡上自由下滑。

⑥手动液压搬运车有相对转动或滑动的零件应定期加注润滑油。

⑦严禁把手脚伸入手动液压搬运车货叉承载的重物下面。

⑧严禁在倾斜的斜面或陡坡上操作手动液压搬运车。

⑨手动液压搬运车出现故障时不得继续使用，应及时送去维修或报废。

⑩移动液压车时需慢行，注意防止脚轮压脚，多人操作时需统一指挥。

其他各类搬运用到的设备用具，需根据其要求在师傅或老师的指导下进行操作使用。

> **小提示**
>
> 车间内物品质量超过 20kg 或长度超过 2.4m 时，人力进行搬运就有危险了，最好采用单人起重机非平衡的吊运方式操作，或两人利用吊带套住棒料中间并控制平衡起吊搬运操作两种方式进行重物搬运。

2. 个人搬运重物的方法

（1）注意搬运的姿势

个人搬运重物需注意搬运的姿势。在有些不得不用人力搬运时，最好寻求他人的帮助。掌握直背屈膝的搬运方法，如图 3-27 所示，以保护腰部不会因为受力不当而损伤。

（2）搬运重物时的安全操作规程

① 采取膝盖弯曲、后背挺直的蹲姿。

② 握紧工件（重物）。

③ 举起工件（重物）时，伸直双腿并保持后背挺直，这个姿势利用腿部肌肉的力量需防止背部受伤。

做一做

1）按手动液压搬运车作业程序的要求，进行物品搬运训练。

2）按个人搬运物品的要求，正确进行物品（大桶饮用水）搬运训练，注意姿势的正确性。

3.2.5 其他常见机械设备

1. 零件清洗机

（1）零件装配前清洗的意义

产品装配需确保零件的清洁度和装配精度要求，否则会影响到装配后设备的整体精度。对于直接生产销售零配件的厂商，零件表面的清洁度会直接影响到客户对产品品质的信赖程度。

零件加工后，一般表面都会残留加工切削液和金属残渣等。有些标准件在采购运输的过程中，因各种原因会使零件表面的清洁度有所降低。因此，在装配前需要进行清洗作业，少量零件除了可以采用手工清洗外，对于批量零件和质量品质要求高的产品，需要采用零件清洗机进行清洗，以保证产品零件的清洁度，满足装配的质量要求。

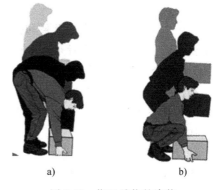

图 3-27 搬运重物的姿势

a）错误的姿势 b）正确的姿势

目前国内机械加工型企业对零件清洗的方式主要有两种：一种是人工水池化学浸泡式清洗，另一种是利用专用设备清洗。

人工水池化学浸泡式清洗，主要存在于早期工业企业和单件小批量装配生产过程中，用于对机械加工精度和产品品质要求不高的零件清洗。由于机械零件清洗不像衣物类清洗时可以揉搓，主要靠手工擦拭方式清洗，并需添加化学清洗剂。对于有锈迹的金属块还需使用强酸碱类水浸泡清洗。这种方式的效率和品质都不高，对环境会造成较大污染。

随着高端装备制造行业在国内的兴起，加上人工成本的提升，大多数企业开始引进自动化清洗设备进行清洗，常用的有利用自动化技术、高压、超声波及化学反应技术等进行高效清洗的设备。

（2）零件清洗机种类

零件清洗机按清洗技术主要分为高压清洗机、超声波清洗机和挥发溶剂专用清洗机三大类，包含单一技术或复合技术。由于一般企业很少使用挥发溶剂专用清洗机，因此，本节只介绍高压清洗机和超声波清洗机。

1）高压清洗机。高压清洗机主要依靠高压水流冲击力冲击零件表面，强制污渍与零件表面分离。特别对具有胶黏性的污渍具有清洗优势，因为黏性强的污渍或者长期固化的污渍，使用其他诸如超声波清洗的方式在清洗时间上不具有优势，而用高压清洗机清洗会在短时间内完成冲洗。但是用高压清洗机进行大批量工件清洗时，与超声波清洗机相比又存在效率上的劣势。因此，高压清洗方式一般适合有针对性的目标物、污渍结构比较顽强的零件清洗。

① 高压清洗机的组成：高压清洗机主要由高压水泵、高压管路、高压喷嘴（喷枪）和高压调节系统组成，图 3-28 所示为小型高压清洗机结构图。

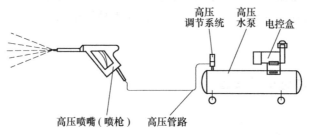

图 3-28　小型高压清洗机结构图

高压水泵：一般分为多级泵和柱塞泵两种。前者一般适用于水压 5MPa 以下，且对喷嘴数量要求较多的场合。后者是对水压在 5MPa 到 1000MPa 之间，对压力有较高要求且只需要 1 个或者几个喷嘴的场合。

高压喷嘴：一般分为扇形和锥形两种。其原理是通过喷嘴内孔横截面的收缩，将高压状态的液体和空气在喷嘴部位聚集起来然后急速喷出，产生高冲击力的液流对工业用品进行清洗、切割和破碎。

② 高压清洗机的操作程序。

作业前：具有电加热的高压清洗机，应该在使用前先将加热开启，预热 20min 后开始使用。同时在进水池中将高压专用清洗剂与水按照清洗设备厂家要求比例（一般为 3%～10%）混匀。在将工件放入高压清洗机时，应保证工件放置稳定可靠。由于高压清洗机压力较高，如果放置得不稳，极易被水压移动。同时也可以根据工件的特殊性，定做工件夹具保证工件放置稳定。

作业中：在使用手动式高压清洗机时要戴橡胶手套，身穿防水服，保证在高压清洗时不要让高压水反射到手或身上。图 3-29 所示为工人现场进行高压清洗作业。对于自动高压清洗机，在作业过程中只要观察设备是否运行正常即可。

作业后：对于高压清洗后的零件，与其他清洗方式一样，要做一次漂洗，然后吹干或烘干工件，并尽快做防锈处理。

③ 高压清洗机使用注意事项。高压清洗机管路内水压较高，如果出现喷嘴堵塞、设备的水压力传感失灵，或者没有水压传感器情况时，极易发生水路高压爆裂爆炸情况，对人身安全造成危害。

因此，日常使用中应该对喷嘴定期进行堵塞检查，对设备过滤网要经常清洗，同时也要

图 3-29　现场高压清洗作业

保证设备及外来水不受污染。

2）超声波清洗机。超声波清洗是目前工业清洗中应用最为广泛的一种清洗方式。其优点是对零件表面没有损伤，零件几乎是在看似静止不受力（事实上是微观受力）的情况下被清洗干净的。相比于高压清洗方式，超声波清洗的特点是无孔不入，对于高压清洗难以清洗到的内孔和死角，超声波清洗都可以到达。简单地说，就是只要水能到达的地方就能清洗到。超声波清洗适合批量产品清洗，对于单件产品清洗，超声波清洗不如高压清洗效率高。

超声波清洗的核心技术原理是当超过 20kHz 以上的机械波由超声波传感器发出后，穿透水槽板体直接辐射向水中，具有巨大能量的超声机械波在水中传输，会对水分子造成高频率的"挤"和"压"，由此而在空隙处产生气泡，演变成对气泡的挤压，最后气泡与气泡合并形成大的气泡爆裂。当每个大气泡的爆破力冲击到工件表面时，会对工件表面的污渍产生"蚂蚁蚕食"式的剥离，最终达到零件的清洗效果。

超声波清洗对于清洗复杂零件有独特的效果。只要有水的地方，就存在超声波挤压，这种现象物理上称为"空化效应"。因此，不论有多小的缝隙，只要能使水分子产生挤压，就能产生空化效应，存在空化效应就能实现清洗的功能。

① 超声波清洗机的组成。超声波清洗机主要由超声波振动子（换能器）、超声波传音板、超声波电源和清洗槽等组成，如图 3-30 所示。

超声波振动子：是由压电陶瓷片、负重体和扩音体等三部分用螺栓挤压而成的。压应力决定了压电陶瓷片中心频率和机械振动力的参数，直接影响振动子的性能和质量。因此，超声波振动子的紧固螺钉除生产商外，不能随意用扳手拧动。

超声波传音板：由于超声波振动子与液体隔离，它是传输超声波的媒介，同时也起到扩大超声波机械振动的作用。不同的生产厂家在生产传音板时对板材的处理各不相同。

② 超声波清洗机的操作程序。

作业前：由于超声波清洗属于精密清洗，因此在清洗前，要初步去除工件上的大块污物，可以用高压清洗方式做初步去除工作。如图 3-31 所示，为某品牌超声波清洗机外形示意图。

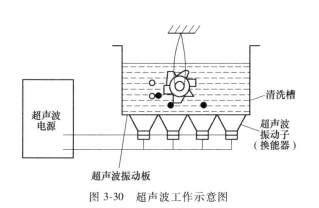

图 3-30　超声波工作示意图

图 3-31　某品牌超声波清洗机外形

在使用超声波清洗机清洗前，同样要将超声波清洗剂与水配比好，同时水温加热到40℃后即可开始使用。超声波清洗机在使用过程中由于振动子的机械能量传递会在底板上产生热能，因此，在夏天散热慢的情况下，会出现水温逐渐升高的现象。

作业中：在使用超声波清洗机清洗时，应逐槽清洗，切勿打乱清洗槽顺序，因为不同的超声波清洗槽所要求的水的纯净度是不相同的。当然对于全自动超声波清洗机，不需要考虑这一点。

作业后：使用超声波清洗机清洗后，与高压清洗机相同，要尽快进行吹干和烘干处理，并做防锈处理，清洗后不及时吹干、烘干和做防锈处理，会损坏工件表面光泽度，甚至损坏零件装配精度。

📝 小提示

挥发溶剂专用清洗机常用于高精密零部件的清洗，通常采用可挥发、不易燃的化学溶剂清洗，同时通过蒸馏回收的方式重复清洗。

挥发溶剂专用清洗机在使用过程中，要严格按照清洗机设备的使用规范和易燃易爆场合的作业规范操作。

③ 超声波清洗机使用时的注意事项。

在使用超声波清洗机前，应保证清洗剂、水位、水温都符合设备使用标准，否则会导致超声波空化效应低、清洗不干净、加热管干烧，或者破坏工件表面材质化学性能。

在使用超声波清洗机时，应确保设备地线连接牢靠。由于超声波振动子所使用的是2000V 以上的高压，因此若设备内部出现短路情况，极易在外壳产生高压触电事故。

📝 做一做

1）查阅资料，了解超声波清洗机目前在工业领域的应用情况及发展趋势，写出书面报告。

2）利用小型超声波清洗机，进行装配或维修零件的清洗，掌握清洗机的使用方法和注意事项。

2. 压力机

压力机是一种结构简单的通用性设备，具有用途广泛、生产效率高等特点。压力机可广泛应用于切断、冲孔、落料、弯曲、铆合和成型等工艺。机械产品装配现场通常配备小型压力机。

手动压力机主要用于齿轮和轴套等紧配件的拆卸以及变形零件的校正，是一种广泛应用于产品组装、维修等行业中的机械设备。

手动压力机有齿杆式和螺杆式两种。齿杆式手动压力机的工作压力一般为 1~5t，常用于校正直径为 5~10mm 的工件；螺杆式手动压力机的工作压力一般为 2~25t，常用于校正直径 10~30mm 的工件。

手动压力机由机架、工作台、垫块及液压头等组成。工作台由横梁上的起吊装置提升沿机架立柱移动，立柱上有支撑固定工作台的支撑物；机架横梁底面上装夹的液压头，其内部有油道，外部装有储油罐和油缸及两个作用不同的柱塞油泵，构成一个较完整的液压系统。装置集中，体积较小，手动操纵即可完成压力加工任务。

图 3-32 所示为齿杆式手动压力机，图 3-33 所示为四柱式液压压力机。

（1）手动压力机的操作

① 作业前。首先根据加工实际产品选用不同工装模具（上下模）；正确安装模具，尽量

使压件受力中心与压力机中心重合（上下模中心在同一条中心线上）并初步紧固，下模初步紧固时两螺母同时交叉拧紧，以免受力不均引起下模移位。

② 作业中。初步校对好上下模后，放上工件试压，微调下模前后、左右位置，使下模中心与上模中心重合并紧固；压轴上下行程限位：调整上下行程螺栓，将试压合格件放在下模上，按顺时针或逆时针方向旋转螺栓，使上模向上或向下移，直至上模相对于下模的距离符合工件压铆最佳位置。如调整时上模向上移，必须消除螺栓间隙，即将螺栓调整到最佳位置后再按顺时针方向旋转，直至消除间隙后固定。模具校对好后，把工件装入下模正确位置上，另一只手握住曲柄将上模往下压，曲柄应压到限位位置，完成一次工作程序。查看工件压铆状况，如过紧或过松，需重复前述步骤。

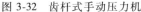

图 3-32　齿杆式手动压力机

图 3-33　四柱式液压压力机

③ 作业后。及时清理现场，将压力机的压头放置在低位并用垫块支撑。

小提示

进行液压压力机或气动压力机的操作人员需经专业培训考试合格后，持证上岗操作。具体操作及注意事项可查阅相关培训手册或产品说明书。

（2）操作注意事项

① 每次工作前应检查行程限位及上下模的固定情况，如有松动，应调整固定后方可使用。

② 工件装入模具时，手严禁进入冲压模具范围，以防造成工伤。

③ 如发生工件卡模之类的故障，旋松模具后需重新试压调整紧固后方可进行操作。

做一做

1）对手动压力机进行保养，了解它的结构和使用要求。

2）查阅液压压力机操作说明书，了解液压系统及操作步骤，按规范进行操作。

3. 加热器

轴承和其他钢质环形零件如齿轮、衬套、轴套、直径环、滑轮、收缩环、联接器等都是过盈配合安装在轴上。过盈配合除了采用锤击法装配外，精密零件和大型零件通常采用热胀

或冷缩法。传统的加热方法（例如火焰、加热板和油浴等），现在已被感应加热法逐步代替。感应加热法是目前最先进的加热方法。图 3-34 所示为某品牌的感应加热器实物图。

感应加热器在安装前事先加热零件使套类零件膨胀，达到过盈装配的需要（滚动轴承的加热温度不能超过 120℃）。

感应加热法快速并且清洁，适合进行批量作业。感应加热器可以加热整个轴承，也可以对圆柱滚子轴承和滚针轴承的套圈单独加热，或者对其他各种规则的环形零件进行加热，例如迷宫密封圈、联轴器及轮箍等。

图 3-34　感应加热器实物图

小提示

感应加热器周围会有强磁场，磁场可能会对诸如心脏起搏器，磁盘、信用卡和其他磁性存储介质，以及各种电器中的电路产生不良影响。请将上述物品与感应加热器保持 2m 以上的距离。感应加热器不能在潮湿或易发生爆炸的场所使用。

（1）感应加热器操作方法（以轴承加热为例）

① 作业前。阅读感应加热器操作说明书，了解操作注意事项和操作要点。接通供电电源，观察设备是否正常；清除相应位置上的油脂或油脂残渣；准备好图 3-35 所示的专用防护手套、图 3-36 所示的轴承搬运和安装工具。

图 3-35　专用防护手套

图 3-36　轴承搬动和安装工具

② 作业中。放置工件所选的轭铁应该尽量充满工件的内孔。通常，轭铁越粗，加热时间就越短，如图 3-37 所示。磁性温度传感器应该尽可能放在靠近中央位置的端面上，如图 3-38 所示。

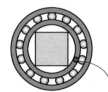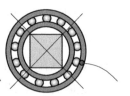

图 3-37　轭铁越粗越好　　　　图 3-38　温度传感器靠近中央位置

按下功能按钮，选择温度或时间控制，如需调节温度或时间，请按上升或下降键，选择适当的参数（当选择温度控制时，请将磁性温度传感器探头吸附在轴承的外侧，轴承最高加热温度不得超过 120°）。

按下启动按钮，主机开始对工件加热，到达设定时间，主机自动停止加热，并对工件自动退磁。在选择温度控制时，当达到所设温度时，工件处于恒温状态，需要安装时，按下停止按钮取下工件即可安装。

③ 作业后。及时关闭电源，清理机器。

（2）感应加热器操作注意事项

① 严禁无加热轴而起动主机。

② 加热工件应尽量选择较大加热轴，以提高工作效率。

③ 轴承最高温度不得超过 120°。

④ 取工件时注意高温，以防烫伤。

⑤ 请不要将探头长时间放置在工件上，以延长探头的使用寿命。

做一做

1）认真阅读感应加热器操作说明书，根据要求进行操作调试。

2）利用废旧轴承进行加热装配训练。

4. 空气压缩机（空压机）

空气压缩机简称为空压机，在一些大型车间会配有空压站或配压房。目前装配现场已广泛使用压缩空气作为动力源。图3-39 所示为空气压缩机工作原理示意图。

空压机将大气进行压缩后形成压缩空气，由压缩空气管道输送至相关的用气端。系统工作路线：空气源（空气压缩机或配压房）→油水分离器→快速接头 →气管→快速接头→气动工具。

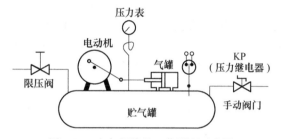

图 3-39 空气压缩机工作原理示意图

空压机操作需要遵守严格的操作规程，可参阅书后"附录 F 空气压缩机作业指导书"。

5. 台虎钳

台虎钳是夹持工件的主要工具，有固定式和回转式两种。在钳桌上安装台虎钳时，应使固定钳身的钳口露出钳台边缘，以利于夹持长条形工件。转盘座用螺栓紧固在钳台上。常见回转式台虎钳如图 3-40 所示。

台虎钳使用注意事项：

① 不允许在活动钳身和光滑平面上敲击作业。

② 台虎钳钳口处只能用于夹持物体，不能在上面敲击、压接物体。

图 3-40 回转式台虎钳

③ 要经常在丝杠地方加注润滑油，保证台虎钳的流畅和省力。

④ 对丝杠、螺母等活动表面应经常清洗、润滑，以防生锈。

⑤ 台虎钳夹持工件时要松紧适当，过松会造成夹持物体跌落，过紧则有可能损坏物件。

⑥ 长期不用的时候，要放置在通风干燥的地方，避免台虎钳生锈，影响使用效果。

⑦ 强力作业时，应尽量使力朝向固定钳身。

6. 工作台

工作台常用硬质木材或钢材制成，要求坚实、平稳。台面高度为 800～900mm，台面上安装台虎钳。常见生产现场的工作台如图 3-41 所示。

做一做

1）尝试在教师的指导下，进行台虎钳拆装、清理油污、给丝杠上油等操作。

2）查阅空压机操作说明书，了解空压机的正确操作方法。

3.2.6 设备保养要求

1. 设备保养

设备保养是对设备在使用过程中或使用后的保全和养护，使设备保持正常的工作状态。设备保养分为日常保养、一级保养和二级保养。

图 3-41 工作台

① 日常保养。日常保养是每日每班的保养，以操作工为主，认真检查、加注润滑油、使设备保持整齐、清洁、润滑良好和安全。上班中发生故障及时排除并认真做好交接班记录。

② 一级保养。一级保养是以维修工为主，操作工辅助，按计划对设备进行部分的拆卸、检查、清洗规定的部位，疏通油路、管道等，调整设备部分精度，紧固各部位等并做好记录。

③ 二级保养。二级保养是以维修工为主，列入设备检修计划，对设备进行部分分解检查和修理，更换或修复磨损件，清洗、换油、检查修理电气部分，恢复机床精度以满足加工零件的最低要求等，并做好详细记录。

2. 做到"三好""四会"

实行三级保养必须对设备做到"三好""四会"。

（1）"三好"

① 管好。自觉遵守定人定机制度，不乱动别人的设备，管好工具、附件，放置整齐等。

② 用好。设备不带病运行，不超负载使用，要根据每台设备的性能合理使用，遵守操作规程和设备维护保养制度，防止事故发生。

③ 修好。按计划检修时间停机检修，试车运行。

（2）"四会"

① 会使用。熟悉设备结构，掌握设备技术性能和操作方法，正确使用设备。

② 会保养。正确按润滑图表规定加油、换油、清扫设备，按规定进行设备"三级保养"工作。

③ 会检查。了解设备精度标准，会检查与精度有关的检验项目并能进行相应的调整，会检查安全防护和保险装置等。

④ 会排除故障。能根据不正常的声音、温度和运转情况判断异常状况的部位并分析故障原因，及时采取措施排除故障，吸取教训并做出预防措施。

做一做

1）按设备日常保养要求做好维护保养。
2）按一级保养要求，对使用设备进行保养。
3）查阅常用设备使用说明书，了解其结构和使用方法，做到"四会"。

小结

本节主要介绍了作业前需要了解和掌握的装配现场常用设备，通过了解常用设备的工作原理、操作过程和注意事项，帮助使用者，掌握相关设备的操作，使装配作业更加顺利，减少作业中的安全和产品质量事故的发生。本节的内容是进行工业机器人机械装配前重点学习和需要掌握的相关知识和技能，要注意教学与实践结合，有条件地进行现场教学和指导训练。

思考题

1. 台式钻床主要由哪几部分组成？它有何特点？
2. 台式钻床周期性保养的内容有哪些？
3. 画出手电钻的操作流程图。
4. 手电钻常见的危险因素有哪些？如何采取应急措施？
5. 砂轮机的常用检查方法有哪些？如何进行检查？
6. 砂轮与托架间的距离是多少？如何正确进行磨削？
7. 使用砂轮机和风砂轮的作业防护有哪些？
8. 千斤顶的特点是什么？千斤顶的常规保养内容有哪些？
9. 单梁起重机使用时的注意事项有哪些？
10. 手拉葫芦使用时的注意事项有哪些？
11. 个人搬动重物时应注意哪些？
12. 零件装配前为什么要清洗？常见的清洗方式有哪些？
13. 手动压力机操作注意事项有哪些？
14. 感应加热器操作注意事项有哪些？
15. 高压清洗机的高压水泵压力一般是多少？
16. 超声波清洗机主要依靠超声波在水中传递什么工作的？
17. 超声波清洗机的清洗优点是什么？
18. 空气压缩机操作注意事项有哪些？
19. 何为设备的三级保养？其主要内容有哪些？
20. "三好""四会"的要求有哪些？

3.3　机器人装配常用工量具

由于产品规格、结构和精度要求的不同，机器人装配时所用的工量具也会有所差别，有些厂家会因产品的特性设计制作特殊的工具和专用量具。本节简单介绍常用的工量具及辅具的使用范围和注意事项。

3.3.1 常用量具及辅具

1. 量具及辅具基本类型及简介

机械钳工使用的量具种类很多，根据其用途和特点可分为两种类型：一是万能量具，如游标卡尺、千分尺、百分表、游标万能角度尺等，二是标准量具，如量块、水平仪、塞尺等。量具还可分为活动量具（如游标卡尺、千分尺、百分表等）和固定量具（如直角尺、刀口形直尺、塞尺、量块等）。不同种类的量具，虽然其测量值（如长度值、角度值）不同，但对其正确使用的要求是基本相同的。

对于游标卡尺、千分尺等滑动旋转的量具，在实际操作中要能够正确操作和保养。例如，使用量具后要用油刷将槽和导轨清理并用绒布擦干净，不能有任何铁粉或污物。抹干净后要在零件相关部位加上少量的量具专用油，使量具保持整洁以延长使用寿命。对于刀口形直尺、直角尺、塞尺等，要注意基准面的保护。

工业机器人机械装配常用的量具及辅具主要有游标卡尺、千分尺、百分表、塞尺、平板、方箱和弯板等，具体见表3-3。

表 3-3　常用量具及辅具

序号	名称、实物图	说　明
1	游标卡尺	一种测量长度、内外径及深度的量具。游标卡尺由尺身和附在尺身上能滑动的游标两部分构成。尺身一般以 mm 为单位，而游标上则有 10、20 或 50 个分格，根据分格的不同，游标卡尺可分为 10 分度游标卡尺、20 分度游标卡尺、50 分度游标卡尺等。游标为 10 分度的有 9mm，20 分度的有 19mm，50 分度的有 49mm。游标卡尺的尺身和游标上有两副活动量爪，分别是内测量爪和外测量爪，内测量爪通常用来测量内径，外测量爪通常用来测量长度和外径。使用和注意事项参见"附录 C　游标卡尺的使用及注意事项"
2	深度卡尺	用来测量台阶的高度、孔深和槽深，常用的有通用型、表盘式或数显深度卡尺

（续）

序号	名称、实物图	说　明
3	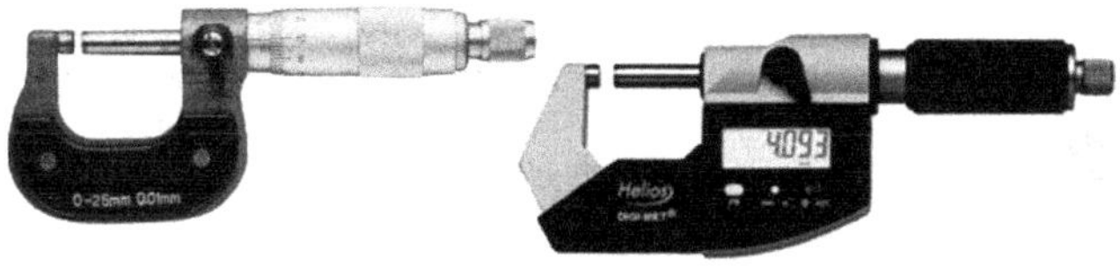 外径千分尺	外径千分尺由固定尺架、测砧、测微螺杆、固定套管、微分筒、测力装置、锁紧装置等组成。固定套管上有一条水平线，这条线上、下各有一列间距为 1mm 的刻度线，上面的刻度线恰好在下面两相邻刻度线中间。微分筒上的刻度线是将圆周分为 50 等分的水平线，它是旋转运动的 从读数方式上看，常用的外径千分尺有普通式、带表显示和电子数显式三种类型。使用和注意事项参见"附录 D 外径千分尺使用及注意事项"
4	 百分表（杠杆百分表）	常用于形状和位置误差以及小位移的长度测量。百分表的圆表盘上有 100 个等分刻度，即每一分度值相当于量杆移动 0.01mm。若在圆表盘上有 1000 个等分刻度，则每一分度值为 0.001mm，这种测量工具即称为千分表。改变测头形状并配以相应的支架，可制成百分表的变形品种，如厚度百分表、深度百分表和内径百分表等 如用杠杆代替齿条可制成杠杆百分表和杠杆千分表，其示值范围较小，但灵敏度较高。此外，它们的测头可在一定角度内转动，能适应不同方向的测量，结构紧凑。它们适用于测量普通百分表难以测量的外圆、小孔和沟槽等的形状和位置误差。使用和注意事项参见"附录 E 百分表使用及注意事项"
5	 内径百分表	用于内径尺寸的精密测量，有普通式、数显式、管状式、三点式和手枪式等多种类型
6	 塞尺	由许多层薄厚不一的钢片组成，按照塞尺的组别制成一把一把的塞尺，每把塞尺中的每片具有两个平行的测量平面，且都有厚度标记，以供组合使用
7	 平板	检验机械零件平面、平行度和直线度等几何公差的测量基准，也可用于一般零件及精密零件的划线、铆焊、研磨工艺加工及测量、装配等

序号	名称、实物图	说　明
8	方箱	用铸铁制造的空心立方体或长方体。按 JJG 194—2007 标准制造，材料 HT200，用于零部件平行度、垂直度的检验和划线，精度分为 1、2、3 三个等级
9	弯板	主要用于零部件的检测和机械加工中的装夹。用于检验零部件相关表面的相互垂直度，还常用于钳工划线

2. 量具的正确使用与保养

量具的精度决定了机械加工产品的精度，量具的精度有误，其测量结果就不准确，也就无法确认产品合格与否。每一种量具都有使用精度及使用寿命，如果没有对量具进行正确科学的维护保养，其使用精度及使用寿命将受严重影响。因此，需要掌握正确的量具使用和保养方法。

（1）量具的正确使用

在实际工作中，可以按以下方法正确使用量具。

① 通过学习了解量具使用说明书，认识不同的量具。

② 详细了解量具的结构特点、刻度原理和示值读法。

③ 根据说明书学习测量的方法、力度要求以及观察示值时的视线方向等细节问题。例如，游标卡尺读数时应该强调视线与游标卡尺刻度平面保持垂直平视状态，不能左右倾斜。

④ 在老师或师傅指导下正确使用量具，尝试测量各种规格的工件并按要求正确读数。

⑤ 量具使用后做好量具清理和归位摆放工作。

（2）量具的维护保养

正确的量具维护保养方法介绍如下。

① 在机床上测量零件时，要等零件完全停稳后进行，否则会使量具的测量面过早磨损而影响精度，且会造成操作事故。

② 测量前应把量具的测量面和零件的被测量表面擦干净，以免因有污物存在而影响测量精度。如用精密量具（如游标卡尺、百分尺和百分表等）去测量毛坯件或带有研磨剂（如金刚砂等）的表面是错误的，这样易使测量面磨损而影响精度。

③ 在使用量具过程中，不要和工具、刀具（如锉刀、锤子和钻头等）堆放在一起，避免损坏量具。不要随意将量具放在机床上，避免因机床振动掉落下来损坏，尤其是游标卡尺等应平放在专用盒子里。

④ 量具是测量工具，绝对不能作为其他工具的代用品。例如，用游标卡尺划线，用百分尺当小锤子，用钢直尺当螺钉旋具，以及用钢直尺清理切屑等都是错误的。

⑤ 温度对测量结果影响很大，进行零件的精密测量时，要确保零件和量具都处于20℃的温度。一般测量可在室温下进行，但必须保持工件与量具的温度一致，否则会因金属材料的热胀冷缩使测量结果不准确。温度对量具精度的影响也很大，量具不应放在阳光下或床头箱上，更不要把精密量具放在热源（如电炉、热交换器等）附近。

⑥ 不要把精密量具放在磁场附近，例如磨床的磁性工作台上，避免使量具磁化；也应避免与酸、碱等腐蚀性介质混放，以免影响正常使用。

⑦ 发现精密量具有不正常现象时，如表面不平、有毛刺、有锈斑、刻度不准、尺身弯曲变形及活动不灵活等，使用者不要自行拆修，更不允许用锤子敲、锉刀锉、砂布打磨等粗糙办法修理，应送去有经验的维修公司检修，并经量具精度检定后再继续使用。

⑧ 量具使用后，应及时擦干净，除不锈钢量具或有保护镀层量具外，其他量具金属表面应涂上一层防锈油，放在专用的盒子里，保存在干燥的地方。

⑨ 精密量具应定期检定和保养，以免因量具的示值误差超差而造成工件测量不准。

详细的使用和保养方法参阅"附录B 通用量具的使用、维护和保养"。

3. 平板等辅具使用注意事项

（1）平板（铸铁平板）

① 使用前先将平板调平。

② 平板应避免受热源的影响和酸碱的腐蚀。

③ 使用中应尽量避免局部磨损过多、划痕和碰损现象，以保持平面精度和使用寿命。

④ 使用中应避免用坚硬的工具敲打铸铁平台的工作面，以保证铸铁平台的工作面精度。

⑤ 为了防止平板发生永久性变形，焊接或划线完毕后，要把工件抬下来，不得长时间放在平板上。

⑥ 使用完毕，要及时擦净平板的工作面，然后涂上一层防锈油。如果较长时间不用，最好涂上一层黄油，然后在其上铺一层白纸。

⑦ 可以用木板制作一个专用罩，不用平板时，用专用罩将平板罩住。严禁水滴滴在铸铁平板上。

⑧ 注意不要在潮湿、有腐蚀性、过高和过低的温度等环境下使用和存放铸铁平板。

（2）大理石平板

① 严禁大理石平板受振动。

② 大理石平板要放置在温度为20±2℃室内，相对湿度应不大于65%。

③ 大理石平板要放置在安静、干净的环境中，操作时要戴手套，防止手温影响测量结果。

④ 大理石平板应定期检定，一般检定周期为12个月。

⑤ 测量使用前，应将大理石平板工作面和被测量零部件擦干净。

⑥ 测量时应细心轻放，以防划伤大理石平板工作面，降低大理石平板的精度。

（3）其他辅助工具

方箱和弯板通常也是用铸铁制造的，使用和保养方法可参照平板的要求进行。

做一做

1）查阅通用量具产品操作说明书或相关教学资料，初步学会通用量具的正确使用。

2）学习常用量具的保养要求和保养步骤，做到正确保养量具。

3）查阅资料，了解精度的概念及长度尺寸传递系统的知识。

4）查阅资料，了解零件的测量方法。

3.3.2　机械装配常用工具

在工业机器人机械装配中，主要对结构本体、传动部件、支承部件、密封件、连接件等进行装配，需要用到各种通用工具和专用工具。了解各种常用工具的结构、作用和使用注意事项，有助于操作人员快速正确地装配好机器人。

1. 常用工具的名称和用途

工业机器人机械装配除了使用通用装配工具外，有些会因机器人结构特殊而使用加长或特殊的工具。工业机器人机械装配常用工具见表3-4。

表3-4　工业机器人机械装配常用工具

序号	名称、实物图	用途
1	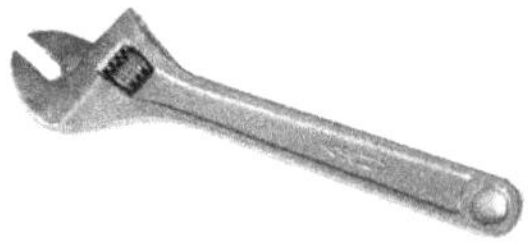 通用扳手(活扳手)	用来装拆(旋紧或拧松)六角形、正方形、矩形螺钉及各种螺母的工具,常用工具钢、合金钢或可锻铸铁制成,由扳手体、固定钳口、活动钳口、蜗轮和轴销等组成。它的开口尺寸可在一定的范围内调节。常用的有200mm、250mm、300mm三种规格,使用时应根据螺母的大小选配
2	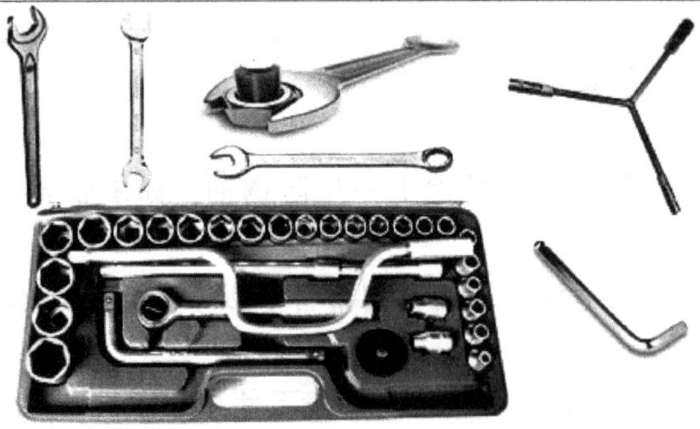 专用扳手	只能扳动一种规格的螺母或螺钉,用于解决在空间狭小的地方和室外作业时不容易操作的问题,应用较广泛。常用类型有呆扳手、梅花扳手、钳形扳手、套筒扳手和内六角扳手等
3	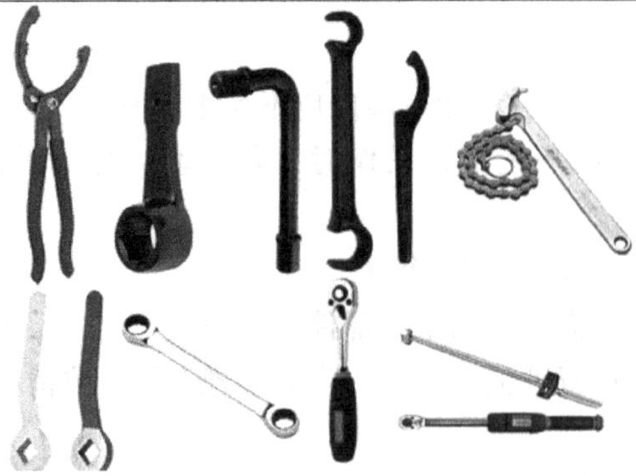 特种扳手	根据某些特殊要求而制造的扳手,以及通过反复摆动手柄即可逐渐拧紧螺母或螺钉,如棘轮扳手、扭力扳手等

（续）

序号	名称、实物图	用途
4	螺钉旋具	旋具体结构形状和装配操作方式多种多样,按其头部形状一般有一字螺钉旋具和十字螺钉旋具两种,是现代制造业中不可缺少的工具,广泛应用于组装作业中
5	钳子	手工工具,钳口有刃,多用来起钉子或夹断钉子、铁丝和电线等。装配时常用尖嘴钳、钢丝钳、鲤鱼钳、斜口钳、大力钳、活塞环钳等进行夹持和剪切
6	内外卡钳	有孔用和轴用内外弹性挡圈卡钳两种类型,主要用于拆装零件轴向定位用的孔槽和轴槽弹性挡圈的场合
7	铁锤/胶锤/铜棒	用于拆装精密零件时的敲打,胶锤面可防止零件表面损伤
8	滚动轴承拆装工具	滚动轴承拆装工具除了拉马、顶拔器外,主要还有各种安装环、冲击套筒等

（续）

序号	名称、实物图	用途
9	 气动扳手	一种以最小的消耗提供高转矩输出的工具
10	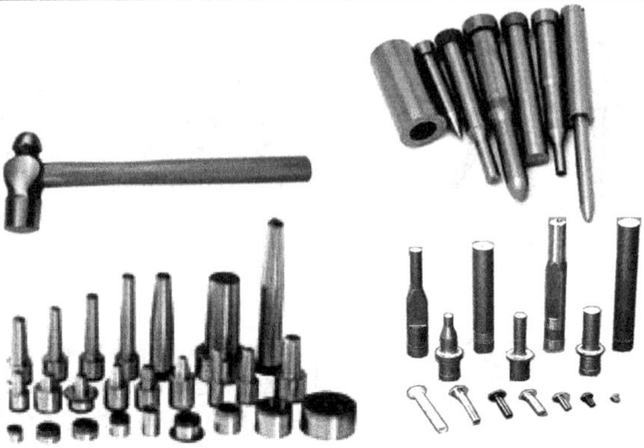 铆接工具	有锤子、压紧冲头、罩模、顶模等
11	 润滑油枪	用于给机械设备加注润滑油,常用的有机油枪和润滑脂枪两种
12	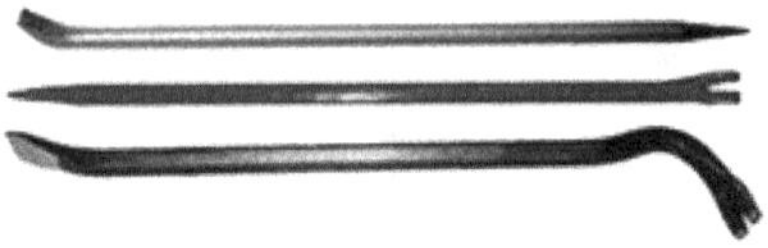 撬棍	分为六棱棍、圆棍和扁撬,主要用于撬动旋转件或撬开结合面,也可以用于撬起机床调整水平
13	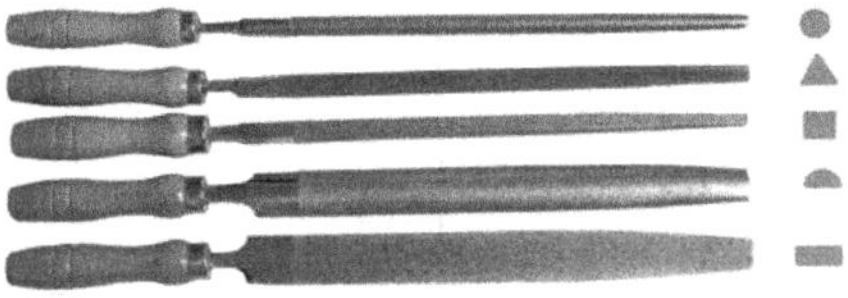 钳工锉	用来对金属等工件表面做微量加工的一种多刃手工切削工具。钳工锉由锉身(工作部分)、手柄两部分组成,锉身有锉齿,工作时锉齿用来锉削工件,加工成所需要的几何形状
14	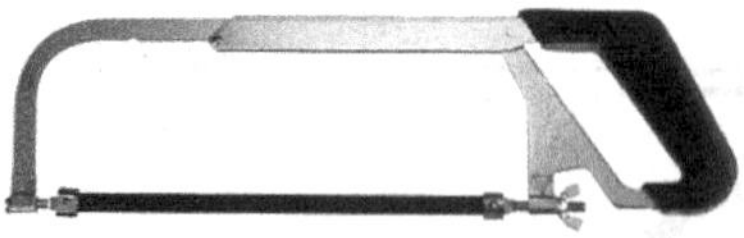 钢锯	用来安装和张紧锯条的工具,可分为固定式和可调式两种
15	 修边器	用来清除零部件在生产过程中所产生的毛刺(曲边、直角边、键槽沟槽边角、外圆边角、内孔、交差孔和沉孔边角等毛刺),应根据加工材质的不同,选用不同材质的刀片

（续）

序号	名称、实物图	用途
16	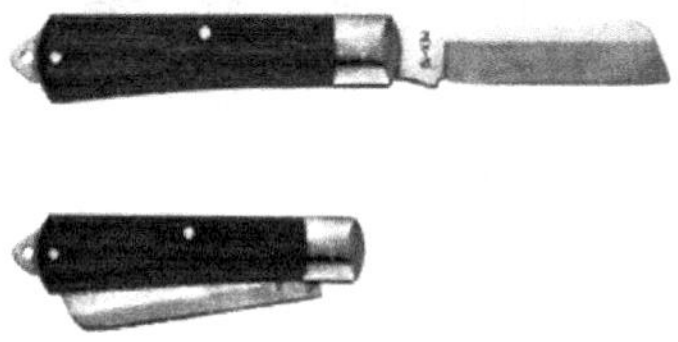 电工刀	一种电工常用的切削工具,普通的电工刀由刀片、切削刃、刀把、刀挂等构成。具有结构简单、使用方便、功能多样等优点
17	 划规	也被称作圆规、划卡、划线规等,在钳工划线工作中可以划圆、圆弧、等分线、等分角度以及量取尺寸等,是用来确定轴及孔的中心位置、划平行线的基本工具。一般用中碳钢或工具钢制成,两脚尖端部位经过淬硬并刃磨

2. 常用工具的使用方法及注意事项

（1）一般要求

① 使用工具的人员必须熟知工具的性能、特点、使用方法、保管方法、维修及保养方法。

② 各种常用工具必须是正式厂家生产的合格产品。

③ 工作前必须对工具进行检查,严禁使用腐蚀、变形、松动、有故障、破损等不合格工具。

④ 电动或风动工具不得在超速状态下使用。停止工作时,禁止把机件、工具放在机器或设备上。

⑤ 带有尖锐牙口、刃口的工具及转动部分应有防护装置。

⑥ 使用特殊工具时（如喷灯、冲头等）,应有相应安全措施。

⑦ 小型工具应放在工具袋中妥善保管。

⑧ 各类工具使用过后应及时擦拭干净。

（2）各类扳手使用方法及注意事项

机械设备拆装常用的各类扳手都是按相应的拧紧力矩设计,因此在使用时,严禁加套管来延长力臂使用,扳手不得用于敲击,以防断裂和变形而影响正常使用。在使用扳手过程中应根据需要合理选择其品种规格,不得以小代大替代使用。

在选用扳手时,通常应以套筒扳手、梅花扳手、呆扳手、活扳手的选用顺序为原则。

1) 活扳手使用方法及注意事项。

① 应按六角头螺钉或螺母的对边尺寸调整开口,间隙不要过大,否则将会损坏螺钉头或螺母,并且容易滑脱造成伤害事故；但也不可用大尺寸的扳手去旋紧尺寸较小的螺钉,这样会因扭矩过大而使螺钉折断。

② 应使扳手的活动钳口承受推力,而固定钳口承受拉力,即拉动扳手时,活动钳口朝

向内侧，用力方向如图 3-42 所示。

③ 用力一定要均匀，以免损坏扳手或螺栓、螺母的棱角，避免造成打滑而发生事故。扳动大螺母时，需用较大力矩，手应握在近柄尾处。

④ 扳动较小螺母时，需用力矩不大，但螺母小易打滑，故手应握在接近柄头的地方，可随时调节蜗轮，收紧活动钳口防止打滑。

⑤ 活扳手手柄不可以任意接长，不可以当作撬棒或锤子使用。

2）梅花扳手使用方法及注意事项。

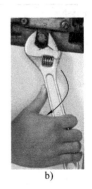

图 3-42 使用活扳手的用力方向

① 适用于紧固或拆卸六角或矩形螺栓或螺母，旋紧螺栓时应均匀使力，不得利用冲击力。

② 所选用的扳手的开口尺寸必须与螺栓或螺母的尺寸相符合，扳手开口过大易滑脱并损伤螺栓或螺母的六角头。

③ 不可当成敲击工具使用，避免造成扳手变形。

④ 不要加套管延长力臂使用或当做榔头敲击，避免因施力过大而导致扳手折断。

⑤ 使用时扳手需与螺栓紧密结合，如配合不当会缩短扳手使用寿命。

⑥ 使用时要依螺栓大小不同而施力不同，防止因用力过大而使螺母受损或螺纹崩坏。

3）套筒扳手使用方法及注意事项。

用于紧固和拆卸六角头螺栓或螺母，带有万向薄壁套筒时，可任意改变作业方向，使用方便。成套套筒扳手是由不同形式的手柄和连接杆组合而成的，以便能安全迅速地在操作不方便的位置松开或拧紧螺栓或螺母，可用加力杆来增加套筒扳手的扭矩。注意事项：

① 选用尺寸合适的套筒，使用时须与螺栓或螺母的周边完全贴合。

② 用一个套筒接头将套筒接到连杆上，该接头要精确地适合方形驱动头的尺寸。

③ 扭动前必须把手柄接头安装牢固才能用力，防止打滑脱落伤人。

④ 扭动手柄时用力要平稳，用力方向与被扭件的中心轴线垂直。

成套套筒扳手中还有棘轮扳手。棘轮扳手适用于连续装拆各种螺栓、螺钉、螺母，带有锁定释放按钮，可以安全使用不脱落，但不能加大的扭力。活动扳柄可以方便地调整扳手使用角度。当用棘轮扳手紧固螺母时，应顺时针转动手柄，当反方向转动时，扳手套筒中装有的撑杆从棘轮齿的斜面中滑出，不带动螺母转动，因而只需不断摆动手柄即可。拆卸螺母时原理相同，使用很方便。

4）扭力扳手使用方法及注意事项。

用于预设扭矩，定扭紧固螺栓，适用在空间狭窄处操作。

使用方法：

① 根据操作点的扭力要求，选择扭力扳手、设置相应的扭矩。

② 用内六角扳手插入扳手尾部进行旋转，通过示值窗读取扭矩值。

③ 调整好后，方可进行施力操作，当发出"嘀"声时停止，扳手自动卸载。

④ 推动上下方榫，扳手可正反方向使用。

⑤ 使用过程中如发现线性不符，可通过旋转线性调节点内的螺栓来校正。

注意事项：

① 使用时不要超过扳手的额定扭矩值，避免损坏扳手的同时发生意外伤及操作者。

② 远离酸、碱、腐蚀性气体或液体，以免缩短扭矩扳手使用寿命。

③ 手持扳手的正确部位应该是扳手的柄部。

④ 操作扳手时应以垂直于螺母轴线的平面为基准，对扳手施力的作用线在上下不超过15°的范围。

⑤ 应在使用周期内使用，定期进行检测。

（3）螺钉旋具使用方法及注意事项

① 使用螺钉旋具时，应根据螺钉槽类型选择合适类型和规格的螺钉旋具，螺钉旋具的工作部分必须与槽型、槽口相配，以防破坏槽口。

② 普通型螺钉旋具端部不能用锤子敲击，不能把螺钉旋具当作凿子、撬杠或其他工具使用。

③ 使用螺钉旋具紧固或拆卸带电的螺钉时，手不得触及螺钉旋具的金属杆，以免发生触电事故。

④ 为了防止螺钉旋具的金属杆触及皮肤或触及邻近带电体，应在金属杆上套上绝缘管。

⑤ 不可使用金属杆直通柄尾的螺钉旋具，否则容易造成触电事故。

⑥ 螺钉旋具的刀口使用长久变圆后，可以在磨石上修磨。切勿在砂轮机上打磨，以免退火失去刚性。

（4）锤子使用方法及注意事项

① 根据工作需要，选择合适的类型和规格。

② 锤子的锤柄安装不好，会直接影响操作。因此安装锤子时，要使锤柄中线与锤头中线垂直，然后打入锤楔，以防使用时锤头脱落发生意外。

③ 操作空间要够用，操作时工具要握牢，人要站稳。

④ 使用锤子时右手应握在木柄的尾部才能使出较大的力量。在锤击时，用力要均匀，落锤点要准确。

（5）钢锯使用方法及注意事项

① 安装锯条时应使齿尖朝着向前推动的方向，锯条的张紧程度要适当。锯条过紧容易在使用中崩断，锯条过松容易在使用中扭曲、摆动，使锯缝歪斜，也容易折断锯条。

② 握锯一般以右手为主，握住锯柄，加压力并向前推锯；以左手为辅，扶正锯弓；起锯要平稳，起锯角不应超过15°，角度过大时，锯条容易被工件卡住。

③ 向前推锯时双手应均匀用力，向后退锯时双手略微抬起，不要施加压力。

④ 锯割时不要突然用力过猛，防止工作中锯条折断从锯弓上崩出发生意外。

⑤ 当锯条局部的锯尺崩裂后，应及时在砂轮机上进行修整。

⑥ 工件将要锯断时，压力要小，避免因压力过大而使工件突然断开，使手和身体向前冲造成事故。一般工件将要锯断时，要用左手扶住工件断开部分，避免掉落砸伤脚。

（6）钳工锉使用方法及注意事项

① 新锉刀要先使用一面，用钝后再使用另一面。

② 在锉削时，应充分使用锉刀的有效长度，既提高了锉削效率，又可避免锉齿局部磨损。

③ 不可直接锉毛坯件的硬皮和经过淬火的工件。铸件表面如有硬皮，应先用砂轮磨去

或用旧锉刀锉去，然后再进行正常锉削加工。

④ 锉削时锉刀不能撞击到工件，以免锉刀柄脱落造成事故。

⑤ 没有装柄的锉刀、锉刀柄已经裂开的锉刀或没有锉刀柄箍的锉刀不可使用。

⑥ 如锉屑嵌入齿缝内，必须及时用钢丝刷沿着锉齿的纹路进行清除。在锉削时不能用嘴吹锉屑，也不能用手擦抹锉削表面。

⑦ 锉刀不可当撬杠或锤子使用。锉刀上不可沾油或蘸水，锉刀使用完毕必须清刷干净，以免生锈。

⑧ 在使用过程中或放入工具箱时，不可与其他工具或工件堆放在一起，也不可与其他锉刀互相重叠堆放，以免损坏锉齿。

（7）修边器使用方法及注意事项

① 操作者需佩戴工作手套和眼镜，以免作业过程中受伤。

② 作业过程中，注意人群安全，防止损坏的刀片飞出伤人。

③ 刀片弯曲后，要及时进行更换。

④ 刀片应该放在儿童接触不到的地方。

⑤ 不能使用再抛光刀片。

（8）划规使用方法及注意事项

① 划规两脚的长短要磨得稍有不同，两脚尖应保持尖锐，以保证能划出清晰的线条，而且两脚合拢时脚尖能靠紧，才可划出尺寸较小的圆弧。

② 用划规划圆时，作为旋转中心的一脚应加以较大的压力，另一脚则以较轻的压力在工件表面上划出圆或圆弧，保证中心不滑动。

（9）顶拔器的使用方法及注意事项

① 根据被拉零件（如轴承）规格的大小及安装位置，选择合适的顶拔器。

② 用扳手将加力螺杆退到适当位置后，将三爪挂在零件边缘上，用手扶住，迅速紧固加力螺杆，螺杆前尖端顶在轴中心孔上，待三爪受力拉住零件时松开扶住的手，如图3-43所示。

③ 装顶拔器时顶头最好放铜球，初拉时动作要缓慢，不要过急过猛。

④ 拉出轴承时，要保持顶拔器上的丝杠与轴的中心一致，不要碰伤轴上的螺纹、轴径和轴肩等。

⑤ 各拉杆间距离及拉杆长度应相等，避免发生偏斜和受力不均的情况。

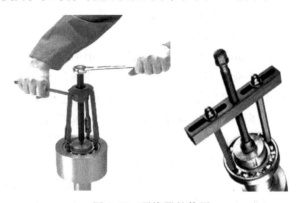

图 3-43 顶拔器的使用

（10）电工刀的使用方法及注意事项

① 使用电工刀时，刀口应向外剖削，以防脱落伤人；使用完后，应将刀身折入刀柄。

② 电工刀刀柄是无绝缘保护的，因此使用电工刀时严禁带电操作，以防触电。

③ 带有引锥的电工刀，其尾部装有弹簧，使用时应拨直引锥弹簧自动撑住尾部。这样，在钻孔时可避免发生倒回扎伤手指的危险。使用完毕后，应用手指揪住弹簧，将引锥退回刀柄，以免损坏工具或伤人。

> **小提示**
>
> 在进入车间工作之前，每个人都应该了解以下防火方法：把油布放到适当的金属容器中；确保采取正确的步骤点燃炉火（如果有需要时）；清楚车间内每个灭火器存放的位置；清楚周围离你最近的报警器的位置及使用方法；使用焊枪时，要确保火星远离易燃物品。

小结

本节主要介绍了作业前需要了解和掌握的常用工具、量具的种类、结构特点，以及基本的使用方法和注意事项，为后续学习打下基础。

思考题

1. 常用量具有哪些类型？生产过程中经常用到的有哪些？
2. 如何正确使用游标卡尺？
3. 千分尺由哪几部分组成？说出其刻线原理。
4. 百分表常用于哪些误差测量？内径百分表有哪些种类？
5. 简述量具维护的基本方法。
6. 常用工具使用的一般要求有哪些？
7. 活扳手使用时应注意的事项有哪些？
8. 扭力扳手使用方法是什么？
9. 钢锯的使用方法及注意事项有哪些？
10. 修边器的使用方法及注意事项有哪些？
11. 顶拔器的使用方法和注意事项有哪些？
12. 电工刀的使用方法及注意事项有哪些？

3.4 装配钳工基础

按照规定的技术要求，将若干个零件组装成部件或将若干个零件和部件组装成产品的过程，即为装配。即将已经加工好并经检验合格的单个零件，通过各种形式依次将零部件连接或固定在一起，使之成为部件或产品的过程。

3.4.1 装配作业及基本要求

1. 装配作业

① 装配的分类。分为组件装配、部件装配和总装装配三种。整个装配过程按装配作业规程进行。

② 装配的方法。包括互换装配法、分组装配法、调整装配法和修配装配法。

③ 装配过程的三要素。主要指定位、支撑、夹紧。

2. 装配工作的基本要求

1）明确装配图在装配中的作用。

① 帮助观察图形。装配图能表达零件之间的装配关系、相互位置关系和工作原理。

② 帮助分析尺寸。可以分析零件之间的配合和位置尺寸及安装的尺寸等。

③ 帮助了解技术条件。了解装配、调整、检验等有关技术要求。

④ 了解标题栏内容和零件明细表。

2）装配时，应检查装配零件的形状和尺寸精度是否合格，有无变形、损坏等，并应注意零件上的各种标记，防止装错。

3）固定连接的零部件不允许有间隙。活动的零件，能在正常的间隙下灵活均匀地按规定方向运动，不应有跳动。

4）必须保证各运动部件（或零件）的接触表面足够润滑。若有油路，必须畅通。

5）装配后各种管道和密封部位不得有渗漏现象。

6）试车前，应检查各个部件连接的可靠性和运动的灵活性，各操纵手柄是否灵活，手柄位置是否合适；试车前，从低速（压）到高速（压）逐步进行。

3. 产品装配的工艺过程

（1）制定装配工艺过程的步骤（准备工作）

① 研究和熟悉产品装配图及有关的技术资料。了解产品的结构、各零件的作用、相互关系及连接方法。

② 确定装配方法。

③ 划分装配单元，确定装配顺序。

④ 选择装配时所需的工具、量具和辅具等。

⑤ 制订装配工艺卡片。

（2）装配过程

装配遵循的原则：先下后上，先内后外，先难后易，先精密后一般。

① 部件装配：把零件装配成部件的过程叫部件装配。

② 总装装配：把零件和部件装配成最终产品的过程叫总装装配。

（3）调整、精度检验

① 调整工作就是调节零件或机构部件的相互位置、配合间隙和结合松紧等，目的是使机构或机器工作协调（性能）。

② 精度检验就是用检测工具，对产品的工作精度、几何精度进行检验，直至达到技术要求为止。

（4）喷漆、防护、扫尾和装箱等

① 喷漆是为了防止不加工面锈蚀，并使产品外表美观。

② 涂油是为了使产品工作表面和零件的已加工表面不生锈。

③ 扫尾是对前期工作的检查确认，使之最终完整，符合要求。

④ 装箱是产品的保管，待发运。

4. 装配前零件的清理

在装配过程中，必须保证没有杂质残留在零件或部件中，否则会迅速磨损机器的摩擦表面，严重时会在很短的时间内使机器损坏。由此可见，零件在装配前的清理和清洗工作对提高产品质量，延长机器使用寿命有着重要的意义。尤其对轴承精密配合件、液压元件、密封件以及有特殊清洗要求的零件等很重要。

装配时，对零件的清理和清洗内容介绍如下。

① 装配前，清除零件上的残存物，如型砂、铁锈、切屑、油污及其他污物。

② 装配后，清除在装配时产生的金属切屑，如钻孔、铰孔、攻螺纹等加工的残存切屑。

③ 部件或机器试车后，洗去由摩擦、运行等产生的金属微粒及其他污物。

5. 拆卸工作的要求

① 拆卸工作应按机器结构的不同，预先考虑操作顺序，以免先后倒置。更不可猛拆猛敲，造成零件的损伤或变形。

② 拆卸的顺序应与装配的顺序相反。

③ 拆卸时，使用的工具必须保证对合格零件不会产生损伤，严禁用锤子直接在零件的工作表面上敲击。

④ 拆卸时，零件的旋松方向必须辨别清楚。

⑤ 拆下的零部件必须有次序、有规则地放好，并按原来结构套在一起，配合件上做好记号，以免混乱。丝杠、长轴类零件必须正确放置，防止变形。

做一做

组织参观大中型企业，了解产品装配流程，学习装配现场作业规范。

3.4.2　装配钳工作业要求

装配钳工作业的基本要求是：装配钳工作业零件摆放整齐；通常零件不允许敲击；正确使用旋具或扳手拧紧螺钉；工艺规定有扭矩的地方要经常用扭力扳手检查；保证设备工装工具齐全完好；装配工应有保证整车装配质量的全局观念；合作的工位一定要相互配合好；要认真装好每一个零部件，凡是装配中损坏的零件要及时更换，发现漏装错装的零件要及时排除；装配过程中不允许超工位作业。

1. 装配作业具体要求

（1）作业前

检查工具是否完好，品种规格及数量是否正确。设备操作人员应让设备先空运行 3~5min，观察运转情况。检查待装配零件和部件是否送到，发现缺件通知调度。检查本工位所操作的前后工位，查看其零件是否装完整，以防交接班中出现漏装现象等。

（2）作业中

上班工作应集中精力，不得无故擅自离开工作岗位，若要离开应有流动工顶替。保证工位上整齐清洁，零件、料头不许乱扔。对于易变形的零件或长轴，摆放的时候要考虑数量及摆放位置，防止造成零件的变形。紧固螺钉、螺栓和螺母时严禁敲击或使用不合适的旋具与扳手，紧固后螺钉槽、螺母及螺栓头部不得损伤。装配过程中零件不得磕碰、划伤和锈蚀，除有特殊要求外，其余所有零件必须把零件的尖角和锐边倒钝。油漆未干的零件不得装配。严格执行装配工艺，认真装完每一个零部件。若有问题应先电话通知调度方可停线。若有工具损坏，应及时按规定方法更换，不要应付安装。不应赶时间超工位，应在零件存放处附近操作，避免远距离、往返影响其他工位的操作。

（3）作业后

凡装配操作的产品，在下班前必须按工艺规定装配完整，不允许漏装、错装、漏加油等。有交接班记录的工位必须认真填写交接班记录。打扫工位附近地面，清扫垃圾杂物，把零件摆放整齐。吊具放在妥善位置，不允许将重物吊在空中。下班时应关闭所有操作设备的电源开关。

以上工作做完后，方能离开车间。

2. 对装配工的一般技术要求

① 应熟悉企业所生产产品的一般结构及主要零部件总成的名称、构造和工作原理。

② 应懂得装配的一般常识和螺纹连接的基本知识。

③ 应熟悉本工位的零件总成的名称和编号，掌握标准件的名称、代号、规格及拧紧力矩。

④ 应了解常用装配工具的名称、规格及维护方法，并会正确使用。

⑤ 熟悉本工位所用设备的构造、原理和操作规程，会正确操作本工位的设备。了解设备的保养方法。

⑥ 掌握本工位的装配工艺及技术要求。

⑦ 能鉴别本工位的装配质量，会选用合格的零件装配。

⑧ 能按工艺要求在生产节拍内高质量地完成本工位的操作内容。

3. 工业机器人装配技术要求

装配质量的高低，直接关系到整个工业机器人的质量。因此，在工业机器人装配过程中，必须满足下列技术要求。

（1）装配的完整性

必须按工艺规定将所有零部件、总成全部装上，不得有漏装、少装现象，不要忽视小零件装配，如螺钉、平垫圈、弹簧垫圈、开口销等。

（2）装配的统一性

按生产计划，对照各基本型号，按工艺要求装配，不得误装、错装和漏装，装配方法要统一。

（3）装配的紧固性

用螺栓、螺母将两件以上的零件连接起来，必须保证具有一定的拧紧力矩。凡是螺栓、螺母、螺钉等件必须达到规定的扭矩要求。应交叉紧固的必须交叉紧固，否则会造成螺母松动现象，带来安全隐患。螺纹连接严禁有松动现象，但过紧会造成螺纹变形、螺母卸不下来的情况。工艺卡上对关键部位的连接的扭矩有专门的规定，在这些地方拧紧螺钉、螺母时，必须经常自检。

（4）装配的润滑性

凡润滑部位必须按工艺要求加注定量的润滑油和润滑脂。

（5）装配的密封性

装油封时，将零件擦拭干净，涂好机油，轻轻装入，油封不到刃口，否则会漏油。确保油封装配密封性良好。为确保空气管路装配密封性良好，要求空气管路连接处必须均匀涂上一层密封胶，锥管接头的密封胶要涂在螺纹上，管路连接胶管的密封胶要涂在管箍接触面上，管路不得变形或歪斜。

检查装配密封性的方式是在各连接部位涂上肥皂水，检查是否漏气，如有气泡说明该处漏气。一般情况下用扳手把连接头拧紧，漏气现象即可消除。如果仍有漏气，则需拆卸重新装配。

检查设备螺钉（螺母）的紧固程度，分析螺钉（螺母）损坏带来的影响。

3.4.3 装配概念

1. 工业机器人装配基本概念

工业机器人是由零件、套件、组件、部件等组成的。为保证有效地进行装配工作，通常将工业机器人划分为若干能进行独立装配的部分，称为装配单元。

零件是最小的单元，由整块金属或其他材料制成。零件一般都预先装成套件、组件、部件后才安装到工业机器人上。除标准件外，直接装入工业机器人的零件并不多。图 3-44 所示为某工业机器人谐波输入齿轮轴。

在一个基准零件上装上一个或若干个零件即构成套件。套件是最小的装配单元，为此进行的装配称为套装。

在一个基准零件上装上若干套件及零件即构成组件。如机器人轴组件，即在基准轴上装上齿轮、套、垫片、键及轴承的组合等。图 3-45 所示为输入轴组件。为组件而进行的装配工作称为组装。

图 3-44　谐波输入齿轮轴

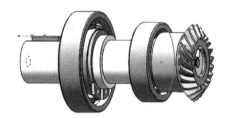

图 3-45　输入轴组件

在一个基准零件上装上若干组件、套件和零件即构成部件。部件在机器人中能完成一定的、甚至完整的功能。为部件而进行的装配工作称为部装。图 3-46 所示为机器人的谐波减速器总成。

在一个基准零件上装上若干部件、组件、套件和零件即构成一台完整的工业机器人。为此而进行的装配工作，称为总装。如关节式机器人，是以底座为基准零件，手臂、减速器等部件，以及其他组件、套件和零件组成的。图 3-47 所示为装配后的某品牌六关节机器人。

2. 工业机器人的装配工艺性

工业机器人的装配工艺性是指能够保证装配过程中相互连接的零部件不用或少用修配和机械加工，用较少的劳动量和时间按照产品的设计要求顺利地完成装配。

装配工艺性对整个工业机器人的生产有较大的影响，不但是评价设计的指标之一，在一定程度上也决定了装配周期的长短、耗费劳动量的多少、成本的高低，以及使用质量的优劣等。

为了最大限度地缩短工业机器人的装配周期，可以将工业机器人分为若干独立的装配单元，以便使许多装配工作同时进行，这是评定工业机器人装配工艺性的重要指标之一。

图 3-46　机器人谐波减速器总成

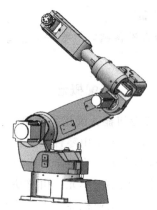

图 3-47　六关节机器人

划分成独立的装配单元，就是要求机械结构能划分成独立的组件、部件等。首先按组件或者部件分别进行装配，然后再进行总装配。如关节式工业机器人是由手臂、谐波减速机、RV减速机、同步带轮、腕部关节等部件组成的。这些独立的部件装配完之后，通过检验合格后再进行总装。图 3-48 所示为某企业工业机器人装配现场。

图 3-48　工业机器人装配现场

把工业机器人划分为独立的装配单元，有诸多的好处：

① 可以组织平行的装配作业，各单元装配互不干涉，可以缩短装配周期，便于组织协作生产。

② 有关部件可以预先进行调整和试车，各部件以比较完善的状态进入总装，既可保证总装的装配质量，又可以减少总装配的工作量。

③ 有利于维护检修，为包装运输带来很大的便利。

④ 部件结构改进后，只是局部变动，使改进和升级换代更加方便。

⑤ 减少装配时的修配和机械加工，便于装配和拆卸。

装配过程中的修配作业大多为手工操作，不仅技术要求高，而且难以确定工作量，所以进行机械设计时要求尽量减少装配过程中的修配工作量。一要尽量减少不必要的配合面，二是采用调整装配法替代修配法。

装配时要尽量减少机械加工，否则不仅影响装配工作的连续性、延长装配周期，还会在装配车间增加机械加工设备，这些设备既占面积，又易引起装配工作的杂乱。而且机械加工所产生的切屑容易残留在装配的部件中，极易增加部件的磨损。

3. 熟悉工业机器人机械装配图

产品的装配图应包括总装图和部件装配图，并能清楚地表示出：所有零件相互连接的结构视图和必要的剖视图；零件的编号；装配时应保证的尺寸；配合件的配合性质及公差等级；装配的技术要求；零件的明细表等。为了在装配时对某些零件进行补充机械加工，有时还需要它的零件图。如图3-49所示为码垛机器人抓手装配图。

3.4.4 装配精度及装配工艺

装配是工业机器人制造过程中最后一个阶段的工作。一台工业机器人能否保证良好的工作性能和经济性能并且可靠地运行，主要取决于机构设计的正确性、零件质量，以及装配精度。零件的精度又是影响装配精度的最主要因素。通过建立、分析、计算装配尺寸链，可以很好地解决零件精度与装配精度之间的关系。

（1）装配精度

装配精度要求是制定装配工艺规程的主要依据，也是确定零件加工精度的依据。它不但影响工业机器人部件的工作性能，也直接影响工业机器人的工作精度和使用寿命。

装配精度可根据机械的工作性能来确定，一般包括以下内容。

① 相互尺寸和位置精度。指相关零部件之间的距离精度和相互位置精度。比如相关轴间中心距尺寸、同轴度、平行度和垂直度等。

② 相对运动精度。工业机器人中有相对运动的零部件间在运动方向和相对运动速度上的精度。运动方向的精度通常表现为零部件间相对运动的平行度和垂直度。相对运动速度的精度即为传动精度。

③ 相互配合精度。包括配合表面间的配合质量和接触质量。配合质量指零件配合表面间达到规定的配合间隙或过盈的程度。接触质量是指两配合或连接表面间达到规定的接触面积的大小和接触点分布的情况。接触质量既影响接触刚性，也影响配合质量。

各配合精度之间有紧密的关系，相互位置精度是相对运动精度的基础，相互配合精度对相对位置精度和相对运动精度的实现有较大的影响。

（2）装配精度和零件精度的关系

零件的加工精度直接影响到装配精度。对于大批量生产，为了简化装配工作，便于流水作业，通常采用控制零件的加工误差来保证装配精度。但是，进入装配的合格零件，总是存在一定的加工误差，当相关零件装配在一起时，这些误差就有累积的可能。若累积误差不超出装配精度要求则是很理想的，此时装配就只是简单的连接过程。但事实并非如此，累积误差往往超过规定范围，给装配带来困难。可以采用提高零件加工精度来减小累积误差的办法，在零件加工时并不十分困难，在单件小批生产时还是可行的。但这种办法增加了零件的制造成本。当装配精度要求很高，零件加工精度无法满足装配要求，或者提高零件加工精度不经济时，则必须考虑采用合适的装配工艺方法达到需要的装配精度。

由此可见，零件加工精度是保证装配精度要求的基础。但装配精度不完全由零件精度来决定，它是由零件的加工精度和合理的装配方法共同来保证的。如何正确处理好两者之间的关系是产品设计和制造中的一个重要课题。

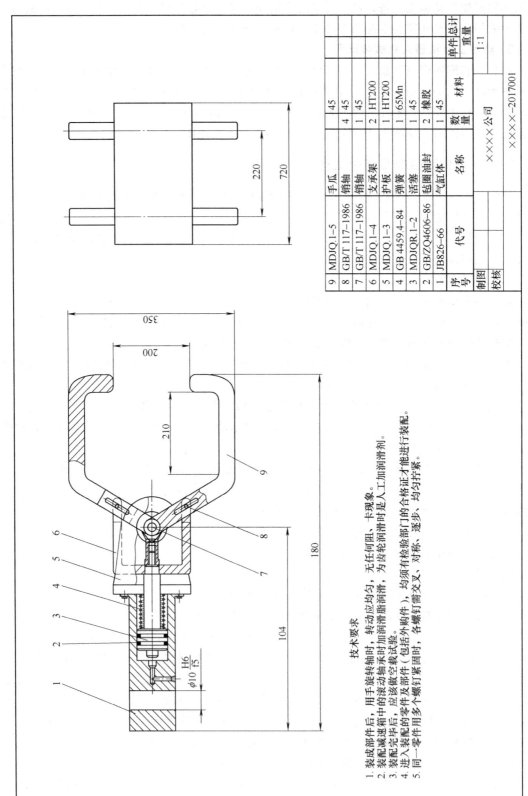

9	MDJQ.1-5	手爪		45	
8	GB/T 117-1986	销轴	4	45	
7	GB/T 117-1986	销轴	1	45	
6	MDJQ.1-4	支承架	2	HT200	
5	MDJQ.1-3	护板	1	HT200	
4	GB 4459.4-84	弹簧	1	65Mn	
3	MDJQR.1-2	活塞	1	45	
2	GB/ZQ4606-86	毡圈油封	2	橡胶	
1	JB826-66	气缸体	1	45	
序号	代号	名称	数量	材料	单件 总计
					重量

制图		××××公司		1:1
校核		××××-2017001		

图 3-49　码垛机器人抓手装配图

技术要求

1. 装成部件后，用手旋转轴时，转动应均匀，无任何阻、卡现象。
2. 装配减速箱中的滚动轴承时加润滑脂润滑，为齿轮润滑时是人工加润滑剂。
3. 装配完毕后，应该做空载试验。
4. 进入装配的零件及部件（包括外购件），均须有检验部门的合格证才能进行装配。
5. 同一零件用多个螺钉紧固时，各螺钉需交叉、对称、逐步、均匀拧紧。

零件的加工精度受到设备条件、工艺条件、经济情况等制约，不能简单地按照装配精度要求来加工，常常在装配时采取一定的工艺措施（如修配、调整等）来保证装配精度。

产品的装配方法必须按照产品的性能要求、生产类型、装配的生产条件来确定。

（3）工业机器人机械装配工艺系统图

表明机器人零件、部件间相互装配关系及装配流程的示意图称为机器人装配系统图。每一个零件用一个方格来表示，在表格上表明零件名称、编号及数量。这种方框不仅可以表示零件，也可以表示套件、组件和部件等装配单元。减速器装配工艺系统图如图 3-50 所示。

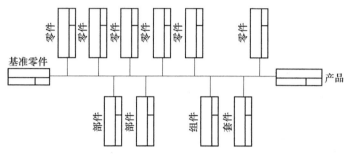

图 3-50　减速器装配工艺系统图

装配时，由基准零件开始，沿水平线自左向右进行，一般将零件画在上方，套件、组件和部件画在下方，其排列顺序表示了装配的顺序。零件、套件、组件和部件的数量，由实际装配需要来确定。

装配工艺系统图配合工艺规程，可以有效分析装配工艺问题，指导流水装配，并实现装配作业标准化。

（4）工业机器人机械装配工艺卡

单件小批量生产时，通常只绘制装配系统图，装配时按产品装配图及装配系统图工作。大批量生产时，通常还制定套件、组件、部件和总装的装配工艺卡。装配工艺卡上写明工序次序，简明列出工序内容、使用设备名称、工装夹具名称及编号、工人技术等级和时间分配，以及动作要领等项，包含完成装配工艺过程所需的一切资料。详细内容参见"附录 G 装配工艺卡"。

做一做

1）根据谐波减速器装配图，画出其装配单元系统图。

2）填写部件单元装配工艺卡。

3.4.5　常用装配方法及装配原则

1. 保证装配精度的装配方法

用合理的装配方法来达到规定的装配精度，可以实现用较低的零件精度达到较高的装配精度，用最少的装配劳动量来达到较高的装配精度，合理地选择装配方法是装配工艺的核心问题。

根据产品的性能要求、结构特点、生产形式和生产条件等，可采用不同的装配方法。保证产品装配精度的方法有互换装配法、选择装配法、修配装配法和调整修配法。

（1）互换装配法

互换装配法是指在装配时各配合零件不经任何调整和修配就可以达到装配精度要求的装配方法。根据互换的程度不同，互换装配法分为完全互换法和不完全互换法。互换装配精度主要取决于零件的加工精度，其实质是用控制零件加工误差来保证产品的装配精度。

1）完全互换装配法。这种方法的实质是在满足各环（装配尺寸链中各尺寸尺寸链的环）经济精度的前提下，依靠控制零件的制造精度来保证装配精度。

一般情况下，完全互换装配法的装配尺寸链按极大极小法计算，即各组成环的公差之和等于或小于封闭环的公差。

完全互换装配法的优点如下：

① 装配过程简单，生产率高。

② 对工人技术水平要求不高。

③ 便于组织流水作业和实现自动化装配。

④ 容易实现零部件的专业协作，成本低。

⑤ 便于备件供应及机械维修工作。

由于具有上述优点，所以，只要当各组成环的公差满足经济精度要求时，无论何种生产类型都应尽量采用完全互换装配法进行装配。

2）不完全互换装配法。如果装配精度要求较高，尤其是组成环的数目较多时，若应用极大极小法确定组成环的公差，则组成环的公差将会很小，这样就很难满足零件的经济精度要求。因此，在大批量生产的条件下，就可以考虑不完全互换装配法，即用概率法计算装配尺寸链。

不完全互换装配法与完全互换装配法相比，其优点是零件公差可以放大些，从而使零件加工容易、成本低，也能达到互换性装配的目的。其缺点是将会有一部分产品的装配精度超差，这就需要采取补救措施或进行经济论证。

有关装配工艺中的尺寸链计算可参考相关教材或资料。

（2）选择装配法

在成批或大量生产的条件下，对于零件数量不多而装配精度要求却很高的情况，若采用完全互换法，对零件的公差要求将非常严格，甚至超过了加工工艺的现实可能性。在这种情况下可采用选配装配法。该方法是将组成环的公差放大到经济可行的程度，然后选择合适的零件进行装配，以保证规定的装配精度要求。选配装配法有直接选配法、分组装配法和复合选配法三种。

1）直接选配法。直接选配法是由装配工人从许多待装的零件中，凭经验挑选合适的零件通过试凑进行装配的方法。

这种方法的优点是简单，零件不必事先分组，但装配中挑选零件的时间长，装配质量取决于工人的技术水平，不宜用于生产效率要求较高的大批量生产。

2）分组装配法。分组装配法是在大批量生产中，将产品各配合副的零件按实测尺寸分组，装配时按组进行互换装配以达到装配精度的装配方法。

分组装配法适合配合精度要求很高且相关零件一般只有两三个的大批量生产。

采用分组装配时应注意以下几点：

① 为了保证分组后各组的配合精度和配合性质符合原设计要求，配合件的公差应当相

等，公差增大的方向要相同，增大的倍数要等于以后的分组数。

② 分组数不宜多，多了会增加零件的测量和分组工作量，并使零件的存储、运输及装配等工作复杂化。

③ 分组后各组内相配合零件的数量要相符，形成配套，否则会出现某些尺寸零件的积压浪费现象。

3) 复合选配法。复合选配法是直接选配与分组装配的综合装配法，即预先测量分组，装配时再在各对应组内凭工人经验直接选配。这种方法的特点是配合件公差可以不等，装配质量高，且速度较快，能满足一定的生产效率要求。例如，在发动机装配中，气缸与活塞的装配多采用这种方法。

（3）修配装配法

修配装配法是将零件按照经济加工精度来制造，装配时，通过改变某一零件尺寸的方法来保证装配精度。装配时进行修配的零件称为修配件。

修配装配法的主要优点是组成环均能以加工经济精度制造，且可获得较高的装配精度。其不足之处是增加了修配工作量，生产效率低，对装配工人技术水平要求高。

修配装配法常用于单件小批量生产中装配那些组成环数较多而装配精度又要求较高的机器设备。

修配方法常见的有以下三种：

① 按件修配。选择某一固定零件（补偿环）进行修配，去除多余材料以满足装配精度。

② 合并加工修配。将尺寸链中两个或多个零件合并在一起后再进行修配，这样可减少组成环数，扩大它的公差，减少修配量。如上例中将尾座和底板装配成一体后，再进行修配。

③ 自身加工修配。例如，将机床上与主轴或主运动有相对位置精度要求的零件留一定的精加工余量，待装配后用机床的主轴或主运动刀具来加工。

（4）调整装配法

调整装配法是将零件按照经济加工精度来制造，装配时，通过改变产品中可调整零件的相对位置或者选用合适的调整件的方法来保证装配精度。常用的调整装配法有可动调整法、固定调整法和误差抵消调整法三种。

1) 可动调整法。可动调整法是通过改变调整件的相对位置来保证装配精度的方法。

采用可动调整法可获得很高的装配精度，并且可以在机器使用过程中随时补偿由于磨损、热变形等原因造成的误差，比修配法操作简便，易于实现，在成批生产中应用广泛。

2) 固定调整法。固定调整法是在装配体中选择一个零件作为调整件，根据各组成环所形成的累积误差大小来更换不同的调整件，以保证装配精度的要求。

固定调整法多用于装配精度要求高的产品的大批量生产中。调整件是按一定尺寸间隔级别预先制成的若干组专门零件，根据装配时的需要，选用其中某一级别的零件来做补偿误差，常用的调整件有垫圈、垫片、轴套等。

3) 误差抵消调整法。在产品或部件装配时，通过调整有关零件的相互位置，使其加工误差（大小和方向）相互抵消一部分，以提高装配精度，这种方法称为误差抵消调整法。

这种装配方法在机床装配时应用广泛，如在机床主轴部件的装配中，可通过调整前后轴承的径向跳动方向来控制主轴的径向跳动。

调整装配法的特点介绍如下：

① 零件不需要任何修配加工，且能达到很高的装配精度。

② 可进行定期调整，能很好地保持和恢复配合精度。

③ 对于易磨损部位采用垫片、衬套调整零件，更换方便、迅速。

④ 增加调整件或调整机构，有时配合的刚度会受到影响。

2. 工业机器人的装配原则

工业机器人的装配原则如下：

① 保证装配质量，力求提高质量，以延长工业机器人的使用寿命。

② 合理安排装配顺序和工序，尽量减少钳工、手工劳动量，缩短装配周期，提高装配效率。

③ 尽量减少装配占地面积，提高单位面积的生产率。

④ 尽量减少装配工作成本。

小结

本节主要介绍了装配作业基本要求，了解工业机器人装配精度工艺、装配方法以及装配原则，通过学习，为后续的装配工作打好基础。

思考题

1. 装配作业分为哪几类？常用的装配方法有哪些？

2. 装配准备过程的内容有哪些？

3. 装配前零件清洗的内容有哪些？

4. 简述工业机器人装配技术要求。

5. 装配作业过程中要注意哪些问题？

3.5 常用零部件装配技术

常用零部件的装配形式主要有：螺纹连接装配、轴承装配、过盈连接装配、密封件装配、键连接装配。各种零部件由于结构和连接形式不同，技术要求不同，所采用装配方法和手段有一定的差别。在学习和工作过程中，首先需掌握常用典型零部件的装配技术，经过训练后，才能在企业岗位上胜任装配工作。

3.5.1 螺纹连接的装配

螺纹连接是一种可拆的固定连接，它具有结构简单、连接可靠和拆装方便等优点，因而在机械装配中应用极为普遍，工业机器人结构中用了大量的螺纹连接。

1. 螺纹连接装配的技术与工艺

（1）螺纹连接的装配技术要求

① 保证一定的拧紧力矩。为达到螺纹连接可靠和紧固的目的，要求螺纹间有一定摩擦力矩。所以螺纹连接装配时应有一定的拧紧力矩，使纹牙间产生足够的预紧力。

拧紧力矩或预紧力的大小是根据使用要求确定的。一般紧固螺纹连接，不要求预紧力十分准确。而规定预紧力的螺纹连接，则必须用专门方法来保证准确的预紧力。

② 有可靠的防松装置。螺纹连接一般都具有自锁性，在静载荷下，不会自行松脱，但在冲击、振动或交变载荷下，会使纹牙之间正压力突然减小，以致摩擦力矩减小，使螺纹连接松动。因此，螺纹连接应有可靠的防松装置，以防止摩擦力矩减小和螺母回转。

③ 保证螺纹连接的配合精度。螺纹配合精度由螺纹公差带和旋合长度两个因素确定，分为精密、中等和粗糙三种。

 小提示

BUFO 为生产商代号；螺栓力学性能等级可分为 3.6、4.6、4.8、5.6、5.8、6.8、8.8、9.8、10.9、12.9 共 10 个。8.8 第一个数为最小抗拉强度（N/mm^2）的 1/100，$100×8N/mm^2＝800N/mm^2$，第二个数为屈服强度与最小抗拉强度之间的关系，0.8＝80%，两数相乘得出屈服应力，$800N/mm^2×0.8＝640N/mm^2$。M 为公制螺纹。

（2）螺纹连接的装配工艺

机械装配中螺纹连接的预紧与防松关系到产品质量以及产品能否安全、持续地作业。因此，在学习和作业时要认真理解预紧和防松的原理和作用，认真进行装配作业。

① 螺纹连接的预紧。一般的螺纹连接用普通扳手或电动扳手拧紧即可，而有规定预紧力的螺纹连接，则常用控制扭矩法、控制扭角法和控制螺栓伸长法等来保证合适的预紧力。预紧力的控制是通过扭力扳手控制扳手力矩大小实现的。

螺栓预紧力就是在拧螺栓过程中拧紧力矩作用下的螺栓与被连接件之间产生的沿螺栓轴心线方向的预紧力。对于一个特定的螺栓而言，其预紧力的大小与螺栓的拧紧力矩、螺栓与螺母之间的摩擦力、螺母与被连接件之间的摩擦力相关。

预紧目的：预紧可以提高螺栓连接的可靠性、防松能力和螺栓的疲劳强度，增强连接的紧密性，增加连接刚度和紧密性，提高防松能力。

一般螺纹连接使用一般扳手时，靠装配工能施加在扳手手把上的最大扳力和正常扳力来限制螺纹不超负荷（人工最大扳力为 400~600N，正常扳力为 300N）。没有规定拧紧力矩的紧固件，如采用手动标准扳手紧固低碳钢（强度 4.6 级）螺栓，其拧紧力矩及操作要领见表 3-5。

表 3-5 用手动标准扳手紧固螺栓的拧紧力矩及操作要领

螺纹公称尺寸	拧紧力矩/N·m	操作要领
M6	3.5	只加腕力
M8	8.3	加腕力和肘力
M10	16.4	加全手臂力（从臂膀起）
M12	28.5	加上半身力
M16	71	加全身力
M20	137	压上全身重量
M24	235	加压上全身重量

对规定拧紧力矩的操作需用扭力扳手，螺栓拧紧力矩大小可查阅相关手册或参照作业指导书执行。

小提示

大量的试验和使用经验证明：较高的预紧力对连接的可靠性和被连接的寿命都是有益的，特别对有密封要求的连接更为必要。过高的预紧力，如若控制不当或者偶然过载，也常会导致连接的失效。因此，准确确定螺栓的预紧力是非常重要的。

② 螺纹连接的防松。常用的螺纹连接防松类型、结构形式和应用见表3-6。

表 3-6   常用螺纹连接防松类型、结构形成和应用

类　型		结构形式	应　用
附加摩擦力防松	双螺母防松	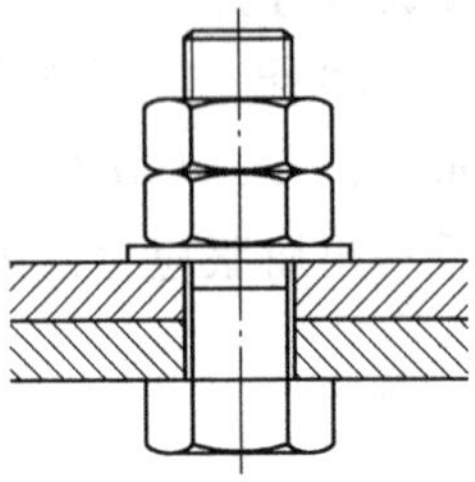	利用主、副两个螺母，先将主螺母拧紧至预定位置，然后再拧紧副螺母。这种防松装置由于要用两只螺母，增加了结构尺寸和重量，一般用于低速重载或较平稳的场合 安装时，薄螺母在下，厚螺母在上，先紧固薄螺母，达到规定要求后，薄螺母固定不动，再紧固厚螺母
	弹簧垫圈	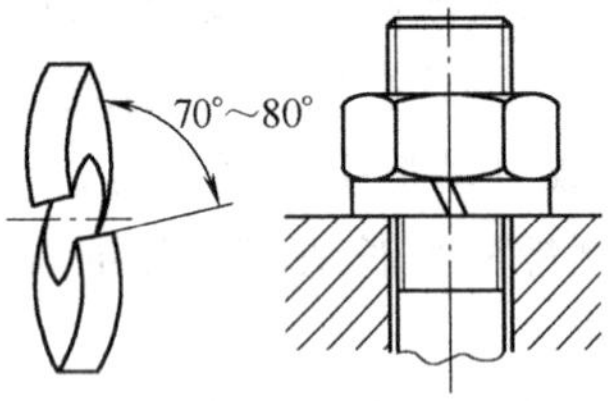 70°~80°	这种防松装置容易刮伤螺母和被连接件表面，同时，因弹力分布不均，螺母容易偏斜。其结构简单，一般用于工作较平稳，不经常装拆的场合 弹簧垫圈防松紧固时，以弹簧垫圈压平为准，弹簧垫圈不能断裂或产生其他的变形
机械防松	开口销与带槽螺母	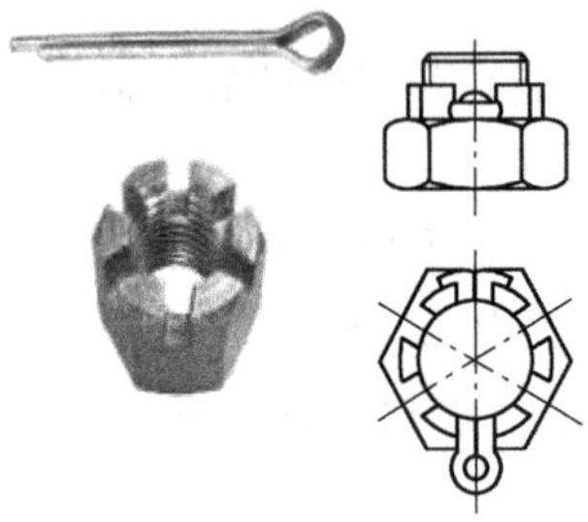	用开口销把螺母直接锁在螺栓上，它防松可靠，但螺杆上销孔位置不易与螺母最佳锁紧位置的槽口吻合，多用于变载和振动场合 开口销带螺母装配时，先将螺母按固定力矩拧紧，装上开口销，将开口销尾部开60°~90°
	圆螺母与止动垫圈	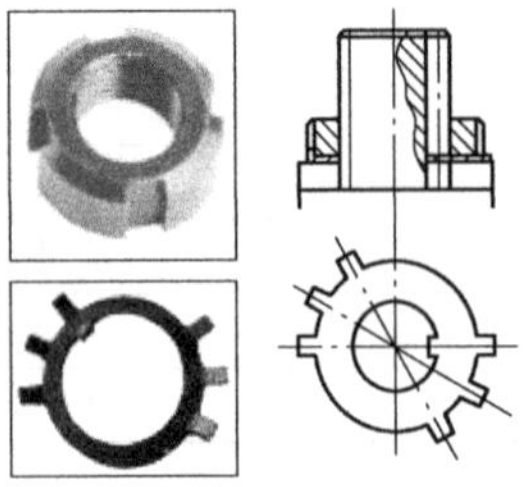	装配时，先把垫圈的内翅插入螺杆槽中，然后拧紧螺母，再把外翅弯入螺母的外缺口内。用于受力不大的螺母防松

（续）

类　型		结构形式	应　用
机械防松	六角螺母与止动垫圈		拧紧螺母后，将垫圈的耳边折弯，使分零件与螺母的侧面贴合，防止回松。主要用于连接部分可容纳弯耳的场合
	串联钢丝	正确　错误	用钢丝穿过各螺钉头部或螺母的径向小孔，利用钢丝的牵制作用来防止回松。使用时应注意钢丝的穿绕方向。主要用于布置较紧凑的成组螺纹连接
破坏螺纹副的运动关系防松	冲点和点焊	冲点　点焊	将螺钉或螺母拧紧后，在螺纹旋合处冲点或点焊。防松效果很好，用于不再拆卸的场合
	粘结	粘结剂	在螺纹旋合表面涂粘结剂，拧紧后，粘结剂自行固化，防松效果良好，且有密封作用，但不便拆卸

2. 螺柱、螺母、螺钉的装配要点

（1）双头螺柱的装配要点

① 保证双头螺柱与机体螺纹的配合有足够的紧固性，紧固形式如图 3-51 所示。

② 双头螺柱的轴心线必须与机体表面垂直，装配时，可用 90°角尺进行检验。如发现较小的偏斜时，可用丝锥校正螺孔后再装配，或将装入的双头螺柱校正至垂直。偏斜较大时，不得强行校正，以免影响连接的可靠性。双头螺柱的拧紧方法如图 3-52 所示。

③ 装入双头螺柱时必须加油润滑。

（2）螺母、螺钉的装配要点

① 螺杆不产生弯曲变形，螺钉头部、螺母底面应与连接件接触良好。

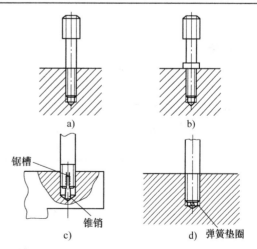

图 3-51　双头螺柱的紧固形式

a）具有过盈的配合　b）带有台阶的紧固
c）采用锥销紧固　d）采用弹簧垫圈止退

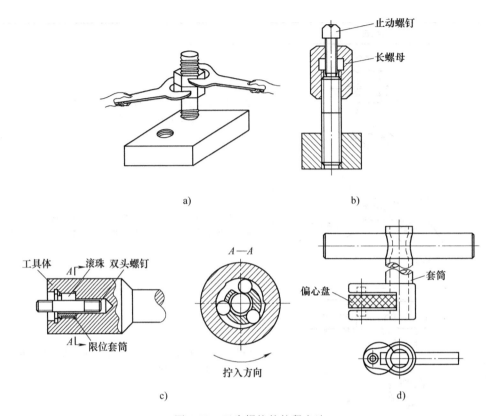

图 3-52　双头螺柱的拧紧方法

a）双螺母拧紧　b）长螺母拧紧　c）专用工具结构图　d）专用工具拧紧

② 被连接件应均匀受压，互相紧密贴合，连接牢固。

③ 拧紧成组螺母或螺钉时，为使被连接件及螺杆受力均匀一致，不产生变形，应根据被连接件形状和螺母或螺钉的分布情况，按照先中间、后两边的原则分层次、对称逐步拧紧。

✎ 小提示

螺栓装配质量对产品的最终质量有直接影响，扭力扳手必须定期校准。

3. 螺纹防松胶的使用

（1）螺纹防松胶的使用方法（见表 3-7）

表 3-7　螺纹防松胶的使用方法

序号	形　式	图　示	说　明
1	通孔（螺栓、螺母）	将胶液滴入此处 此处不滴	在螺栓和螺母啮合处滴几滴螺纹防松胶，拧入，上紧至规定力矩

（续）

序号	形 式	图 示	说 明
2	盲孔（螺钉）	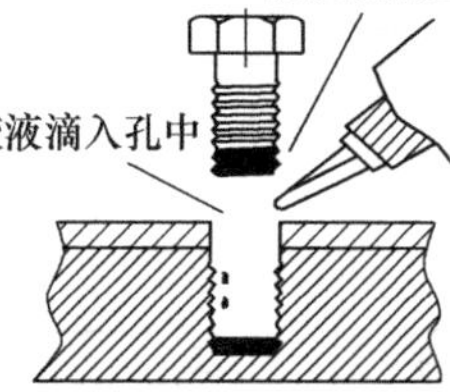 将胶液滴在螺纹上 将胶液滴入孔中	滴几滴螺纹防松胶到内螺纹孔底，再滴几滴螺纹防松胶到螺钉的螺纹上，拧入，拧紧至规定力矩
3	盲孔（双头螺柱）	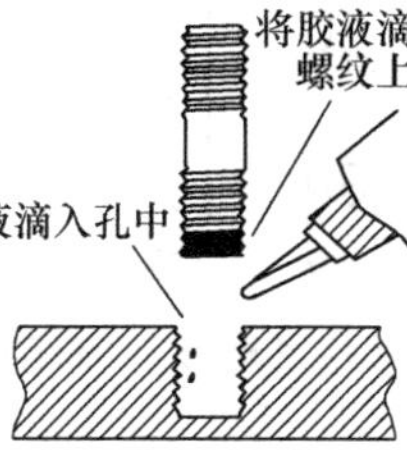 将胶液滴在螺纹上 将胶液滴入孔中	将螺纹防松胶滴入孔中数滴，并在螺栓的螺纹上也滴数滴，后拧入双头螺柱

（2）使用螺纹防松胶零件的拆除

一般溶剂不能渗入接头来分解螺纹防松胶，只能使用手工工具拆卸零件，操作可在室温下进行，也可将组件加热至250℃左右，再进行拆卸。处于固化状态下的热固性塑料在高温下会变脆，从而使零件容易拆分。可使用甲乙酮和二氯甲烷等溶剂去除拆卸后零件上残留的螺纹防松胶，如图3-53所示。

4. 螺纹连接的损坏形式及修复

① 螺孔损坏使配合过松。修复方式——在强度允许的情况下，扩大一级规格，更换螺钉。

② 螺钉、螺柱的螺纹损坏。修复方式——更换。

③ 螺栓头拧断。修复方式——取出断螺栓，更换新的螺栓。

④ 螺钉、螺柱因锈蚀难以拆卸。修复方式——在锈蚀处加入机油和无水酒精，30min后拧出。

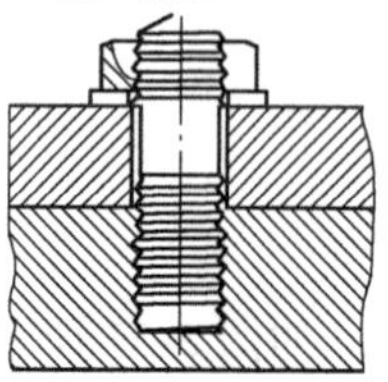

滴入溶剂

图3-53　去除螺纹防松胶示意图

5. 各种成组螺栓（钉）的紧固方法

各种成组螺栓（钉）因其在产品中的重要作用，装配时应引起高度重视，否则会使螺栓松紧不一致，甚至使被连接件变形，工作中出现漏油、漏气、振动、噪声和损坏的现象。学习过程中要按规定进行训练，螺母或螺钉装配要在规定时间内做到：工具选择正确，动作熟练，有序拧紧，拧紧力度符合规定的要求。紧固前应检查螺栓孔是否干净，有无毛刺，检查被连接件与螺栓、螺母接触的平面，是否与螺栓孔垂直。同时，还应检查螺栓与螺母配合的松紧程度。

① 拧紧成组螺栓、螺母、螺钉时，必须按照一定的顺序拧紧。从中间对称位置开始，然后向两边扩展，做到分次、对称、逐步（分两次以上）拧紧。

② 如拧紧长方形分布的成组螺栓（螺母）时，应从中间的螺栓开始，依次向两边对称地扩展，如图3-54所示。

③ 在拧紧圆形或方形分布的成组螺栓（螺母）时，必须对称地进行，如图3-55所示。

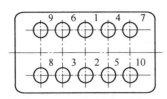
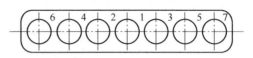

图 3-54　成组对称拧紧顺序

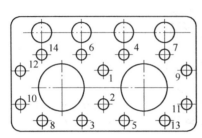
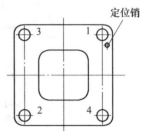

图 3-55　方形分布成组螺栓（螺母）的拧紧顺序

④ 圆形分布的成组螺栓、螺母按逆时针方向拧紧，不要一次拧紧，分 2~3 次拧紧。如有定位销，应从靠近定位销的螺栓（螺钉）开始，如图 3-56 所示。

图 3-56　圆形分布成组螺栓（螺母）的拧紧顺序

如图 3-57 所示，侧向装配时，应先将上面的螺钉临时固定，下面的螺钉就容易固定了。

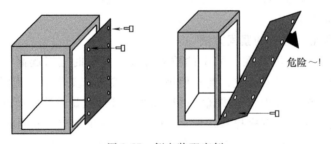

图 3-57　侧向装配实例

小提示

拧紧全部螺钉（母）前，要确认插入的螺孔和螺钉是否相配，确认固定物的位置。

拧紧时，开始尽可能用手拧，确认螺钉能否顺利转动。如果开始就用拧紧工具的话，即使有问题也不容易发现。

做一做

1）对 M12 以下的成组螺钉的机械式防松进行装配，了解装配要求和规范。

2）用扭力扳手对 M12～M16 的螺钉进行扭矩测试，以学习扭力扳手的正确使用。

3）学会识别螺钉头部结构（外六角、内六角等）与配套工具的使用关系，目测其大小进行选用。

4）按成组螺栓（钉）的装配作业要求，对成组螺栓（钉）进行装拆训练。

3.5.2 轴承的装配

轴承安装不正确，会出现卡住、温度过高等现象，导致轴承过早损坏。因而轴承安装的好与坏，将影响到轴承的精度、寿命和性能。

1. 轴承的装配前注意事项

（1）轴承的准备

由于轴承经过防锈处理并加以包装，因此不到临安装前不要打开包装。另外，轴承上涂布的防锈油具有良好的润滑性能，对于一般用途的轴承或填充润滑脂的轴承，可不必清洗直接使用。但对于仪表用轴承或用于高速旋转的轴承，应用清洗油将防锈油洗去，清洗后轴承容易生锈，不可长时间放置。

（2）轴与外壳的检验

清洗轴承与外壳，确认无伤痕或机械加工留下的毛刺。外壳内绝对不得有研磨剂、型砂、切屑等。其次检验轴与外壳的尺寸、形状和加工质量是否与图样符合。

（3）安装前准备

安装轴承前，在检验合格的轴与外壳的各配合面涂布机械油。

2. 常用轴承的装配方法

轴承的安装应根据轴承结构、尺寸大小和轴承部件的配合性质而定，压力应直接加在紧配合的套圈端面上，不得通过滚动体传递压力。轴承安装一般采用如下方法。

（1）用铜棒和手工锤安装

这是安装中小型轴承的一种简便方法。当轴承内圈与轴为紧配合、轴承外圈与孔为较松配合时，将铜棒紧贴轴承内圈端面，用手工锤直接敲击铜棒，通过铜棒传力，将轴承徐徐装到轴上，如图 3-58 所示。轴承内圈较大时，可用铜棒沿轴承内圈端面周围均匀用力敲击，切忌只敲打一边，也不能用力过猛，要对称、轻轻敲打，慢慢装上，以免装斜击裂轴承。错误的装配方式如图 3-59 所示。

（2）用套筒安装

此法与利用铜棒安装轴承道理相同。它是将套筒直接压在轴承端面上（轴承装在轴上时压住内圈端面，装在壳体孔内时压住外圈端面），如图 3-60 所示，用手工锤敲击套筒，力能均匀地分布在安装的轴承整个套圈端面上，并能与压力机配合使用，安装省力省时，质量可靠。安装所用的套筒应为软金属制造（铜或低碳钢管均可）。若轴承安装在轴上时，套筒内径应大于轴颈 1～4mm，外径略小于轴承内圈挡边直径，或以套筒厚度为准，其厚度应为轴承内圈

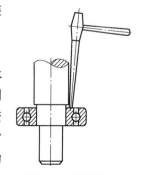

图 3-58 用铜棒与
手工锤装配轴承

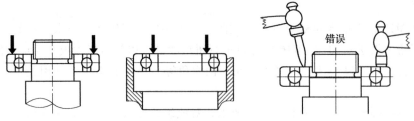

图 3-59　错误的装配方式

厚度的 2/3~4/5，且套筒两端应平整并与筒身垂直。若轴承安装在座孔内时，套筒外径应略小于轴承外径。如图 3-61 分别是正确和错误的装配方式。

（3）压入配合

图 3-60　用手工锤敲击套筒装配轴承

轴承内圈与轴是紧配合、轴承外圈与轴承座孔是较松配合时，可用压力机将轴承先压装在轴上，如图 3-62 所示，然后将轴连同轴承一起装入轴承座孔内，压装时在轴承内圈端面上垫一个软金属材料制作的装配套管（铜或软钢），装配套管的内径应比轴颈直径略大，外径直径应比轴承内圈挡边略小，以免压在保持架上。

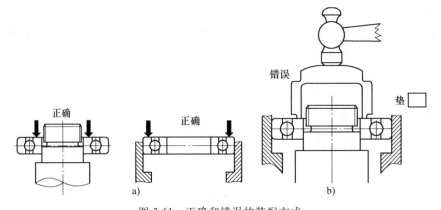

图 3-61　正确和错误的装配方式

a）正确的装配方式　b）错误的装配方式

轴承外圈与轴承座孔是紧配合，轴承内圈与轴为较松配合时，可将轴承先压入轴承座孔内，这时装配套管的外径应略小于座孔的直径。如果轴承内圈与轴是紧配合，轴承外圈与轴承座是较松配合，则如图 3-63 所示，将轴承先压入轴上。如果轴承套圈与轴及座孔都是紧配合时，安装时内圈和外圈要同时压入轴和座孔，装配套管（或加垫板）的结构应能同时压紧轴承内圈和外圈的端面，如图 3-64 所示。

安装压力应直接施加于过盈配合的轴承套圈端面上，否则会在轴承工作表面上造成压伤，导致轴承快速损坏。

（4）加热配合

通过加热轴承或轴承座，利用热膨胀原理将紧配合转变为松配合的安装方法，是一种常用且省力的安装方法，此方法适合安装过盈量较大的轴承或大尺寸轴承。加热时温度一般控

图 3-62 轴套压入示意图

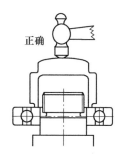

图 3-63 将轴承先压到轴上

制在 100℃ 以下，80~90℃ 较为合适，不得超过 120℃。温度过高时，易造成轴承套圈、滚道和滚动体退火，影响硬度和耐磨性，降低轴承寿命。如图 3-65 所示为现场小型轴承油液加热示意图。

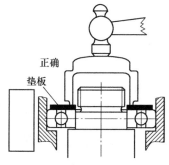

图 3-64 轴承内外圈同时压入

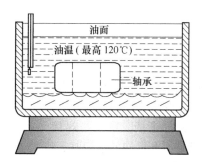

图 3-65 轴承油液加热示意图

（5）推力球轴承的装配

分清轴承的紧环和松环（根据轴承内径大小判断，孔径相差 0.1~0.5mm），分清机构的静止件（即不发生运动的部件，主要是指装配体）。任何情况下，轴承的松环都始终靠在静止件的端面上。

📝 **小提示**

由于轴圈与座圈的区别不明显，装配中应格外小心，不能装反。若轴承装反，不仅轴承工作不正常，各配合面也会遭到严重磨损。

3. 轴承装配后的检验

轴承安装后应进行运转试验，首先检查旋转轴或轴承箱，若无异常，便以动力进行无负荷、低速运转，然后根据运转情况逐步提高旋转速度及负荷，检测噪声、振动及温升，若发现异常，应停止运转并检查。运转试验正常后方可交付使用。

4. 轴承拆卸

拆卸轴承时，要特别注意人身和设备安全，必须注意以下事项：

接到轴承拆卸作业任务后，必须查阅设备装配图，对机械设备、部件和零件的结构、联接方式进行了解，做到不了解结构不拆卸；拆卸前，要做好标记或拍照片留存备查；拆卸时，一般按与装配相反的顺序进行，把整体拆分成部件或组合件，再把组合件或部件拆成零件；拆卸时，零件回转的方向、大小头、厚薄端须分辨清楚。拆卸轴承时，应使用合适的顶拔器或内拉拔器将轴承拉出，尽可能不用锤子、铁棒等工具敲打，如图 3-66a 所示。特别细小的轴承拆卸后应用油纸包好，挂牌保存。

拆卸过盈配合的套圈，只能将顶拔器的拉力加在该套圈上，绝不允许通过滚动体传递拆卸力，否则滚动体和滚道都会被压伤。在拆卸遇到困难时，应使用拆卸工具向外拉的同时，向内圈上小心地浇洒热油，热量会使轴承内圈膨胀，从而使其较易脱落，如图 3-66b 所示。

a)   b)

图 3-66　拆卸轴承工作实例

a）顶拔器　b）内拉拔器

拆卸过程中，要特别注意安全，工具必须牢固，操作必须准确。对较高或较长的零部件拆卸时，应防止倒塌或倾覆、发生事故；对于拆卸后能降低连接质量的零部件，应尽量不拆卸，如密封连接、铆接、焊接等；有些设备或零部件标有不准拆卸的标记时，则禁止拆卸。

5. 轴承的清洗

拆卸下来的轴承，经检修后，确认仍可使用的，需经过清洗后方可使用。清洗轴承可使用的清洗剂有柴油、煤油等。拆卸下来的轴承清洗，分为粗清洗和细清洗，分别放在容器中，放上金属网垫底，使轴承不直接接触容器的底部（污物），如图 3-67 所示。

图 3-67　轴承（套）清洗图

精清洗时，应注意不要使轴承带着污物旋转，否则会损伤轴承的滚动面。在粗清洗中，可使用刷子清除润滑脂、黏着物。大致清洗干净后，转入精清洗。精清洗是将轴承在清洗油中一边旋转，一边仔细地清洗，另外，清洗油要保持清洁。

做一做

1）尝试利用顶拔器，拆卸轴承。

2）学习用煤油或柴油对轴承进行清洗，了解注意事项。

3.5.3　常用密封件的装配

所谓轴密封，即轴用密封件，它是安装于孔内、沟槽内的密封件，用于密封轴，阻止液流体通过密封件（密封装置）与轴组成的密封副泄漏，即密封住轴表面，使液流体无法沿轴表面流动。以 O 型橡胶密封圈为例进行介绍。

1．O 型橡胶密封圈的装配注意事项

在安装 O 型橡胶密封圈之前，检查以下各项内容：

① 导入角是否按图样加工，沟槽锐边是否倒角或倒圆。

② 内径、沟槽是否去除毛刺，表面有无污染。

③ 密封件和零件是否已涂抹润滑脂或润滑液（要保证弹性体的介质相容性，推荐采用所密封的液体来润滑）。

④ 应使用含固体添加剂的润滑脂，如二硫化钼、硫化锌。

2．手工安装 O 型橡胶密封圈

① 使用无锐边工具。

② 保证 O 型橡胶密封圈不扭曲，不要过量拉伸 O 型橡胶密封圈。

③ 尽量使用辅助工具安装 O 型橡胶密封圈。

④ 对于用密封条黏结成的 O 型橡胶密封圈，不得在连接处拉伸。

⑤ 用手将 O 型橡胶密封圈变成腰形状通过孔口及孔放入沟槽内，一定要摆正，不能扭转，不能歪斜，不能硬性敲入，将 O 型橡胶密封圈恢复原状，再逐渐完全、均匀地挤压而入。

⑥ 将 O 型橡胶密封圈取出须自制一个专用工具，例如用 1mm 钢丝经磨削加工后制作一个小钩，将小钩平行于沟槽，贴沟槽使用微力即可探入槽底，将小钩旋转 90°包住密封圈，然后向上、向内略用力即可挖（撬）取而出。

其示意图如图 3-68 所示。

3．其他安装（螺钉、花键等）

① 当 O 型橡胶密封圈拉伸后，要通过螺钉、花键、键槽等时，必须安装芯轴（套）。该芯轴（套）可用较软或光滑的金属或塑料制成，不得有毛刺或锐边。

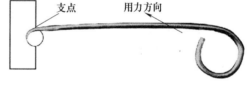

图 3-68　密封圈取出示意图

② 安装压紧螺钉时，应对称旋紧螺钉，不得按顺（或逆）时针依次旋紧。

其他类型密封圈装配技术要求可查阅相关手册或书籍，这里不再赘述。

做一做

用专用工具，对 O 型橡胶密封圈进行装拆训练。

3.5.4　卡簧的装配

卡簧（又称挡圈）是安装于轴孔内或轴上，用作固定零部件的轴向运动，内卡簧的外径比装配内孔直径稍大。安装时，须将卡簧钳钳嘴插入卡簧的耳孔中，夹紧卡簧，才能将其放入预先加工好的圆孔内槽中。卡簧主要起到轴向固定的作用，其中圆锥面加挡圈固定有较高的定心度。内外卡簧有不同的安装方法，轴用弹性卡簧与孔用弹性卡簧安装的不同之处介绍如下。

（1）使用工具不同

分别用外卡簧钳（轴用）和内卡簧钳（孔用），主要区别在于：内卡簧钳是拆装孔用弹簧卡簧用的，手柄握紧时，钳口是闭合的，如图 3-69a 所示。外卡簧钳是拆装轴用弹簧卡簧的专用工具，轴用卡簧钳的手柄握紧时钳口是张开的，如图 3-69b 所示。

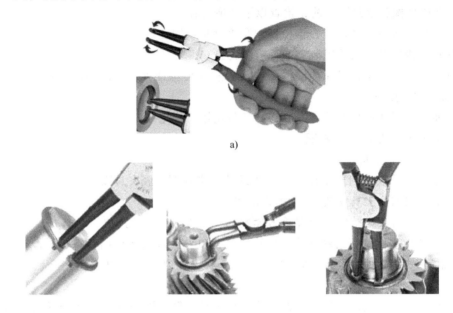

a)

b)

图 3-69　安装内外卡簧示意图

a）安装内卡簧示意图　b）安装外卡簧示意图

（2）特点不同

① 插卡簧钳的两个小孔的位置及尺寸不一样。

② 外形不同，受力不同。轴用弹性卡簧的两个小孔在卡簧外，要向外撑开放入工件，孔用弹性卡簧的则相反。

③ 轴用的弹性卡簧安装在轴上，常用来挡轴承内圈；孔用的弹性卡簧固定在内孔里，挡住轴承外圈防止窜动。

（3）注意事项

① 在使用卡簧钳的时候，不要超出使用范围，因为超出使用范围或使用方法不正确就会被损坏。

② 卡簧钳是一种非绝缘工具，在使用的过程中禁止带电作业。

③ 千万不要使用卡簧钳敲击其他的物品，以免被损坏。

④ 在不用卡簧钳的时候，一定要放在阴凉干燥的地方，经常加注润滑油，防止出现生锈的现象。

✎ 做一做

　　用内（外）卡簧钳进行内（外）卡簧装拆，注意卡簧钳规格与卡簧耳洞尺寸相配套，手腕用力要适当。

3.5.5　键（销）连接的装配

1. 平键连接装配步骤及注意事项

① 清理平键和键槽各表面上的污物和毛刺。

② 锉配平键两端的圆弧面，保证键与键槽的配合要求。一般在长度方向允许有 0.1mm 间隙，高度方向允许键顶面与其配合面有 0.3~0.5mm 的间隙。

③ 清洗键槽和平键并加注润滑油，用平口钳将键压入键槽内，使键与键槽底面贴合。也可以垫铜皮用锤子将键敲入键槽内，或直接用铜棒将键敲入键槽内。

④ 试配并安装套件（如齿轮、带轮等），装配后要求套件在轴上不得有摆动现象。

另外，间隙配合的平键（或花键）装配后，相对运动的零件沿着轴向移动时，不得有松紧不均现象。

2. 销连接装配步骤及注意事项

销在机械设备中除起连接作用外，还可起定位和保险作用。销是一种标准件，种类繁多，但应用较广的有圆柱销、圆锥销和开口销。

① 圆柱销的装配。圆柱销全靠配合时的过盈固定在孔中，一旦经拆卸而失去过盈，就必须换掉。装配时，先将两个被连接的零件一起钻孔和铰孔，严格控制配合精度；然后选择合适的销涂上润滑油，用铜棒垫好，轻轻敲入孔内。

② 圆锥销的装配。圆锥销大部分是定位销，其本身有 1∶50 的锥度，比圆柱销连接更加牢固可靠。拆卸方便，可在一个孔内装拆多次，不会影响装配质量。装配时，将两工件相互定位后进行钻孔，再用铰刀铰削。铰好孔后，如能以手指将圆锥销塞入孔内 80%~85%，则能得到正常的过盈，圆锥销装入孔内的深度一般也较适当。

有时，为了便于取出销，可采用带螺纹的圆锥销。拧紧螺母，即可将带螺纹的圆锥销拔出。

③ 开口销的装配。开口销由扁圆的钢条对合而成，属于圆柱销的一种。它的两腿长短不同，以便于分开。如果螺母拧紧后须进行止动，则可将开口销插进螺栓顶部预先开好的孔内，将两腿扳开即可；如果螺母、螺栓均有孔或槽，则必须旋正对准后方可装开口销。

做一做

试进行普通平键的下料、锉配，达到配合要求。

3.5.6　同步带的装配

同步带装配需根据机构的结构和要求来确定装配方法。如果无张紧机构的，两轮（有挡圈）拆下，套上同步带一起安装；如果有张紧机构，则按结构和要求装配后调节张紧机构，控制同步带的松紧达到规定要求。图 3-70 所示为六轴机器人前臂内同步带结构示意图。

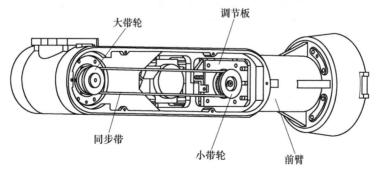

图 3-70　六轴机器人前臂内同步带结构示意图

同步带装配步骤及注意事项介绍如下。

（1）作业前

① 检查传动装置部件，如轴承和轴套的对称情况、耐用性及润滑情况等。

② 检查带轮是否成直线对称。带轮成直线对称对于传动带特别是同步带传动装置的运转是至关重要的。

③ 清洁传动带及带轮，应将抹布蘸少许不易挥发的液体擦拭，在清洁剂中浸泡或者使用清洁剂刷洗传动带均是不可取的。为去除油污及污垢，用砂纸或尖锐的物体刮也是不可取的。传动带在安装使用前必须保持干燥。

④ 按图样要求选择合适的传动带。

（2）作业中

① 安装大小带轮。

② 在带轮上安装传动带。严禁将传动带强行过度弯曲或折断，避免强力层损伤，失去使用价值。不要用力撬动皮带。

③ 用螺钉调节移动板，如图 3-71 所示，控制传动中心距，直至张力测量仪器测出传动带张力适当为止。用手转数圈主动轮，重测张力。

④ 拧紧装配螺栓，纠正扭矩。由于传动装置在运动时中心距的任何变化都会导致传动带性能不良，故一定要确保所有传动装置部件均已拧紧。

⑤ 起动装置并观察传动带性能，察看是否有异常振动，细听是否有异常噪声。

⑥ 关闭电源，检查轴承及电动机的状况：若是触摸感觉过热，可能是传动带太紧，或者轴承不对称，或者润滑不正确，请及时调整处理。

图 3-71　调整同步带移动板

⑦ 确定合格后，交检验。

（3）作业后

整理作业现场，工量具保养后进行归类摆放，并清扫场地。

做一做

1）检查实训车间机器人中同步带的使用情况，按同步带的磨损情况进行维护或更换。

2）查阅相关资料和手册，对带传动的装配要求进行学习和巩固。

小结

本节主要介绍了装配作业中常见的螺纹连接装配、轴承装配等常用零部件的装配要求及装配注意事项。通过学习训练，掌握工业机器人装配技术基础知识。

思考题

1. 简述螺纹连接的装配技术要求。

2. 螺纹连接为什么要进行预紧？

3. 螺纹的机械防松有哪些类型？是如何进行防松的？

4. 简述螺纹防松胶的使用方法。

5. 成组螺栓（钉）装配拧紧时有哪些要求？

6. 简述轴承常用的装配方法及注意事项。

7. 轴承拆卸应注意哪些方面？

8. 轴承有哪些清洗方法？

9. 如何手动装卸 O 型橡胶密封圈？

10. 卡簧钳使用时应注意哪些方面？

11. 平键连接的装配步骤和注意事项有哪些？

12. 销连接装配的注意事项有哪些？

13. 同步带装配的注意事项有哪些？

3.6　装配过程改善及标准化作业

装配过程中会出现各种影响作业质量和效率的事情，因此，要了解产生的原因及改善的措施，按标准化作业进行装配，以提高装配质量与效率。

3.6.1　优化装配流程

1. 识别装配过程中的七大浪费

在装配作业过程中，存在很多浪费现象，这些现象需要进行规避和消除。常见的浪费现象有七类，如图 3-72 所示，称为七大浪费现象。

（1）装配过多浪费

装配过多浪费指装配的组件、部件或者装配单元太多或者太早，超出客户当前的需求量。装配过多（早）会造成以下两种后果：

① 直接财务问题。表现为库存、在制品增加和资金回转率低；装配周期变长，占用资金和利息；造成库存空间的浪费。

② 会引发其他问题。会产生搬运、堆积的浪费，掩盖因为等待所造成的浪费，导致产品积压，让现场工作空间变小。

解决这种浪费的办法是合理规划装配工序，实现各工序生产能力的平衡。

（2）库存浪费

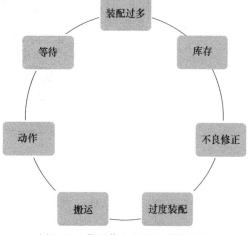

图 3-72　装配作业的七大浪费现象

库存是装配过程中停滞物料的总称，可以分为原物料、在制品、成品三大类。库存浪费会造成两类损失：

① 表面损失。产生不必要的搬运、堆积、放置、找寻、防护处理等浪费动作；占用过

135

多仓库场地及场地建设的浪费；产生保管费用。

② 潜在损失。占用流动资金，降低资金周转率；需要额外承担资金利息；在库物品有劣化的风险。

解决这种浪费的办法是先强制性降低库存，不大批量装配、不大批量搬运、不大批量采购，逐步消灭增加库存的问题。

（3）不良修正浪费

不良修正浪费指在生产过程中，在处理因来料或者装配不合格造成的各种损失时导致的时间、人力和物力的浪费。不良修正会造成三类损失：

① 产品报废的损失。报废的产品不仅浪费了材料，还包含了生产过程中付出的原材料、人工、制造费用及管理费用。

② 挑选、检查、维修的损失。产品不合格，在报废之前，需要进行处理、挑选、检查、维修，把部分不合格品转化为合格品，这个过程中的全部付出都是浪费。

③ 信誉的影响。不合格品会造成交货延迟，有时会产生去客户处换货和维修的浪费；如果不合格品被客户使用，导致下游产品出现质量问题，问题就更严重了。这些都会导致订单的减少、取消或者流失。

解决这种浪费办法是先消除设计端的隐患，通过标准化管理、生产防错、全员质量管理和全员生产维护，减少不良修正的浪费。图 3-73 所示为防错板，装配中使用防错板可减少漏装和错装事故的发生。

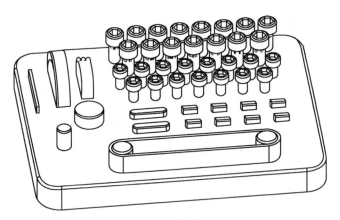

图 3-73　防错板

（4）过度装配浪费

过度装配浪费是指在品质、规格及装配过程中的投入主动超过客户需求，从而造成资源浪费的情况。过度装配分为三种情况：

① 过度品质。客户需求超过规格的精确的品质所带来的浪费。

② 过度加工。即多余的加工，不但会浪费材料，而且会浪费设备、人力和时间等。

③ 过度检验。即在企业内部自行添加的不必要的检验工序所造成的浪费。

解决这种浪费的办法是充分理解客户需求，精益生产，提高企业的制造能力，不过度生产产品。

（5）搬运浪费

生产过程中，物品在相距较远的两点间搬运，会造成资源在物品搬运、放置、堆积、移动和整理等方面的浪费，称为搬运浪费。搬运浪费会造成两类损失：

① 直接损失。浪费了搬运需要的人力；搬运导致的运输、堆叠、整理都需要工具设备及额外的设施空间，这些增加了企业成本；搬运过程中存在物品损坏、磕碰及丢失的情况。

② 潜在损失。降低了物流速度，生产效率下降，间接增加了库存，过多的搬运导致盘点出错。

解决这种浪费的办法是工序布局连续紧凑，合理选择搬运方式和工具。

（6）动作浪费

动作浪费是指装配作业中人体动作不科学、欠合理而产生的时间、功效等方面的浪费。动作浪费主要有 11 种：

① 作业中出现两手同时空闲而产生的时间浪费现象。

② 作业中出现左手或右手空闲的时间浪费现象。

③ 作业中因操作者作业顺序不合理产生的工作停顿现象。

④ 作业中操作者因动作不科学而超出"经济动作"范围的现象。

⑤ 作业中因操作者作业动作不科学而产生左右手出现经常性交换作业的现象。

⑥ 作业中操作者在工作现场过多行走且两手空空的现象。

⑦ 作业中操作者出现转身动作过大等不合理的现象。

⑧ 作业中装配零件流程设计不科学而导致取用中需变换方向等现象。

⑨ 作业中操作者因零件等摆放位置过高而经常性伸背的现象。

⑩ 作业中操作者因零件摆放过低或作业位置过低而经常弯腰的现象。

⑪ 作业中操作者经常有重复及不必要的分次作业等现象。

解决这种浪费的办法是根据动作经济原则，运用动作分析的办法，把完成某一工序的动作分解为最小的分析单位，对装配作业进行定性分析，从而找出最合理的动作，避免出现无效动作，从而缩短作业时间。动作经济原则共有三大类 22 项，具体可查阅相关资料。作业中的动作是否科学合理，可参考表 3-8 来进行检查。

表 3-8　作业中动作科学合理检查

改善内容	检查内容	结论（是/否）
去掉多余动作	作业中是否可以减少寻找或挑选零件的动作	
	作业中是否有可去掉的动作	
	作业中是否有可以去掉的双手换物的操作	
减少眼的动作	作业中是否能用耳听来代替眼看的动作	
	作业中是否可用信灯号来指示	
	作业中是否将装配所用零件、工具等放在操作者视线范围内	
	作业中是否可以通过颜色来标识物品	
	作业中是否能使用透明的箱子或盒子	
合并作业	作业中是否利用工作中的移动来完成作业动作	
	作业中是否利用工作中的移动来检查零件	

工业机器人机械装配与调试

（续）

改善内容	检查内容	结论 （是/否）
改善作业场所	作业中是否可将工、量、具、物等科学地放置在操作者的正前方并且定位	
	作业中是否可将工、量、具、物按作业需求顺序摆放	
工具和机器 的改善	作业中选择的零件盒是否方便取出零件	
	作业中是否考虑过工具的改良以达到多用的目的	
	作业中是否考虑用按钮来替代操纵杆或手把，以方便设备操作	
如果结论为是，则需进一步考虑用何种方式进行改进；如果结论为否，则维持现状		

（7）等待浪费

等待浪费指人或设备处于等待状态造成的资源浪费，包含临时性闲置、停止和无事可做等。等待浪费有三类：

① 来料不及时造成的等待。当上游工序无料可供时，下游工序只能陷入等待状态。

② 生产不平衡造成局部等待。当下游工序的产能小于上游工序的产能时，会在下游工序前出现在制品，同时上游工序需要停下来等待。

③ 生产计划不合理、产品切换、设备故障等原因导致的等待。

解决这种浪费的方法是平衡各工序的产能，用标准化管理来减少意外情况的发生，从而降低等待的浪费。

做一做

1）根据所学的知识，观察自己或同伴的装配作业过程，对不符合动作经济原则的则用文字或图片记录下来，进行对比并改进，得出科学的结论。

2）以小组合作方式，检查实训（生产）过程中的浪费现象，提出改进措施。

3.6.2 装配流程标准化

标准作业是以人的动作为中心，按照没有浪费的工作顺序，进行高效生产的方法。遵守标准作业能保证安全和质量，也能决定产量、成本和时机。

通过明确制造方法，保证任何人进行生产操作都能够具有同样的质量、数量、交货期、成本和生产安全。如果每个人都按照各自不同的方式随意进行生产，就无法保证质量、数量和生产安全。同样，没有标准作业，管理监督人员就无法尽责地发挥作用。

作业标准、装配节拍、作业顺序等内容共同组成了标准作业。

1. 作业标准

作业标准是为了毫无浪费地达成作业目的而将各种作业条件、作业方法及与作业相关的管理方法或条件加以具体化形成的内容。作业标准是确定标准作业的前提，要实施标准作业必须首先确定作业标准。

作业标准包含质量标准、安全标准、环境标准、技术标准和流程标准等。

2. 装配节拍

装配节拍为生产一台或一件产品应该使用的时间，它决定了装配的速度。

装配节拍＝每天工作时间/每天客户需求数量

只有按照节拍生产，才能确保生产的平衡，才有可能达到浪费的最小化。

3. 作业顺序

作业顺序是装配工能够以最高的效率装配出合格产品的顺序，它是实现高效率生产的重要保证。

在编制标准作业顺序时，要设法避免产生浪费、不均等现象，必须把握现状，详细区分，例如手的作业、脚的移动、工作方式等，都应该正确无误，并经常加以修正改善。

以小组合作形式，对实训现场提出标准化作业改进方案。

3.6.3 编写作业指导书

1. 作业指导书的作用

装配作业指导书是为保证装配生产作业过程质量而制订的程序性文件。作业指导书是以文件的形式描述作业人员在生产作业过程中的操作步骤和应遵守的事项，指导作业人员完成作业，是检验人员用于指导工作的依据，英文为 Standard Operation Procedure，简称 SOP。其作用如下：

① 将企业积累下来的技术、经验记录在标准文件中，以免因技术人员的流动而使技术流失。

② 使操作人员经过短期培训，快速掌握较为先进合理的操作技术。

③ 根据作业标准，易于追查不良品产生的原因。

④ 树立良好的生产形象，取得客户信赖与满意。

⑤ 实现生产管理规范化，生产流程条理化、标准化，形象化和简单化。

⑥ 是企业最基本、最有效的管理工具和技术资料。

直线导轨装配作业卡见表3-9。

2. 作业指导书编写六要素

作业指导书必须明确生产过程中绝不接受不良品，绝不生产不良品，绝不传递不良品。

① 物料名称及数量。明确工位所需的物料品种、数量、检验方法及放置的位置。对照无误后才可以进行生产。

② 工装夹具。明确工装夹具的名称、型号、规格、放置的位置及校准的方法。员工上班前应先进行工装夹具的校正，确定能够正常使用。

③ 设备名称及参数。明确设备的名称和设定的参数值。设备参数需要和 SOP 上一致。

④ 作业步骤。操作步骤的编写是 SOP 内容中的重点，必须简洁、明了，让人一看就懂，SOP 需要达到的效果是新人一来就可以独立操作且产品质量合格，这也是 SOP 的最高境界。

⑤ 人员配置。SOP 中各工位须确定人员，这样可以避免每天上班班组长对人员进行分配。这样每天上线前员工知道自己要做什么准备，并且可以让他们更熟练本工位工作。工位定员既可以节约时间，又可以保证质量。

⑥ 安全因素。任何操作都有可能导致产品的质量问题，所以在 SOP 中必须包含操作的注意事项、检查项目和一些人员安全须知。

表 3-9　直线导轨装配作业卡

标准作业程序			文件编号	编制日期	页数	版本
					1	00
适用产品	工序名称	工序排号	标准工时	标准产能	作业类型	人力配置
各种类型机电设备产品	安装直线导轨				装配	1
	No.	物料编号	物料名称	物料规格	数量	
	1		直线导轨			
	2		滑台			
	操作说明和技术要求					

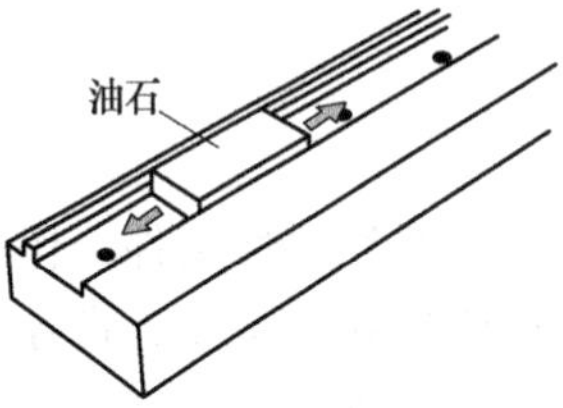

图 1

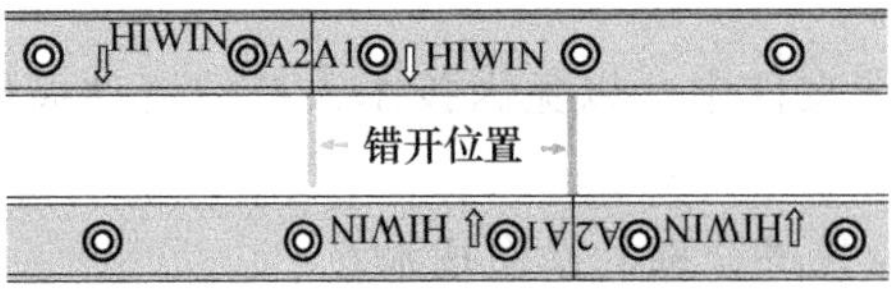

图 2

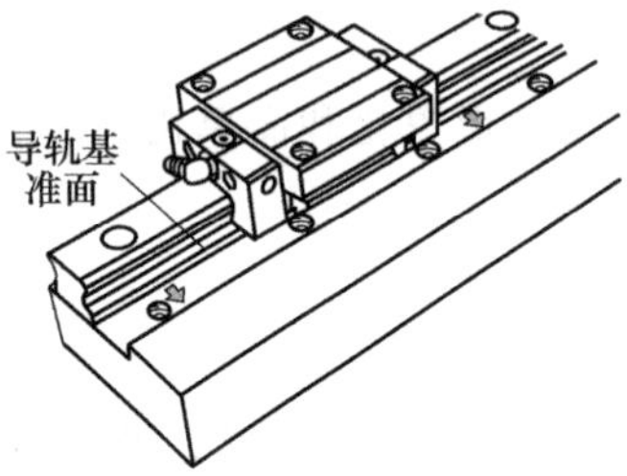

图 3

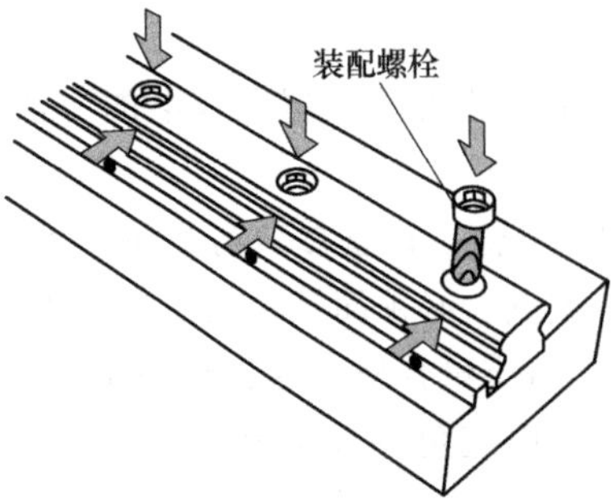

图 4

		操作说明和技术要求	
检查上一个工序	a	不得有毛刺、飞边、氧化皮、锈蚀、切屑、砂粒、灰尘、油污等	
	b	相对运动的零件,接触面间加润滑油或润滑脂	
本工序作业	1	直线导轨的基准边为箭头指向的边,若没有箭头标记则两侧都可以作为基准边	见图1
	2	配对的导轨接头位置需要错开	见图2
	3	清除零件安装面杂质污物。将导轨平稳放在零件上,导轨基准侧贴紧零件安装面	见图3
	4	确认孔距是否准确,并将导轨底部的安装面固定在零件安装面上	见图4 手动将螺栓略拧紧即可

（续）

标准作业程序	文件编号	编制日期	页数	版本
			2	00

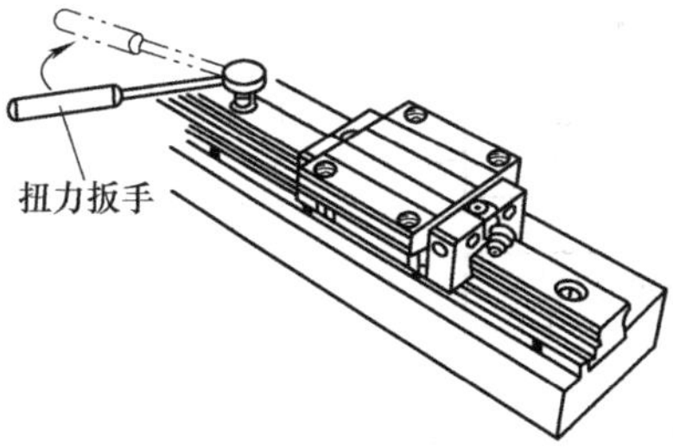

本工序作业	5	使用扭力扳手将螺栓按指定的拧紧力矩依次锁紧；可分步到位，也可一步到位	见图5	
	6	锁紧滑块的固定螺栓，请严格按照对角线的顺序平衡执行	见图6	
	7	第1步：按顺序把螺栓略拧紧； 第2步：可逐步锁紧螺栓，也可一步到位锁紧	见图6	
	8	若有支架连接2个或多个滑块实现联动，锁紧螺栓顺序通过实验验证后再确定	见图6	
自检	A	各零部件装配后相对位置应准确		
	B	装配时不允许踩机操作，特殊部位应采取防护罩盖住被踩部位，非金属等强度较低部位严禁踩踏		
	C	螺栓拧紧力矩（查阅相关标准）		

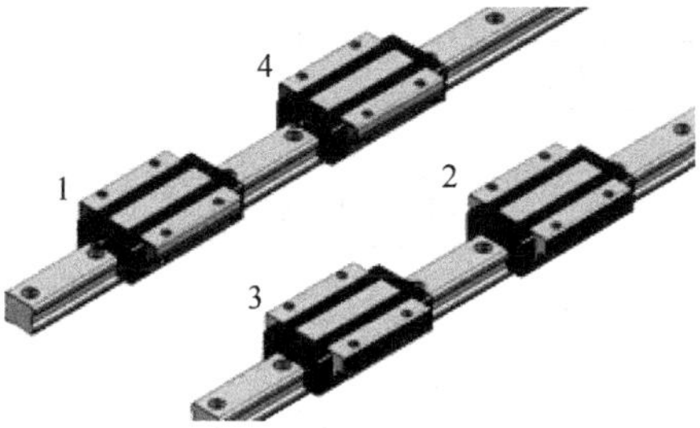

图5

图6

设备及工具

设备/工具名称	型号	设定条件	注意事项		
			I	必须按照设计、工艺要求及本规定和有关标准进行装配	
扭力扳手			II	所有零部件（包括外购外协件）必须经检验合格后，再进行装配	
			III	装配过程中零件不得磕碰、划伤和锈蚀	
内六角扳手			负责者	制订者	审定者	批准者	使用部门及责任人
油石			工程部				生产部
无纺布							

3. 标准作业指导书的编写流程

① 编写、执行和更新流程图。图 3-74 所示为 SOP 编写流程图。

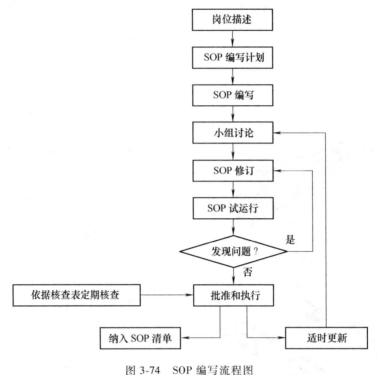

图 3-74　SOP 编写流程图

② 编写计划书。明确编号、工序名称、编写人、初稿完成时间、小组讨论时间及最终的定稿时间。

③ SOP 编写。要求编写人员是操作好、有经验且有一定写作基础的一线员工。首先通过沟通，打消编写人员的顾虑，然后通过培训使他们具备编写 SOP 的能力，编写过程中给予时间和相关资料的支持。编写小组要有团队精神。

④ 讨论修订。统一认识，达成共识，讨论会参与人员包括操作员、设备员（维修人员）、工艺员、体系管理员、编写组负责人及 1~2 名与本岗位无关的人员，讨论会要做到互相挑战，各抒己见，必要时可进行现场确认。

⑤ 试运行。通过实践来检验 SOP 的合理性和可操作性。

⑥ 定稿、批准和执行。建立与 SOP 相应的核查表（工段长、工艺工程师两级核查），定期核查。

⑦ 适时更新。当工艺要求、设备状况等发生改变，一些操作方法改进时，要对 SOP 进行评审和更新。需要定期回顾 SOP，确定回顾时间及参加人员，并将回顾结果纳入更新内容，最后将更新后发布的 SOP 列入 SOP 清单。

做一做

　　以小组为单位，编写一份工业机器人第 N 轴的装配作业指导书。

小结

本节介绍了装配流程改善的主要内容，分析了影响装配作业质量和效率的因素，提出了改善的方法；提出了标准作业流程的概念，并通过直线导轨的装配作业指导书这一案例，简单介绍了编写装配作业指导书的六个要素，以及编写流程。为后续完成编制装配作业指导书打下基础。

思考题

1. 简述装配作业的七大浪费。
2. 完成动作经济检查表，对自己的作业进行核查并提出改进的措施。
3. 什么是作业标准？
4. 什么是作业节拍？
5. 编制一份装配作业指导书。

第4章

典型工业机器人装配任务

本章主要描述典型工业机器人装配中的部件装配，如常见的同步带传动、齿轮传动、伺服电动机、谐波减速器、RV减速器、直线导轨等部件的装配，对其中的结构、作用、特点和装配工艺过程以及装配方法进行介绍。本章还详细介绍了桁架机器人和典型六轴工业机器人本体总装工艺过程，为学习工业机器人的构造和运动打下了基础。

4.1 工业机器人典型零部件的装配

工业机器人除了本体装配，由于功能的需要会涉及许多功能性部件的装配，以使工业机器人能满足生产和工作的需求。因此，在工业机器人总装配前，需要学习和了解相关典型零部件的装配知识，掌握这些功能性部件的结构和用途，熟悉装配连接时的注意事项，以使后续的工业机器人总装配能顺利完成。

4.1.1 伺服电动机的装配

1. 伺服电动机及作用

伺服电动机是指在伺服系统中控制机械元件运转的电动机，它是一种辅助电动机间接变速装置，可以将电压信号转化为转矩和转速以驱动控制对象，电动机转子转速受输入信号控制，不仅反应速度快，而且可使控制的速度和位置精度非常准确。伺服电动机一般应用在数控机床、工业机器人等自动化程度较高的设备中，伺服电动机的外观如图4-1所示。

图 4-1　伺服电动机外观

2. 伺服电动机在工业机器人中的应用

在工业机器人中，伺服电动机主要用于驱动机器人关节运动，其运动方式主要有两种：

一是通过电动机轴直接带动减速器工作，此时，电动机轴的旋转中心与机器人关节的旋转中心同轴，如图4-2中J1~J4所示。

J1电动机轴的旋转中心与机器人腰部旋转座的旋转中心同轴，J2电动机轴的旋转中心与大臂的旋转中心同轴，J3电动机轴的旋转中心与前臂旋转壳体的旋转中心同轴，J4电动机轴的旋转中心与前臂的旋转中心同轴。

二是通过带传动等其他形式间接带动减速器工作。此时，因功能结构设计等原因，机器人关节的旋转中心与电动机轴不同轴，需要通过其他传动形式将运动传递到关节。图4-3所示为机器人的J5轴和J6轴，其中J5轴通过带传动控制手腕壳体的旋转，J6轴通过带传动和一对伞齿轮传动控制终端法兰的旋转。

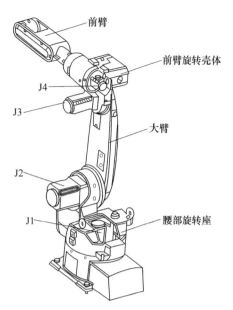

图4-2　J1、J2、J3、J4电动机轴旋转中心与机器人关节旋转中心同轴

3. 伺服电动机的装配技术要求及注意事项

（1）装配技术要求

① 电动机的旋转方向应符合要求，声音正常。

② 电动机的振动应符合规范要求（空载时测得的振动幅度有效值应不大于2.8mm/s）。

③ 电动机不应有过热现象。

（2）装配注意事项

安装伺服电动机应注意以下事项：

① 请勿在有腐蚀性气体、易潮、易燃和易爆的环境中使用伺服电动机，以免引发火灾。

② 请勿损伤电缆或对其施加过度压力、放置重物和挤压，否则可能导致触电、损坏电动机的情况。

③ 不要将手放入驱动器内部，以免灼伤手及导致触电事故。

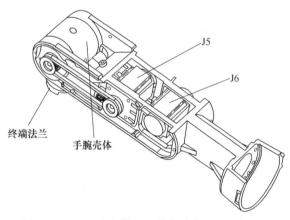

图4-3　J5、J6电机轴通过带传动带动减速器工作

④ 不要在伺服电动机运行过程中，用手触摸电动机旋转部位，以免烫伤手。

⑤ 切断电源，确认无触电危险之后，方可进行电动机的移动、配线、检查等操作。

⑥ 请将电动机固定，并进行试运转，之后再连接机械系统，以免人员受伤。

4. 伺服电动机的安装工艺过程及安装方法

（1）作业前

按作业要求准备伺服电动机装配用的物料及工具，物料及工具清单见表4-1。物料和工具须按作业要求的位置放置，防止混料、错用。

表 4-1 物料及工具清单

序号	名称	实物图	数量	序号	名称	实物图	数量
1	内六角圆柱头螺钉		4 个	4	周转箱		1 个
2	螺纹防松胶和密封胶		各 1 支	5	清洁抹布		若干
3	内六角扳手（或梅花 L 型套装扳手）		1 套	6	密封圈		1 个（117×2.5）

（2）作业中

按作业要求检查工艺文件是否完整（装配工艺卡、作业方案和作业计划）。伺服电动机装配流程见表 4-2。

表 4-2 伺服电动机装配流程

序号	装配内容	装配示意图	装配要求	工具或物料
1	去锐边、检查螺栓孔和密封槽等	略	无隆起、毛边或异物嵌入	油石等
2	清洁安装平面	略	各安装平面不能有异物、油渍等	油石、清洁抹布
3	将电动机密封圈装入机架安装平面上的密封圈槽内	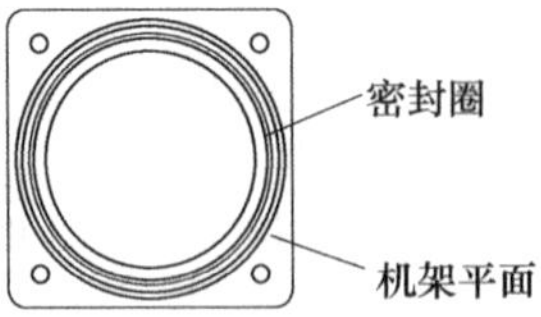 密封圈 机架平面	密封圈完全嵌入密封槽内，且不能扭曲	密封圈
4	在伺服电动机的安装平面上涂抹密封胶	 涂抹密封胶	均匀涂抹	密封胶

（续）

序号	装配内容	装配示意图	装配要求	工具或物料
5	将伺服电动机的安装平面贴紧机架安装平面	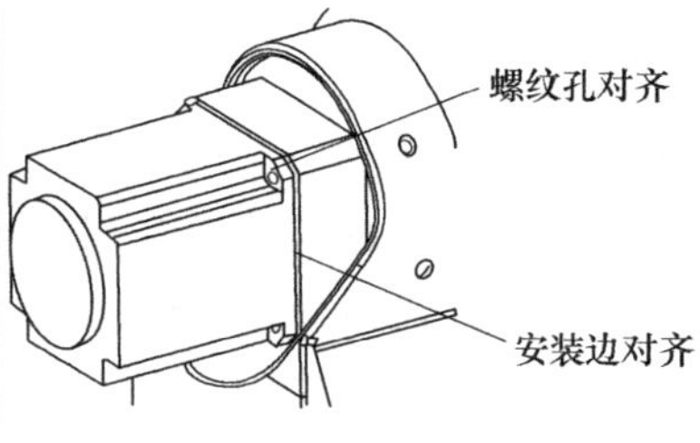 螺纹孔对齐 安装边对齐	安装平面要贴紧,中间不留空隙,安装边要对齐,螺纹孔要对齐	略
6	拧入一半螺纹时对两安装平面进行预紧	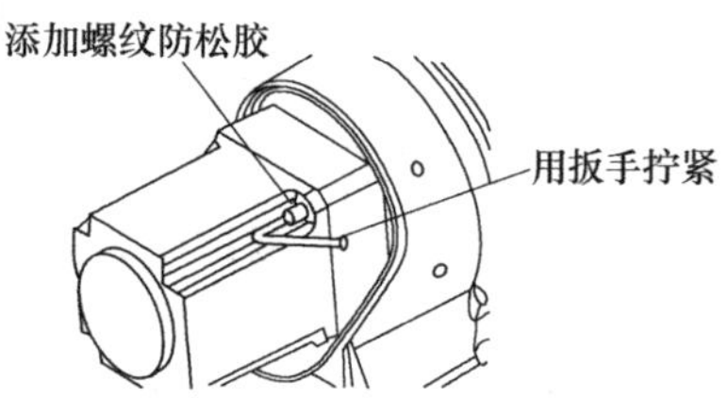 添加螺纹防松胶 用扳手拧紧	拧入螺栓时不能发生歪斜	螺栓、内六角扳手、螺纹防松胶
7	给露在外面的半截螺栓添加螺纹防松胶		螺纹防松胶要加够	
8	用内六角扳手拧紧螺栓		拧紧力要合适,不能用力扳	
9	检验	图略(同轴度、回转精度符合要求)	按技术要求,灵活转动无阻滞	

小提示

1）在安装/拆卸耦合部件到伺服电动机轴端时，不要用锤子直接敲打轴端，否则伺服电动机轴另一端的编码器会被敲坏。

2）对齐轴端到最佳状态，否则将会导致振动或损坏轴承。

3）上密封圈时，严禁强力拉扯及划伤密封圈。

（3）作业后

按要求进行物品检查，整理工具，清理作业场地。

做一做

1）按要求检查装配位置是否正确，装配情况是否牢固。

2）检查安装平面四周有无密封胶溢出，检查螺栓部位有无螺纹防松胶溢出，若有要清理干净。

4.1.2 谐波减速器的装配

谐波减速器是应用于机器人领域的两种主要减速器之一，在关节型机器人中，谐波减速器通常放置在小臂、腕部或手部。

1. 谐波减速器的特点和应用

谐波减速器是利用行星齿轮传动原理发展起来的一种新型减速器。谐波齿轮传动（简称谐波传动）是依靠柔性零件产生弹性机械波来传递动力和运动的一种行星齿轮传动。谐波减速器外观如图4-4所示。

谐波减速器的优点主要有：

① 传动比大。单级谐波减速器传动比范围一般为 70～320，在某些特殊的装置中可达到 1000，多级谐波减速器传动比可达 30000 以上。它不仅可用于减速的场合，也可用于增速的场合。

图 4-4　谐波减速器外观

② 承载能力高。这是因为谐波减速器传动中同时啮合的齿数多，双波传动同时啮合的齿数可达总齿数的 30% 以上，而且柔轮采用了高强度材料，齿与齿之间是面接触。

③ 传动精度高。谐波减速器传动中同时啮合的齿数多，误差平均化，即多齿啮合对误差有相互抵消作用，故传动精度高。

④ 传动效率高、运动平稳。由于柔轮轮齿在传动过程中做均匀的径向移动，因此，即使输入速度很高，轮齿的相对滑移速度仍极低，所以，轮齿磨损小，效率高（达 69%～96%）。又由于啮入和啮出时，齿轮的两侧都参与工作，因而无冲击现象，运动平稳。

⑤ 结构简单、零件数少、安装方便。整个减速器仅有三个基本构件，且输入轴与输出轴同轴，所以结构简单，安装方便。

⑥ 体积小、重量轻。与一般减速器比较，输出力矩相同时，谐波减速器的体积可减小 2/3，质量可减轻 1/2。

⑦ 可向密闭空间传递运动。

谐波减速器在国内于 20 世纪六七十年代才开始研制，已有不少厂家专门生产，并形成系列化。它广泛应用于电子、航空航天和机器人等行业。

2. 谐波减速器的结构和原理

谐波减速器主要由刚轮、柔轮和波发生器组成，其结构如图 4-5 所示。刚轮是带有内齿圈的刚性齿轮，相当于行星系中的中心轮；柔轮是带有外齿圈的柔性齿轮，相当于行星齿轮；波发生器相当于行星架。

波发生器是一个杆状部件，两端装有滚动轴承构成滚轮，与柔轮的内壁相互压紧。柔轮为可产生较大弹性变形的薄壁齿轮，其内孔直径略小于波发生器的总长。波发生器是使柔轮产生可控弹性变形的构件。当波发生器装入柔轮后，迫使柔轮的剖面由原来的圆形变成椭圆形，其长轴两端附近的齿与刚轮的齿完全啮合，而短轴两端附近的齿则与刚轮完全脱开。圆周上其他区段的齿处于啮合和脱离的过渡状态。如图 4-6 所示，当波发生器沿图示方向连续转动时，柔轮的变形不断改变，使柔轮与刚轮的啮合状态也不断改变，由啮入、啮合、啮出、脱开、再啮入……周而复始地进行，从而实现柔轮相对刚轮沿波发生器相反方向的缓慢旋转。工作时，若固定刚轮，由电动机带动波发生器转动，柔轮作为从动轮，输出转动，带动负载运动；若固定柔轮，由电动机带动波发生器转动，刚轮作为从动

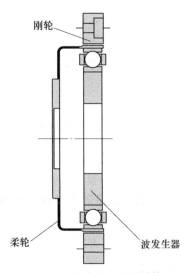

图 4-5　谐波减速器的结构

刚轮

柔轮　　　　波发生器

轮，输出转动，带动负载运动。

刚轮
波发生器
柔轮

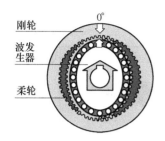
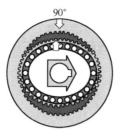
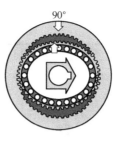
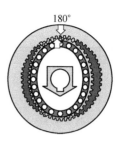

| 柔轮被波发生器弯曲成椭圆状。因此，在长轴部分刚轮和齿轮啮合，在短轴部分则完全与齿轮呈脱离状态 | 固定刚轮，使波发生器沿顺时针方向旋转后，柔轮发生弹性形变，与刚轮啮合的齿轮位置顺次移动 | 波发生器沿顺时针方向旋转90°后，柔轮仅向逆时针方向移动一齿 | 波发生器顺时针旋转180°后，由于比钢轮少2齿，因此柔轮向逆时针方向移动2齿。一般将该动作作为输出执行 |

图4-6　谐波减速器移动原理图

3. 谐波减速器的装配技术要求及注意事项

（1）装配技术要求

① 减速器与支座或与系统装置连接，均不低于T10基轴制动配合连接。同一种机型的减速器，零部件均能通用互换。

② 装配前请在平台上用0.02mm游标卡尺，按图纸要求测量接口尺寸。

③ 保持作业环境清洁，装配过程中不得有任何异物进入减速器内部，以免使用过程中造成减速器损坏。

④ 当配套的传动装置采用联轴器连接时，同轴度不得超过联轴器允许的范围。

⑤ 当使用V带轮进行传动时，V带安装不能过紧以免造成轴承损坏。

⑥ 当使用链轮进行传动时，链轮安装不能过松，否则在起动时会产生冲击。

⑦ 柔轮与刚轮啮合为180°对称，若装配不对称则会引起振动，损坏柔轮。

⑧ 装配后需先低速（100r/min）运行，以确定装配连接合格。如有异常振动或响声，及时关闭电源，以防止因安装不正确造成减速器损坏。

（2）装配注意事项

① 在减速器输入轴、输出轴上安装联轴器、齿轮、链轮、带轮等传动件时，不允许直接用铁锤敲击（可用木槌、橡皮槌、铜棒、铅块等轻轻打入），建议利用轴端螺栓通过压板压入。

② 减速器安装使用时，必须注入润滑油（润滑脂除外），油位高度以油标显示部位为准。在正常情况下润滑油可采用20#机油。

③ 涂抹密封胶时，不要涂抹到齿轮的啮合部位、波发生器的内置轴承和轴上，以防密封胶进入啮合轮齿或轴承中，这样容易损坏谐波减速器。

④ 在正常工作情况下减速器第一次工作500h后需更换新润滑油，以后可在工作3000~4000h更换一次。若工作在高温、多尘、有害气体及潮湿的恶劣条件下，则要适当缩短润滑油更换周期。

4. 谐波减速器的安装工艺过程及安装方法

（1）作业前

安装谐波减速器的物料及工具清单见表 4-3，将物料和工具按作业要求的位置放置，防止混料、错用。

表 4-3　物料及工具清单

序号	名称	实物图	数量	序号	名称	实物图	数量
1	M3 内六角圆柱头螺钉		12 个	4	气动扳手		1 台
2	螺纹防松胶和密封胶		各 1 支	5	润滑油		1 桶
3	内六角扳手（或梅花 L 型套装扳手）		各 1 套	6	周转箱		2 个
				7	清洁抹布		若干

（2）作业中

按作业要求检查工艺文件是否完整（装配工艺卡、作业方案和作业计划）。

1）谐波减速器组件的装配

以图 4-5 所示的谐波减速器为例，其装配流程见表 4-4。

表 4-4　谐波减速器装配流程

序号	装配内容	装配示意图	装配要求	工具或物料
1	检查各构件是否完好	略	1)各安装平面不能歪斜 2)各啮合部位不能有异物 3)螺栓孔部位不能有隆起、毛边或异物啮入	清洁抹布
2	在刚轮的轮齿上涂上润滑油防锈	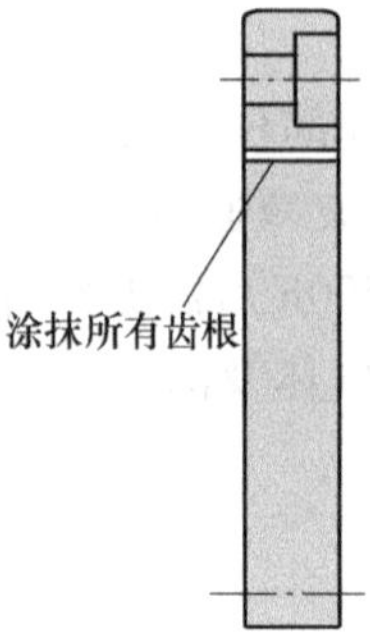 涂抹所有齿根	均匀涂抹，润滑充分，不得有杂物混入	润滑油

（续）

序号	装配内容	装配示意图	装配要求	工具或物料
3	在柔轮的轮齿和相应部位涂上润滑油防锈	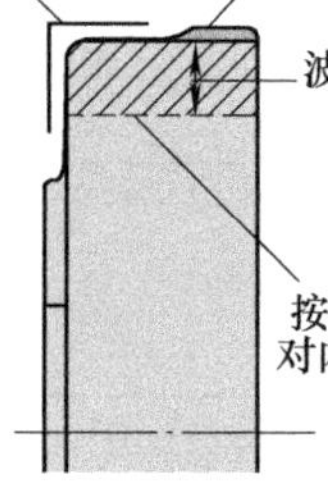 在外周涂抹薄薄的一层，防止生锈　涂抹所有齿根　波发生器轴承的直径厚度　按照涂抹量标准对内壁面进行填充	均匀涂抹，润滑充分，不得有杂物混入	润滑油
4	在波发生器上涂上润滑油防锈	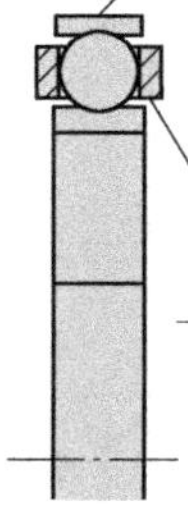 在外周涂抹薄薄的一层，便于安装　涂抹轴承部位时应一边旋转一边进行填充	均匀涂抹，润滑充分	润滑油
5	先将柔轮和刚轮组合	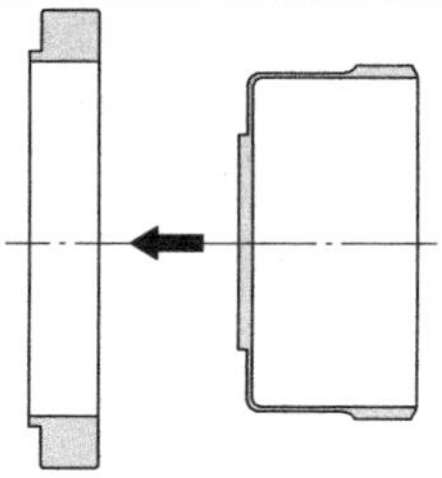	不能敲击柔轮开口部的轮齿，也不能用力按压，防止柔轮轮齿变形或齿面磨损	略
6	再将波发生器装入柔轮轮齿内侧	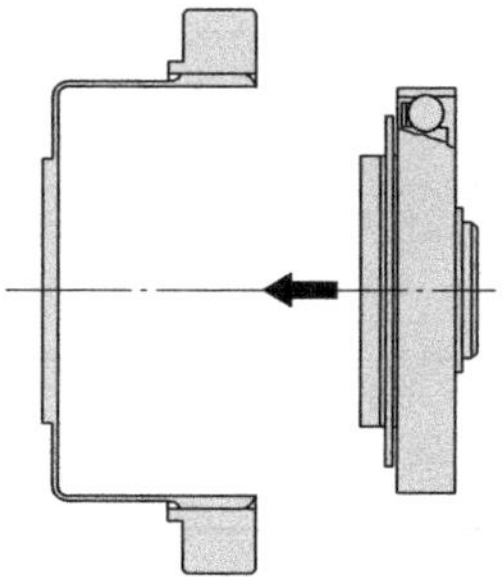	不能敲击波发生器轴承部位，防止轴承损坏	略
7	检验	图略	按技术要求，灵活转动无阻滞	

2）谐波减速器组件与机器人关节的装配

以新松 SR6/SR10 系列六轴机器人 J4 轴谐波减速器的装配为例，介绍谐波减速器组件与机器人关节的装配流程，具体步骤见表 4-5。

表 4-5　谐波减速器组件与机器人关节装配流程

序号	装配内容	装配示意图	装配要求	工具或物料
1	检查螺栓孔	略	无隆起、毛边或异物啮入	略
2	清洁安装平面	略	各安装平面不能有异物、油渍等	清洁抹布
3	给谐波减速器添加润滑油进行润滑	略	润滑充分	润滑油
4	在刚轮一侧安装面上均匀涂抹密封胶	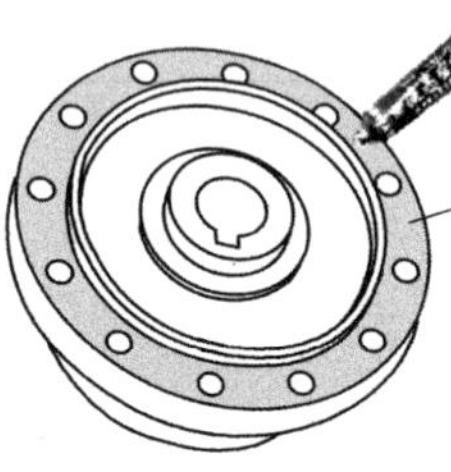 涂抹密封胶	均匀涂抹,注意不要让密封胶漫延到轮齿啮合部位	密封胶
5	将谐波减速器装到安装端面上	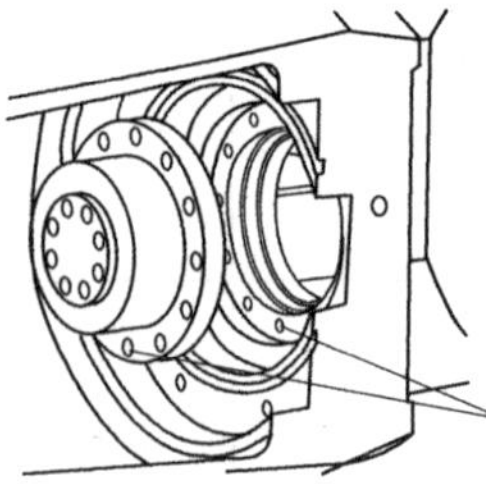 螺纹孔对齐	刚轮与安装平面要贴紧,中间不留空隙,对正所有连接螺纹孔	略
6	给连接螺栓涂上螺纹防松胶,然后经预紧、防松后拧紧螺栓	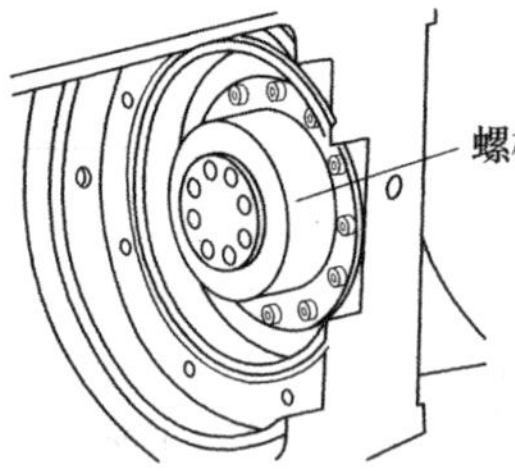 螺栓连接	不要一次性拧紧螺栓,要先预紧,再拧紧,拧紧螺栓时按对角线顺序依次拧紧	螺栓、螺纹防松胶、加长内六角扳手
7	检验	图略	按技术要求,灵活转动无阻滞	

（3）作业后

按要求进行物品检查，整理工具，清理作业场地。

做一做

1）装配完成后按要求检查装配位置是否正确，装配情况是否牢固。

2）检查安装平面四周有无密封胶溢出，若有用抹布擦除。

在装配时，严禁用强力敲打谐波减速器，避免损坏谐波减速器。

4.1.3 RV 减速器的装配

RV 减速器是应用于机器人领域的两种主要减速器之一。由于 RV 减速器具有更高的刚度和回转精度，在关节型机器人中一般将 RV 减速器放置在机座、大臂和肩部等负载重的位置。

1. RV 减速器的特点和应用

RV 减速器因具有体积小、重量轻、减速比大、传动平稳、精度稳定、效率高、寿命长等一系列优点，日益受到国内外的广泛关注，被广泛应用于工业机器人、机床、医疗检测设备和卫星接收系统等领域，如图 4-7 所示。

2. RV 减速器的结构和原理

图 4-8 是 RV 减速器的传动简图。它由渐开线圆柱齿轮行星减速机构和摆线针轮行星减速机构两部分组成。渐开线行星齿轮 2 与曲柄轴 3 连成一体，作为摆线针轮传动部分的输入。如果渐开线中心齿轮

图 4-7 RV 减速器

沿顺时针方向旋转，那么渐开线行星齿轮在公转的同时还沿逆时针方向自转，并通过曲柄轴带动摆线针轮做偏心运动。此时，摆线针轮在沿其轴线公转的同时，还沿顺时针方向自转，同时通过曲柄轴将摆线针轮的转动等速传给输出机构。

3. RV 减速器的装配技术要求及注意事项

（1）装配技术要求

① 安装时请不要对减速器输出部件、箱体施加压力，连接时请满足器械与减速器之间的同轴度与垂直度的相应要求。

② 减速器初始运行至 400h 时应重新更换润滑油，其后的换油周期约为 4000h。

③ 减速器箱体内应保留足够的润滑油量，并定期检查油质。

（2）装配注意事项

① 向减速器内添加润滑油时，应使润滑油占全部体积的 10% 左右，保证润滑充分。

② 注意保持减速器外观清洁，及时清除灰尘、污物以利于散热。

③ 装配时，严禁用强力敲打 RV 减速器，避免损坏 RV 减速器。

④ 涂抹密封胶时，量不能太多，以免密封胶流入减速器内部；量也不能太少，否则会造成密封不良。

4. RV 减速器的安装工艺过程及安装方法

以新松 SR6/SR10 系列六轴机器人 J2 轴 RV 减速器与关节（见图 4-9）的装配为例，介绍 RV 减速器组件与机器人关节的装配过程与装配方法。

（1）作业前

安装 RV 减速器的物料与工具准备清单见表 4-6。将物料和工具按作业要求的位置放置，防止混料、错用。

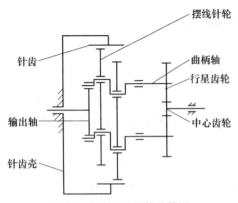

图 4-8　RV 减速器传动简图

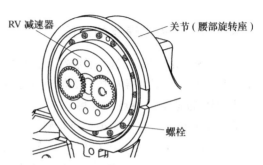

图 4-9　J2 轴 RV 减速器与机器人关节连接图

表 4-6　物料及工具清单

序号	名称	实物图	数量	序号	名称	实物图	数量
1	内六角圆柱头螺钉		16	4	气动扳手		1 台
2	内六角扳手（或梅花 L 型套装扳手）		1 套	5	润滑油		1 桶
3	螺纹防松胶和密封胶		各 1 支	6	周转箱		2 个
				7	清洁抹布		若干

（2）作业中

按作业要求检查工艺文件是否完整（装配工艺卡、作业方案和作业计划）。

RV 减速器组件与机器人关节的装配流程见表 4-7。

（3）作业后

按要求进行物品检查，整理工具，清理作业场地。

表 4-7 RV 减速器组件与机器人关节装配流程

序号	装配内容	装配示意图	装配要求	工具或物料
1	检查螺栓孔	略	无隆起、毛边或异物啮入	略
2	清洁安装平面	略	各安装平面不能有异物、油渍等	清洁抹布
3	给 RV 减速器添加润滑油进行润滑	略	润滑充分	润滑油
4	在 RV 减速器输入轴侧安装面上均匀涂抹密封胶	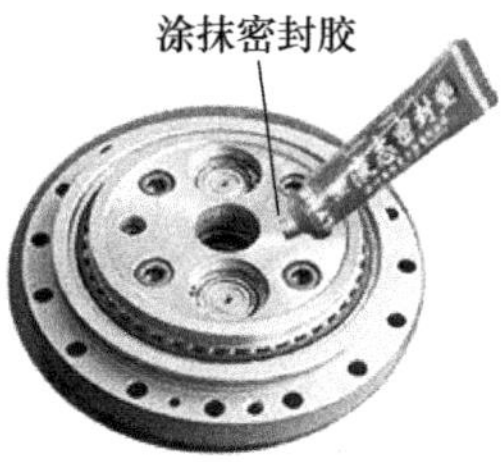 涂抹密封胶	均匀涂抹,注意不要让密封胶溢到轴孔中	密封胶
5	将 RV 减速器装到机体孔座中	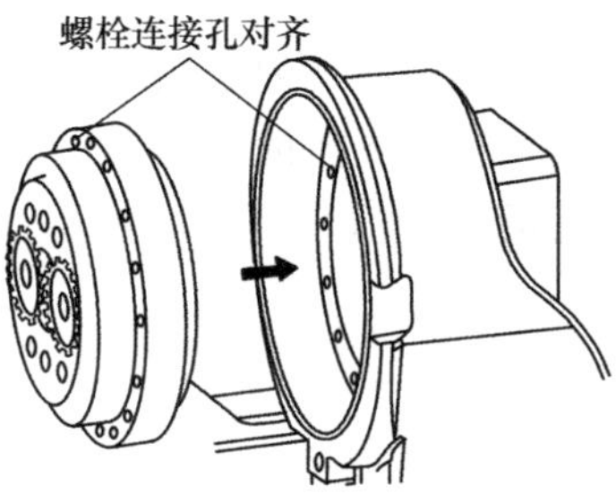 螺栓连接孔对齐	安装平面要贴紧,中间不留空隙,螺纹孔对齐	
6	给连接螺栓涂上螺纹防松胶,然后经预紧、防松后拧紧螺栓	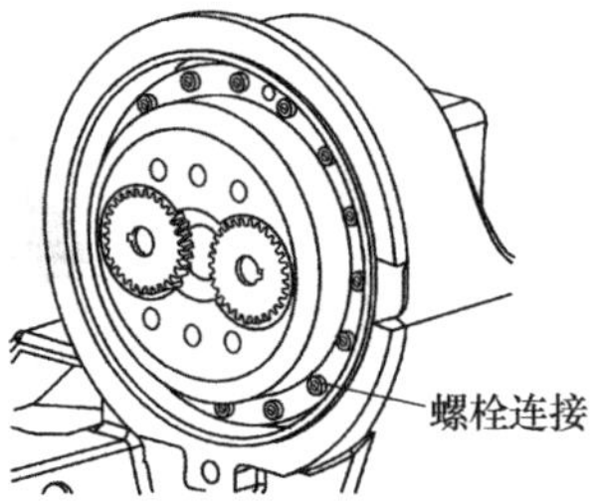 螺栓连接	不要一次性拧紧螺栓,要先预紧,再拧紧,按对角线顺序依次拧紧	螺栓、螺纹防松胶、加长内六角扳手
7	检验	图略	按技术要求,灵活转动无阻滞	

小提示

1)装配 RV 减速器时,严禁用强力敲打,避免损坏 RV 减速器。

2)RV 减速器应注意润滑和油封。

做一做

1）装配完成后，按要求检查装配位置是否正确，装配情况是否牢固。

2）检查安装平面四周有无密封胶溢出，若有则用抹布擦除。

4.1.4 直线导轨的装配

直线导轨又称线轨、线性导轨、滑轨、线性滑轨。直线导轨作为工业机器人活动关节的重要组成部分，能大大提高工业机器人的工作效率和工作精度。在直线往复运动场合，如自动化仓库，直线导轨拥有比直线轴更高的额定负载，同时可以承受一定的扭力，可在高负载的情况下实现高精度的直线运动。典型直线导轨如图4-10所示。目前直线导轨的种类很多，分为方形滚珠直线导轨、双轴芯滚轮直线导轨及单轴芯直线导轨等。具体可查阅生产厂家的产品手册或相关资料。

直线导轨的作用是支承和引导运动部件，按给定的方向做往复直线运动。按摩擦性质不同，直线导轨可以分为滑动摩擦导轨、滚动摩擦导轨、弹性摩擦导轨和流体摩擦导轨等种类。

1. 准备工作

为了保证直线导轨的安装和工作有序、安全，必须遵守以下注意事项。

（1）润滑

确认直线导轨的润滑方式。将出厂时涂抹的防锈油擦拭干净，在滑块内加入润滑剂。对于采用油润滑的，滚道内的润滑情况取决于直线导轨的安装方式，请查看说明书或向厂家咨询后进行操作。请事先确认润滑方式，润滑提示标如图4-11所示。

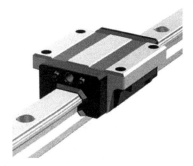

图4-10 直线导轨

图4-11 润滑提示标

（2）遵守以下几点

① 搬移时注意物品外部相关警示标，如图4-12a所示，为小心轻放警示标。

② 在没有特殊要求的情况下，不要拆装导轨，否则会导致灰尘进入而降低导轨的精度。如图4-12b所示，为禁止拆卸警示标。

③ 倾斜导轨可能会引起滑块从导轨上滑落。请确认滑块没有从导轨上脱离，如图4-12c所示，为防止坠落警示标。

④ 滑块的端盖是塑料的，禁止敲打或撞击而造成损坏。如图4-12d所示，为严禁撞击警示标。

a)　　　　　　　b)　　　　　　　c)　　　　　　　d)

图 4-12　相关警示标

a）小心轻放　b）禁止拆卸　c）防止坠落　d）严禁撞击

⑤ 互换性产品滑块（导轨和滑块可以任意组合）在出厂时安装在暂用的轴上。把滑块安装到直线导轨上时，请小心谨慎。

（3）注意事项（警示图标见图 4-13）

① 防污染，尽可能避免灰尘和异物进入直线导轨内部。限高温，导轨使用的环境温度应低于 80℃（防热型除外），温度过高将有可能损坏塑料端盖。

② 如果需要自行切割导轨，需彻底去除切割面上的毛刺和刃口（一般不建议自行切割，如有尺寸上的要求，可采取订制的方式解决）。

③ 严禁倒置，如果确实需要倒置安装，需要安装保护装置，确保导轨的安全使用。

④ 导轨存放时需注意变形，要把导轨放在水平位置上。如果导轨存放方式不当，会引起直线导轨的弯曲变形。因此，请尽可能把导轨放在水平位置。

　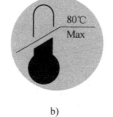　

a)　　　　　　　b)　　　　　　　c)

图 4-13　警示图标

a）禁止污染　b）高温限制　c）禁止倒置

2. 直线导轨基准和接头

（1）直线导轨的基准

非互换型的直线导轨使用时需要注意基准面和非基准面的差异。基准侧的精度比非基准侧的精度要高，可作为零件止口的承靠边，如图 4-14 所示。

滑块的基准边为精加工的侧边，若两侧边都为精加工面，此滑块为互换型滑块，两侧都可以作为安装的基准边。

直线导轨的基准边为箭头指向的边，若没有箭头标记则两侧都可以作为基准边。

（2）直线导轨的接头

直线导轨的接头必须按照直线导轨上的标记来进行安装，以保证直线导轨的精度。建议配对的直线导轨接头位置能够错开，如图 4-15 所示。

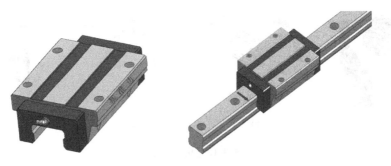

图 4-14　直线导轨基准提示

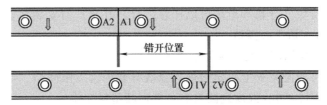

图 4-15　直线导轨接头错位安装示意图

3. 直线导轨安装中的专用测量仪器

为了对机器安装基准进行精度测量，需要用到相关测量仪器。

（1）水平仪

水平仪是通过液体中的气泡来进行判断、检测垂直度和水平误差的测量仪器，如图 4-16 所示。

图 4-16　不同类型的水平仪

a）条式水平仪　b）框式水平仪　c）合像水平仪

（2）直尺和千分表

直尺和千分表可用来测量垂直方向和侧向的移动，也可以测量水平和偏转的转动，如图 4-17 所示。

4. 直线导轨的安装

作业前正确选择装配工量具，安装直线导轨时按其具体规格型号通常选用游标卡尺、内六角扳手、扭力扳手、百分表及表架、平直尺、小铜棒（或铜锤）、油石、棉布、机油和装配用螺栓（钉）等。

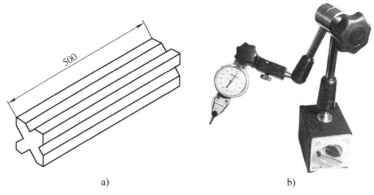

图 4-17　直尺和千分表

a）直尺　b）千分表

直线导轨的安装步骤、示意图及要求见表 4-8。

表 4-8　直线导轨的安装步骤、示意图及要求

安装步骤	安装示意图及要求
1	1）机台水平校准。将两个等高量块和一把大理石量尺放在安装基面上，放上精密水平仪，调整底座水平面，要求底座中凸（2~3 格） 2）检查安装基面表面粗糙度、平面度、直线度以及外观。当水平调试好以后，必须用测量仪器（如激光干涉仪）测量出主直线导轨安装基准面（通常以靠近右侧立柱的一条直线导轨面为主导轨）的平面度允许每 10m 中凸 0.05mm，全行程直线度允许中凸 0.03mm，表面粗糙度为 1.6μm，外观无铸造缺陷
2	清除零件安装基准面的杂质及污物。用油石或者其他类似的磨料石去除安装基准面上的毛刺或锐边等，然后用清洗剂（稀释剂或挥发性液体）清洗安装基面。必要时对安装基面进行精度测量
3	将导轨平稳地放在零件上，使导轨的基准侧贴紧零件的安装面
4	将所有螺钉都装配到安装孔以确认孔距是否准确，并将导轨底部的安装面固定在零件的安装面上

（续）

安装步骤	安装示意图及要求
5	使用侧向固定螺钉,按顺序将滑轨侧边基准面与基础件的侧边装配面压紧,以确定滑轨的位置 固定螺钉
6	使用扭力扳手,以规定的扭力按顺序拧紧装配螺钉,将滑轨底部基准面紧贴在基准台装配面上 扭力扳手
7	按照步骤 1~5 安装其他导轨
8	装配后,检查其全行程内运行是否灵活,有无阻滞现象。摩擦阻力在全行程内不应有明显的变化,若此时发现异常应及时找到故障并解决,以防后患。检查直线度和平行度精度

5. 滑块的安装

（1）锁紧滑块的固定螺栓

请按照图 4-18 所示的顺序锁紧滑块的固定螺栓。

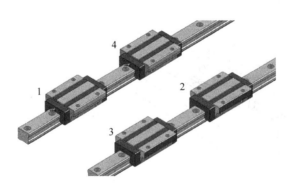

图 4-18　锁紧滑块的固定螺栓的固定顺序

（2）滑块的安装

① 将工作台安装至滑块上,锁定滑块装配螺栓,但不完全锁紧。

② 使用止动螺钉将滑块基准面与工作台侧向安装面锁紧,以定位工作台,结构示意如图 4-19 所示。

③ 按图 4-18 所标示 1 至标示 4 滑块对角的顺序,锁紧滑块装配螺栓。

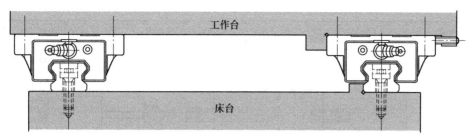

图 4-19 将滑块基准面与工作台侧向安装面锁紧

6. 导轨副的安装

（1）基准导轨副的安装

基准导轨副的安装步骤、示意图及要求见表 4-9。

表 4-9 基准导轨副的安装步骤、示意图及要求

安装步骤	安装示意图及要求
1. 导轨无定位螺栓的安装	虎钳 基准侧导轨的安装 将装配螺栓锁定，但不完全锁紧，利用 C 型虎钳将导轨基准面逼紧床台侧向安装面，再使用扭力扳手，按规定的扭矩（力）值依次锁紧导轨装配螺栓
2. 从动侧导轨的安装（1）	直线量块 直线量块法 将直线量块置于两个导轨之间，使用千分表将其调整至与基准侧导轨侧向基准面平行，然后以直线量块为基准，利用千分表调整从动侧导轨的直线度，并自轴端依序锁紧导轨装配螺栓

（续）

安装步骤	安装示意图及要求
3. 从动侧导轨的安装（2）	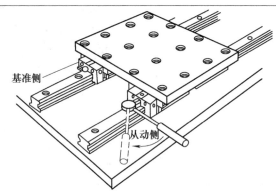 移动工作台法 　　将基准侧的两个滑块固定锁紧在工作台上，使从动侧的导轨与一个滑块分别锁定在床台与工作台上，但不完全锁紧。将千分表固定于工作台上，并使其量测头接触从动侧滑块侧面，自轴端移动工作台校准从动侧导轨平行度，并同时依序锁紧装配螺栓
4. 从动侧导轨的安装（3）	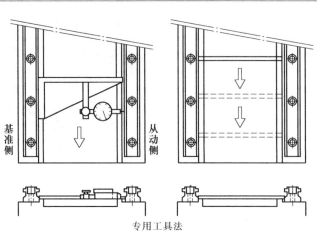 仿效基准侧导轨法 　　将基准侧的两个滑块与从动侧的一个滑块固定锁紧基准侧在工作台上，而从动侧的导轨与另一个滑块则分别锁定于床台与工作台上，但不完全锁紧。自轴端移动工作台，依据滚动阻力的变化调整从动侧导轨的从动侧平行度，并同时依序锁紧装配螺栓
5. 从动侧导轨的安装（4）	 专用工具法 　　使用专用工具，以基准侧导轨的侧向基准面为基准，自轴端依安装间隔调整从动侧导轨侧向基准面的平行度，并同时依序锁紧装配螺栓

（续）

安装步骤	安装示意图及要求
6. 检验	装配后,检查其全行程内运行是否灵活,有无阻滞现象。摩擦阻力在全行程内不应有明显的变化,若此时发现异常应及时找到故障并解决,以防后患。检查直线度和平行度精度

（2）无侧向定位面导轨的安装

无侧向定位面导轨的装配结构如图4-20所示。无侧向定位面导轨的安装步骤、示意图及要求见表4-10。

图4-20 无侧向定位面导轨的结构

表4-10 无侧向定位面导轨的安装步骤、示意图及要求

安装步骤	安装示意图及要求
1. 基准侧导轨的安装(1)	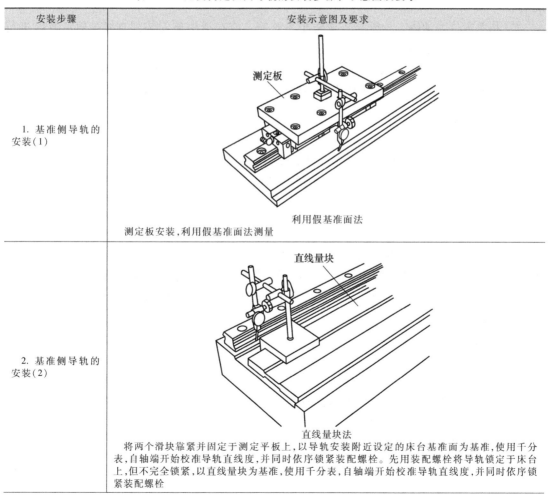 利用假基准面法 测定板安装,利用假基准面法测量
2. 基准侧导轨的安装(2)	直线量块法 将两个滑块靠紧并固定于测定平板上,以导轨安装附近设定的床台基准面为基准,使用千分表,自轴端开始校准导轨直线度,并同时依序锁紧装配螺栓。先用装配螺栓将导轨锁定于床台上,但不完全锁紧,以直线量块为基准,使用千分表,自轴端开始校准导轨直线度,并同时依序锁紧装配螺栓

(续)

安装步骤	安装示意图及要求
3. 从动侧导轨安装	从动侧导轨与滑块的安装与前述范例相同
4. 装配后检测	装配后,检查其全行程内运行是否灵活,有无阻滞现象。摩擦阻力在全行程内不应有明显的变化,若此时发现异常应及时找到故障并解决,以防后患。检查直线度和平行度精度

装配注意事项:

① 在即将装配前的装配区域打开,导轨包装箱,检查导轨是否有合格证,是否有碰伤或锈蚀。

② 安装前将导轨基准面(出厂时涂的防锈油)清洗干净后,涂抹黏度较低的防锈油。

③ 紧固导轨的螺栓等级必须是 12.9 级,并区分导轨的定位面和标记面(定位面通常没有刻字)。

④ 安装时先将安装表面的低黏度防锈油擦拭干净,不能将滑块从导轨上拆下来。

⑤ 要求装配全过程必须戴手套操作,以防止汗液留在导轨上,使导轨生锈。

⑥ 使用扭力扳手时,需按规定控制螺钉(栓)的拧紧力矩,具体可查指导手册或出厂说明书。

⑦ 相关附件如油嘴、油管接头或防尘系统等,应在滑块座安装到直线导轨后及时进行装配,以防后续安装空间有限而无法进行操作。

直线导轨的装配难度较低,但需要认真细致。由于各生产厂家直线导轨的型号不同,因此对一些有特殊结构和安装要求的直线导轨,装配前须认真阅读厂家作业指导手册,再进行装配。

做一做

1) 查阅直线导轨生产厂家产品手册,了解其种类和应用场合。

2) 对小型直线导轨按照产品要求进行安装调试。

小结

本节主要介绍了伺服电动机、谐波减速器和 RV 减速器的结构、作用、特点和装配技术要求及方法,还介绍了直线导轨装配前的准备工作、装配中的注意事项、装配步骤以及精度检测。通过对典型零部件安装调试,提高操作人员零部件的装配水平,为后续工业机器人的总装配打下基础。

思考题

1. 伺服电动机有什么特点?

2. 谐波减速器有什么特点?其装配有什么要求?

3. RV 减速器有什么特点?其装配有什么要求?

4. 比较谐波减速器和 RV 减速器的异同。

5. 直线导轨装配前的准备工作应注意哪些事项?

6. 如何处理直线导轨的基准装配?

4.2 工业机器人的机械装配

比较常见的工业机器人有桁架机器人和关节式机器人。

4.2.1 桁架机器人的装配

一般我们将两个或三个相互垂直的直线运动模组构成的机器人称为直角坐标机器人，这些运动模组分别负责笛卡尔坐标系下的 X、Y、Z 轴的运动。尺度较大的直角坐标机器人常常被称为桁架机器人，英文名为 Cartesian robot。通过在直角坐标系内的运动、编程和控制，可实现坐标系内任意点之间的点对点移动和精确的轨迹控制，该类机器人的最大优点在于算法结构清楚直观。作为一种结构简单、成本低廉的自动化机器人，直角坐标机器人被应用于点胶、滴塑、喷涂、码垛、分拣、包装、焊接、搬运、上下料、装配、印刷甚至技术加工等常见工业领域。

大型的直角坐标机器人也称为龙门式机器人或者桁架机器人。

相比关节式机器人，桁架机器人结构简单、运动跨度大、负载能力强、占地面积小、成本低廉、安全性好、维护简单，并容易达到更高的位置精度。

1. 桁架机器人的构成

桁架机器人一般由两个或三个相互垂直的线性模组构成，除此之外的辅助部分包括用于承载安置机器人的底座或支架、模组之间的连接件、控制配电柜，以及用于走线的线槽和拖链，大多数桁架机器人还有独立的教导盒，以及用于抓取搬运工作的手爪类执行附件。

图 4-21 所示为桁架机器人在金属切削机床上下料领域内应用的案例。

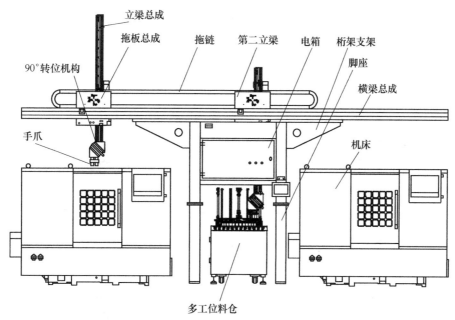

图 4-21　桁架机器人应用案例

该示例由一台双立轴桁架机械手为两台数控车床上下料，搭配有圆盘式料仓，该料仓兼当成品收集仓使用，并配有简易工件翻转台。

2．桁架机器人的装配与调试

（1）作业前

根据装配图和零件实物，分析桁架机器人的结构和装配技术要求，根据装配技术要求填报工具物料清单。检查零件的数量及相关工艺文件是否符合装配要求。复习已学的装配技术方法，如线性导轨、齿轮齿条及成组螺钉等的装配技术要求和方法，做好装配前的准备工作。

桁架机器人装配所需要的物料及工具清单见表4-11。请将物料和工具按作业要求的位置放置，防止混料、错用。

表 4-11　物料及工具清单

序号	名称	简图	数量	序号	名称	简图	数量
1	内六角圆柱头螺钉	略	见装配流程表	7	手电钻		1 台
2	十字螺钉旋具		1 把	8	六角头螺栓		4 个
3	扭力扳手		各 1 支	9	活扳手		1 把
4	油石	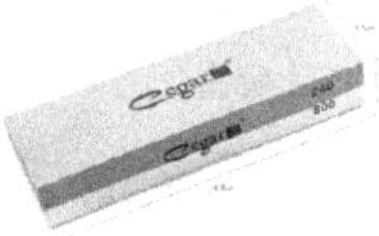	1 块	10	气动扳手		1 台
5	内六角扳手(或梅花 L 型套装扳手)		各 1 套	11	润滑油		1 桶
6	简易起重机		1 台				

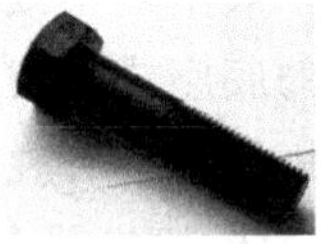

（续）

序号	名称	简图	数量	序号	名称	简图	数量
12	周转箱		6 个	14	油枪		1 把
13	清洁抹布		若干	15	锥铰刀		1 把

（2）作业中

1）横梁的装配。

横梁部位的整体结构如图 4-22 所示。

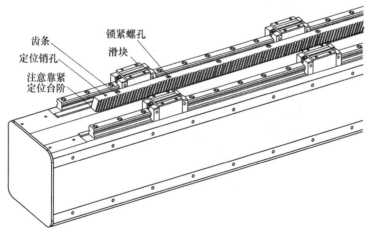

图 4-22　横梁部位的整体结构

横梁是桁架机器人运动机构装配的基础，它通过交叉滑台连接立梁总成、电动机和减速器。横梁负责承载桁架机器人运动机构的水平直线运动，一般都比较长，甚至有些桁架机器人，会采用一根与车间长度近似的通长横梁，在上面安装多个立梁运动机构，相邻立梁运动机构可以协同工作。横梁底部通过外六角螺栓与一个或多个支架及脚座连接。在未采用绝对值编码器伺服电动机的方案里，横梁上往往还会安装限位撞块和电气回零撞块，横梁上的钣金件常常在立梁装配结束后再安装，在横梁装配作业流程表中，暂不包含钣金件的装配。横梁装配流程详见表 4-12。

工业机器人机械装配与调试

表 4-12　横梁装配流程

序号	装配内容	示意图	要求	工具或物料
1	检查各构件是否完好,并简单清理安装表面	略	1)各安装平面应首先测试除油,平面及台阶用油石打磨,清理毛刺及局部凸起,螺孔边缘部位尤其不能有隆起、毛边及异物啮入 2)非安装表面油漆应干净、完好	清洁抹布、油石
2	用吊装带将横梁安置在装配工装支架上	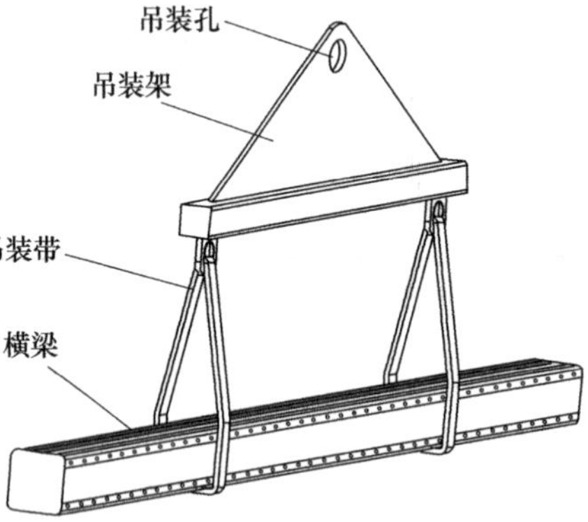 吊装孔　吊装架　吊装带　横梁	应认真调整吊装带位置,保证横梁在吊装过程中的平衡,防止重心偏斜,发生滑落事故。安置在装配工装支架上时,应保证线轨安装面向上放置	吊装架、吊装带
3	安装直线导轨	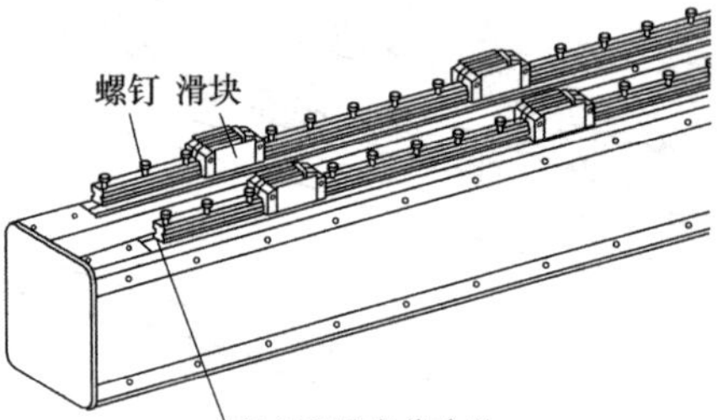 螺钉　滑块　务必靠紧定位台阶	安装直线导轨,步骤及要求详见表 4-8	内六角扳手、C 形夹、力矩内六角扳手、磁性表座及百分表
4	安装首根齿条	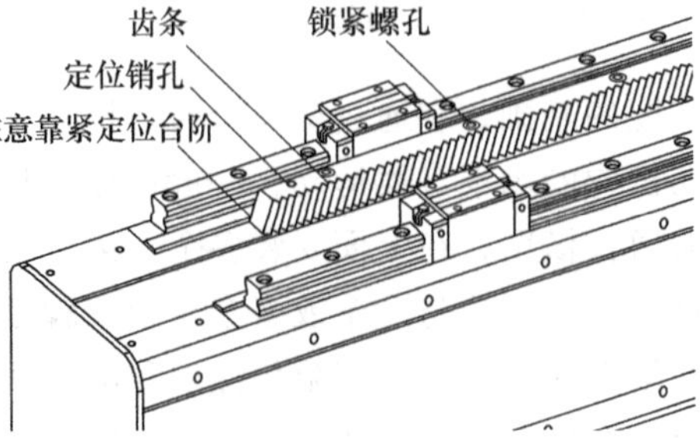 齿条　锁紧螺孔　定位销孔　注意靠紧定位台阶	首根齿条的装配方法与直线导轨相同	内六角扳手、C 形夹、力矩内六角扳手

168

（续）

序号	装配内容	示意图	要求	工具或物料
5	齿条的接长	反旋齿条定位销孔 齿条2 齿条1 C形夹 C形夹锁紧螺钉 C形夹衔铁	1）安置相邻齿条到齿条安装基面上,旋入内六角螺钉,但不能锁紧 2）用选项相反的对侧齿条作为接长工装与准备接长的两根齿条同时啮合,并用C形夹夹紧,随后用内六角扳手旋紧螺钉 3）用手电钻沿着齿条上的销孔配钻横梁上的销孔,并用锥铰刀铰孔至合适深度,最后敲入圆锥销	内六角扳手、C形夹、手电钻、锥铰刀、锤子
6	横梁上的钣金、行程开关撞块等的装配	图略	横梁上的钣金、行程开关撞块等的装配要在立梁装配后进行,此处略	略
7	检验	图略	按技术要求,灵活转动无阻滞	
8	横梁装配时应该注意起吊的平稳性,测量装配的顺序和相关精度要求,按要求使用手电钻和工具			

2）立梁的装配

立梁整体外形图如图4-23所示。

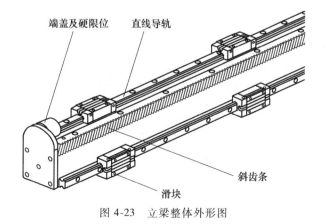

端盖及硬限位　直线导轨

斜齿条

滑块

图4-23　立梁整体外形图

桁架机器人的立梁上下运动，负责工件的提升，并与交叉拖板一起沿着横梁水平运动，两轴配合可以到达垂直平面行程范围内的任意位置，并可插补完成精确的平面轨迹运动。立梁和横梁结构相似，也由梁结构件、端盖及硬限位、直线导轨、滑块、斜齿条及其接长、行程开关撞块等部分组成。相比横梁，立梁相对较短，截面尺寸也更加小巧，因此将两根直线导轨安装在两个垂直的平面内是常见的结构设计。立梁的装配方法、顺序及工具均与横梁类似，此处略去。

3）交叉拖板的安装。

交叉拖板是连接横梁和立梁的结构件，如图4-24所示，横竖两个方向的所有滑块通过螺钉固定在交叉拖板上，伺服电动机、行星减速器、齿轮润滑油脂泵、润滑羊毛齿轮、电缆拖链移动支架，以及电气分线盒也都安装在交叉拖板上。装配结束后的交叉拖板零件密集，出于美观、清洁、维护方便的考虑，交叉拖板外大多安装有防护钣金件。

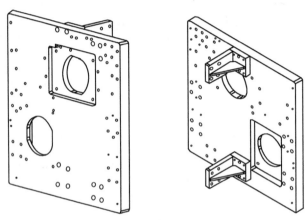

图 4-24　交叉拖板外形图（正反两面）

交叉拖板的安装过程见表4-13。

表 4-13　交叉拖板装配流程

序号	装配内容	示意图	要求	工具或物料
1	连接横梁直线导轨滑块与交叉拖板	交叉拖板　内六角螺钉　横梁导轨滑块	1）将交叉拖板吊装放置在横梁滑块上，移动拖板及下方的滑块，小心地对正滑块上的螺孔与交叉拖板上对应的螺钉过孔 2）将所有的螺钉经交叉拖板上的过孔旋入滑块上的螺孔 3）依次旋紧所有的螺钉	吊装带、简易起重机及内六角扳手

（续）

序号	装配内容	示意图	要求	工具或物料
2	连接与拖交叉板接立梁	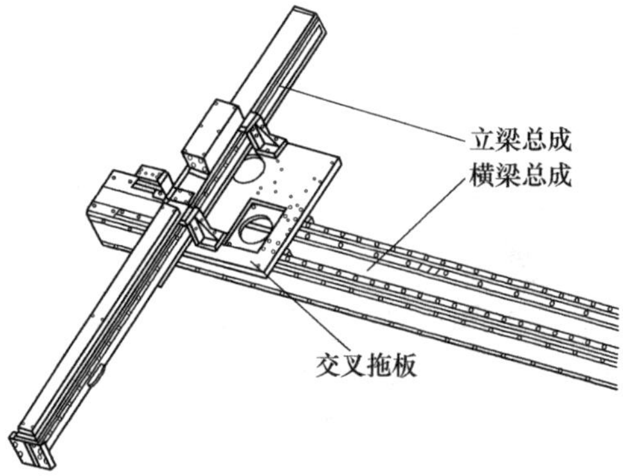 立梁总成 横梁总成 交叉拖板	1）将立梁吊装安置在拖板上,使得立梁上垂直方向上的两组四个滑块上的螺孔均与拖板上的螺钉过孔对齐 2）将所有的螺钉经拖板上的过孔旋入滑块上的螺孔 3）依次旋紧所有的螺钉	吊装带、简易起重机及内六角扳手
3	电动机、减速器及齿轮的装配	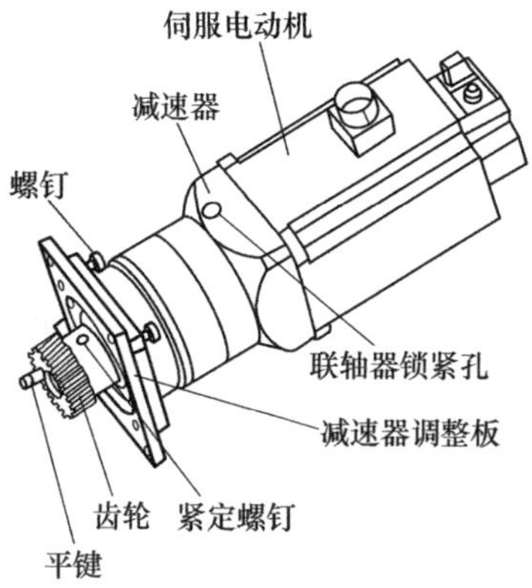 伺服电动机 减速器 螺钉 联轴器锁紧孔 减速器调整板 齿轮 紧定螺钉 平键	1）连接伺服电动机和行星减速器,旋紧所有的螺钉用内六角扳手锁紧减速器联轴器上的螺钉,使得联轴器抱紧电动机轴 2）将减速器调整板安装在减速器前法兰上,并旋紧螺钉 3）将齿轮和平键安装在减速器输出轴上 4）齿轮在减速器输出轴上的轴向位置应符合装配图要求,旋紧齿轮凸台上两个方向的紧定螺钉,每个方向的紧定螺钉应采取双螺钉防松或者涂抹厌氧螺纹胶	螺钉、内六角扳手、厌氧螺纹胶
4	将带齿轮的减速器及伺服电动机安装到交叉板上	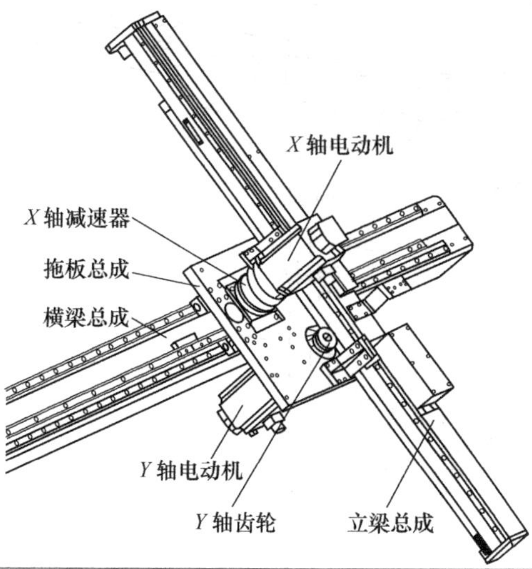 X轴电动机 X轴减速器 拖板总成 横梁总成 Y轴电动机 Y轴齿轮 立梁总成	1）将减速器及伺服电动机组安置在交叉拖板上,经减速器调整板上的螺钉过孔将螺钉旋入交叉拖板上的螺孔 2）移动减速器及伺服电动机组至齿轮与齿条充分靠紧 3）旋紧减速器调整板上的螺钉	螺钉、内六角扳手

（续）

序号	装配内容	示意图	要求	工具或物料
5	安装交叉拖板上的润滑组件	（图：润滑羊毛齿轮、润滑油脂泵、分线盒、分油器）	1）将润滑油脂泵及支架安装在交叉拖板上 2）将润滑羊毛齿轮安装在交叉拖板上，保证羊毛齿轮与齿条的充分啮合 3）将油管连接在羊毛齿轮及润滑油脂泵之间 4）有些桁架的滑块还要通过分油器及油管连接到油脂泵（略）	内六角扳手
6	安装拖板上的钣金件	图略	按照从内到外的顺序依次安装拖板上的钣金件	
7	检验	图略	按技术要求，灵活转动无阻滞	
8	注意事项	交叉拖板是连接两个相互垂直的横梁和立梁的关键性连接件，几乎所有的运动部件均安装或者连接在交叉拖板上，运动部件的润滑关系到整个机器人的使用寿命。因此，务必保证所有润滑管路通畅，分油器调整正确，保证所有润滑点油脂量合适		

4）支架、配电柜的安装及总装。

交叉拖板及其钣金装配结束后，便可进入总装阶段，如图 4-25 所示，为总装配结构示意图。

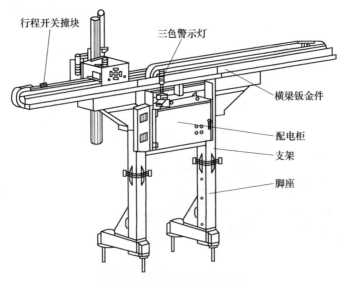

图 4-25　总装配结构示意图

参考装配流程如下：

① 将装配好的横梁、交叉拖板、立梁总成吊装到预先固定在地面上的支架上。

② 安装横梁钣金件、横梁拖链和配电柜。

③ 将电缆、气管等穿入钣金及拖链。

④ 安装调整行程开关撞块至适当位置。

⑤ 进行电气装配及调试。

⑥ 磨合。

⑦ 检验。

5）脚座及现场装配。

因桁架机器人的移动部件位置较高，一般在出厂前均不装配脚座，脚座的安装在现场完成，流程介绍如下：

① 预先规划需要配合的工作机械（比如金属切削机床）与桁架的位置，在地面施划设备轮廓线并确定脚座位置。在桁架机器人脚座锚固螺栓位置预先钻孔并浇筑混凝土或者用化学锚固剂锚固地脚螺栓。

② 将桁架机器人脚座安装在锚固螺栓上，但不旋紧螺栓。

③ 用车间起重行车或者起重机将桁架机器人脚座之外的其余部分总成吊装到脚座上，并旋紧连接螺栓，调整横梁水平及支架垂直，旋紧地脚锚固螺栓后方可解开起重设备吊装带。将桁架机器人与操作机器轴向对齐的工作一般都是通过移动工作机器的方法实现的。

（3）作业后

清理、整理物品和现场，对设备、工量具进行日常保养。至此，桁架式机器人装配完成。

（4）桁架机器人装配注意事项

① 桁架机器人一般尺度较大，装配过程中务必保证可靠吊装，稳妥安放，防止倾覆发生事故。

② 桁架机器人工作运动速度较快，上电调试及跑合时，禁止人员进入运动区域，调试速度一定要从低到高逐渐上升，防止撞车，警惕人身伤害事故的发生。

③ 桁架机器人的电缆较长，很多电缆要穿过拖链及多个钣金穿线孔，穿线时要注意线路排布整齐，电缆弯曲部分长度充裕，防止高速工作过程中电缆相互缠绕、绞伤。

📝 **小提示**

支架式装配工作台上应设有紧固机构，以方便调试、跑合时可以将横梁稳固锁定在工作台上，防止发生事故。

小结

本节主要介绍了桁架机器人的概念、结构、特点和应用，并以齿轮齿条驱动的桁架机器人为例介绍了桁架机器人的装配工艺和方法。

思考题

1. 桁架机器人与关节机器人有哪些共同点与不同点？

2. 直角坐标机器人由只能走直线的线性模组构成，它是如何走圆弧轨迹的呢？

3. 齿条一般较短，相互衔接应注意哪些事项？

4. 桁架机器人的润滑脂靠润滑系统中的什么零件涂抹在齿条上？

4.2.2 典型六轴工业机器人的装配

1. 六轴工业机器人简介

一个机器人的自由程度，通常是指机器人的可动关节的数量。六轴工业机器人的机械结构中将由六个伺服电动机直接通过谐波减速器驱动或通过同步带轮等方式间接驱动六个关节轴的旋转。图 4-26 所示为国产新松 SR6/SR10 系列六轴机器人的六个关节轴旋转示意图。

六轴机器人通过程序精确控制六个关节机械传动实现各种复杂运动，广泛应用在各行各业的自动化领域，可以实现产品的自动取料和放料、高速搬运、精密装配、精确定位、快速点胶及浮动打磨等。其特点是柔性好、工作效率高、工作精度高、出错概率小，可以灵活地适应某些特殊工作环境。

2. 典型六轴机器人的结构与传动

以新松 SR6/SR10 系列六轴机器人为例，六轴机器人通常由底座、腰部旋转座、大臂、前臂旋转壳体、前臂及手腕等组成（各厂家对其结构定位叫法会略有不同），如图 4-27 所示。

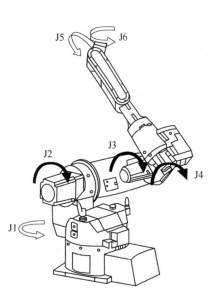

图 4-26 六轴工业机器人的六个关节轴旋转示意图

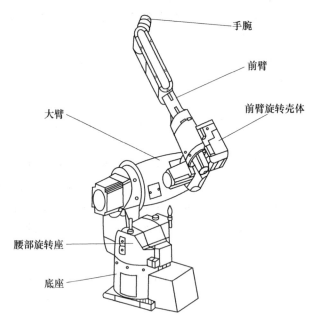

图 4-27 新松 SR6/SR10 系列六轴机器人结构图

典型六轴工业机器人的运动介绍如下。

J1 轴电动机固定在腰部旋转座内，其旋转通过齿轮轴直接传送到减速器输入端，J1 轴的减速器输入端固定到底座上，输出端固定到 J2 轴腰部旋转座上，驱动 J1 轴旋转。

J2 轴电动机的旋转通过齿轮轴直接传送到减速器输入端，J2 轴的减速器输入端固定在腰部旋转座上，输出端固定在 J2 轴大臂上，驱动大臂旋转。

J3 轴电动机的旋转通过齿轮轴直接传送到减速器输入端，J3 轴的减速器输入端固定在 J2 轴大臂上，输出端固定在前臂旋转壳体上，驱动前臂旋转壳体旋转。

J4 轴电动机的旋转直接传送到减速器的波发生器部分，J4 轴的减速器输入端固定在前臂旋转壳体上，输出端通过连接法兰与前臂管固定，从而驱动 J4 轴零部件的转动。

J5 轴电动机固定在前臂管内，并通过同步带传送到减速器输入端，J5 轴的减速器输入端固定在前臂管内，输出端固定在 J5 轴手腕端面上，用于驱动 J5 轴零部件的转动。

J6 轴电动机固定在前臂管内，并通过同步带和伞齿轮传送到减速器输入端，J6 轴的减速器输入端固定在手腕端面上，输出端固定在法兰上，从而驱动 J6 轴旋转。

3. 六轴工业机器人的安装注意事项

本节以新松 SR6/SR10 系列六轴工业机器人为例，介绍其装配与调试方法。装配前的注意事项介绍如下：

① 限位。即限制运动件位置。常有限位板、限位块、限位栏等装置。

工业机器人的限位有硬限位和软限位之分，此处只介绍工业机器人的机械结构安装，因此不涉及软限位问题。工业机器人的硬限位位置是指工业机器人各基本轴运动能达到的带有缓冲器的机械终端位置，理论上工业机器人各轴都不可能达到硬限位位置，而是由软件上的软限位提前起作用，防止机械构件的碰撞，但是，工业机器人的硬限位是不可缺少的。

小提示

软限位是利用控制系统的数据进行位置限制的方式。

新松 SR6/SR10 系列六轴工业机器人 J3/J4 轴的硬限位如图 4-28 所示，装配时要防止漏装。

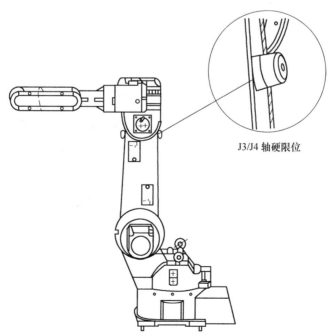

J3/J4 轴硬限位

图 4-28 六轴工业机器人 J3/J4 轴硬限位

② 零位。机器人的零位是机器人操作模型的初始位置。当零位不正确时，机器人不能精确地运动。在机械结构中，相邻两轴的运动在特定位置上有零位标志，机器人出厂前已经安装。机器人经拆装或调整后机械零位标志不等于软件零位标志，需要重新校对，但机械零位标志可以作为装配机器人的位置标准和平时教学示范。

例如，六轴工业机器人底座与腰部旋转座的机械零位标志如图4-29所示，装配时应使相邻两轴的机械零位标志对齐。

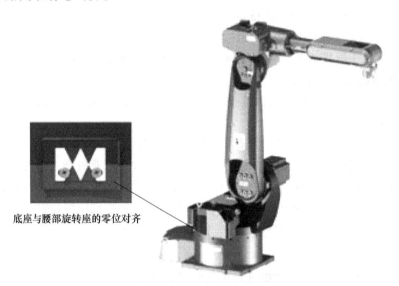

图 4-29   六轴工业机器人底座与腰部旋转座的机械零位标志

③ 润滑。用润滑油等介质对机械零部件进行润滑能减少零部件的磨损，防止零部件生锈，保证运动的精度。为了保证工业机器人的作业精度，在一些关键的部位都设置了注油孔和出油孔。

例如，六轴工业机器人J1轴注油孔和出油孔位置如图4-30所示，J4轴、J5轴和J6轴理论上是免润滑的，如需维护则直接更换。

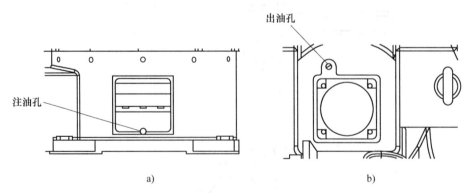

图 4-30   六轴工业机器人J1轴注油孔和出油孔位置
a）底座上的注油孔位置   b）腰部旋转座上的出油孔位置

④ 油封。油封是指用密封圈等密封装置。防止设备内油液或润滑油泄漏，工业机器人上需要油封的部位主要有伺服电动机的安装部位、谐波减速器和RV减速器的安装部位。

例如，新松 SR6/SR10 系列六轴工业机器人 J2 轴伺服电动机的油封位置如图 4-31a 所示，J5 轴谐波减速器的油封如图 4-31b 所示。

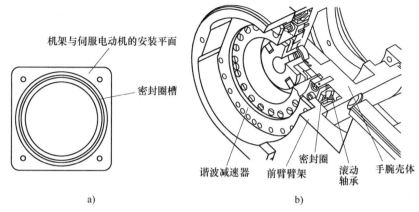

机架与伺服电动机的安装平面

密封圈槽

谐波减速器　前臂臂架　密封圈　滚动轴承　手腕壳体

a)   b)

图 4-31　油封位置

a）机器人伺服电动机油封　b）机器人减速器油封

4．六轴工业机器人的装配与调试

（1）作业前

根据装配图和零件实物，分析六轴工业机器人的结构和装配技术要求，根据装配要求填报工具物料清单。检查零件的数量及相关工艺文件是否符合装配要求。复习已学的装配技术方法，如轴承、密封圈及成组螺钉等的装配技术要求和方法，做好装配前的准备工作。

六轴工业机器人装配所需要的物料及工具清单见表 4-14，请将物料和工具按作业要求的位置放置，防止混料、错用。

表 4-14　物料及工具清单

序号	名称	实物	数量	序号	名称	实物	数量
1	内六角圆柱头螺钉	略	见装配流程表	5	内六角扳手（或梅花 L 型套装扳手）		各 1 套
2	十字螺钉旋具		1 把				
3	螺纹防松胶密封胶		各 1 支				
4	内卡钳		1 把	6	简易起重机		1 台

（续）

序号	名称	实物	数量	序号	名称	实物	数量
7	六角头螺栓		4个	11	周转箱		6个
8	活扳手		1把	12	清洁抹布		若干
9	气动扳手		1台	13	油枪		1把
10	润滑油		1桶				

（2）作业中

① 底部 J1 轴装配工艺过程及装配方法。

底部 J1 轴部位的整体外形如图 4-32 所示，主要由底座、腰部旋转座、J1 轴伺服电动机、减振撞块、吊环螺栓和盖板等组成。

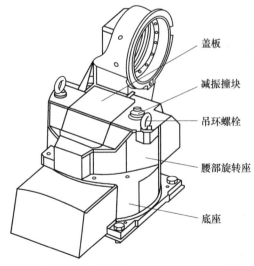

盖板
减振撞块
吊环螺栓
腰部旋转座
底座

图 4-32　底部 J1 轴部位整体外形图

底座是工业机器人装配的基础，它上部连接着工业机器人的腰部旋转座，底部用4颗六角头螺栓与基体相连，同时它还固定着J1轴减速器的输入端。腰部旋转座与减速器的输出端相连，所以，腰部旋转座可以绕底座中心旋转，此为J1轴的运动。J1轴电动机固定在腰部旋转座的输入端上，电动机轴的终端连着齿轮轴，与减速器输入齿轮啮合传递运动和动力。吊环螺栓的作用是起吊载荷，应选用符合标准的吊环螺栓。减振撞块的作用是限位，防止J2轴大臂与腰部旋转座刚性碰撞。盖板主要起防尘的作用。底部J1轴的装配作业流程见表4-15。

表 4-15　底部 J1 轴的装配流程

序号	装配内容	示意图	要求	工具或物料
1	检查各构件是否完好	图略	1）各安装平面不能歪斜,表面不能有异物、油渍等 2）螺栓孔部位不能有凸起、毛边或异物进入	清洁抹布
2	将吊环螺栓拧入腰部旋转座指定位置	吊环螺栓　吊环连接孔　腰部旋转座	吊环螺栓必须旋至与支承面紧密贴合,不允许使用工具扳紧;当使用吊环螺栓时应确保其最大起重量为额定载荷,严禁超载使用	徒手拧入
3	将腰部旋转座起吊至距离地面0.5~0.8m处等待装配	吊带	正确安装吊带,防止重心发生偏移,起吊作业做到安全可靠	简易起重机

工业机器人机械装配与调试

（续）

序号	装配内容	示意图	要求	工具或物料
4	将J1轴RV减速器安装到腰部旋转座的输入端（减速器的装配流程见表4-7）	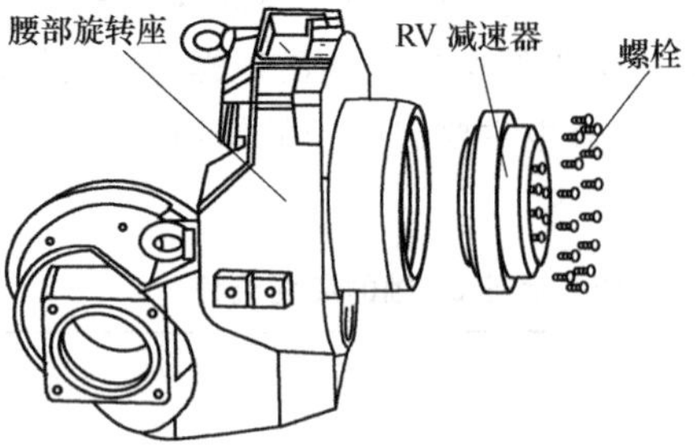 腰部旋转座　RV减速器　螺栓	安装平面要贴紧，中间不留空隙，对准螺纹孔拧紧螺栓（16×M8）	润滑油、密封胶、内六角扳手
5	给J1轴电动机的主轴键槽涂上润滑油，然后嵌入平键，再将齿轮轴安装到J1轴电动机的主轴上，并用螺栓紧固	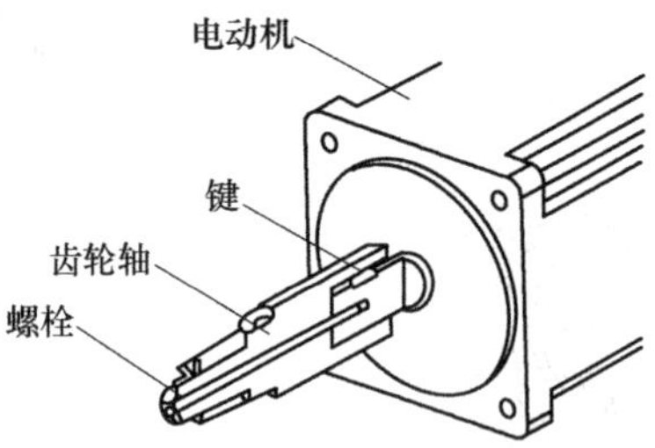 电动机　键　齿轮轴　螺栓	平键处的润滑油不要太多，以装配时平键不易掉落为宜	润滑油、螺栓（1×M4）、螺纹防松胶、内六角扳手
6	将J1电动机装配体装配到腰部旋转座上，并用螺栓紧固（伺服电动机的装配流程见表4-2）	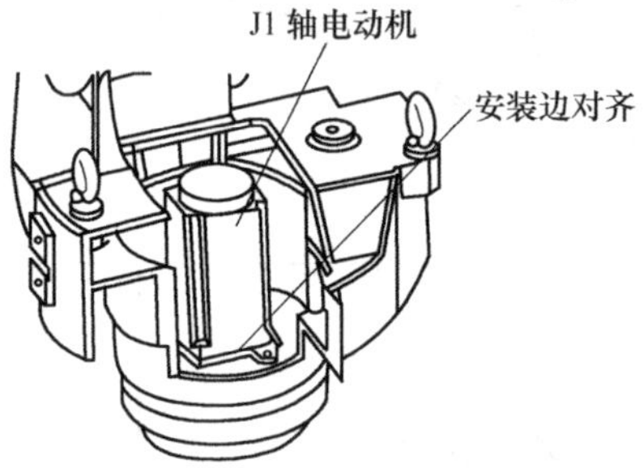 J1轴电动机　安装边对齐	安装边对齐，螺纹孔对齐，螺栓连接紧固	螺栓（4×M6）、螺纹防松胶、内六角扳手、密封胶
		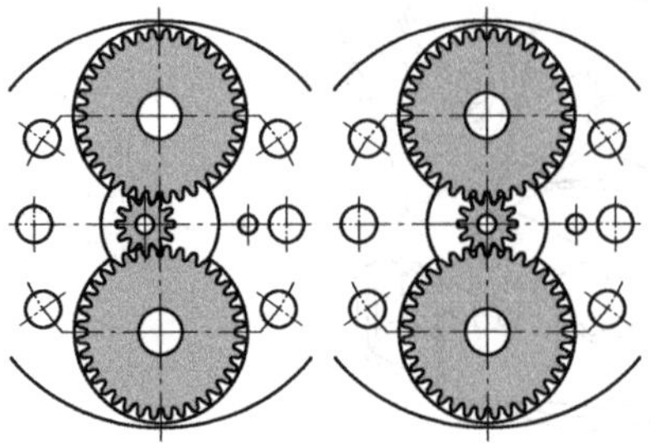 错误　正确 J1轴电动机终端齿轮与RV减速器齿轮的啮合	J1轴电动机终端的齿轮与RV减速器的齿轮正确啮合，不要碰伤齿面，转动顺畅，无卡滞现象，无抖动现象	

(续)

序号	装配内容	示意图	要求	工具或物料
7	在底座的中心孔内装入滚动轴承,并用弹性挡圈防松	底座 弹性挡圈 滚动轴承	滚动轴承需要加润滑油,装配后需保证同轴度	润滑油、内卡钳
8	将底座装到腰部旋转座上,并拧紧螺栓	螺栓 底座 RV减速器 腰部旋转座	J1 轴上齿轮轴的终端要对正并进入底座中心的滚动轴承中心,底座与减速器固定盘的螺纹连接孔要对齐,底座和腰部旋转座的零位标志要对齐	螺栓(6×M14)、螺纹防松胶、内六角扳手
9	将 J1 轴整个装配体固定到基座上	连接螺栓	落地时要轻,防止磕碰,安装平面要贴紧,安装边要对齐,螺纹连接孔要对齐	螺栓(4×M16)、螺纹防松胶、活扳手
10	往注油孔中注入润滑油,并用螺栓封堵	注油孔	充分润滑	油枪

（续）

序号	装配内容	示意图	要求	工具或物料
11	装上盖板（图中1、2、3、4、5处），用螺钉紧固		盖板安装面紧贴，安装边对齐，盖板与机体连接可靠	螺钉（25×M3），十字螺钉旋具
12	硬限位安装调整，装上减振撞块		连接可靠，安装到位	略
13	检验	图略	按技术要求，灵活转动无阻滞	
14	注意事项	1）紧固用螺栓需加螺纹防松胶，注油孔螺栓不加螺纹防松胶 2）伺服电动机和减速器应注意润滑和密封 3）上密封圈时严禁强力拉扯及划伤密封圈		

② 腰部 J2 轴的装配工艺过程及装配方法。

腰部 J2 轴主要由腰部旋转座、J2轴伺服电动机、大臂及 J2 轴 RV 减速器等零部件组成，其外形如图 4-33所示。

腰部旋转座的输出端与减速器输入端相连，大臂输入端与减速器输出端相连，所以大臂可以绕腰部旋转座输出端中心轴旋转，此为 J2 轴的运动。J2 轴电动机固定在腰部旋转座输出端的另一侧，电动机轴的终端连着齿轮轴，与减速器输入齿轮啮合传递运动和动力。腰部 J2轴的装配流程见表 4-16。

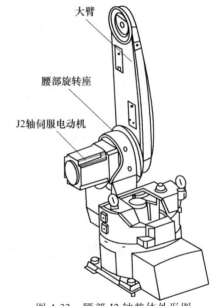

图 4-33 腰部 J2 轴整体外形图

表 4-16　腰部 J2 轴的装配流程

序号	装配内容	示意图	要求	工具或物料
1	检查各构件是否完好	图略	1）各安装平面不能歪斜,表面不能有异物、油渍等 2）螺栓孔部位不能有凸起、毛边或异物进入	清洁抹布
2	将 J2 轴 RV 减速器安装到腰部旋转座的输出端（RV 减速器的装配流程见表 4-7）	RV 减速器　腰部旋转座　螺栓	安装平面要贴紧,中间不留空隙,对准螺纹孔	润滑油、螺栓（16×M8）、密封胶、螺纹防松胶、内六角扳手、气动扳手
3	给 J2 轴电动机的主轴键槽涂上润滑油,然后嵌入平键,再将齿轮轴安装到 J2 轴电动机的主轴上,并拧紧螺栓	电动机　键　齿轮轴　螺栓	平键处的润滑油不要太多,以装配时平键不易掉落为宜	润滑油、螺栓（1×M4）、螺纹防松胶、内六角扳手
4	将 J2 电动机装配到腰部旋转座的输出端,并拧紧螺栓（伺服电动机的装配过程和方法见表 4-2）	安装边对齐	J2 终端的齿轮与 RV 减速器的齿轮正确啮合,不要碰伤齿面	螺栓（4×M6）、螺纹防松胶、内六角扳手、密封胶

工业机器人机械装配与调试

（续）

序号	装配内容	示意图	要求	工具或物料
5	在大臂输入端的中心孔内装入滚动轴承，并用弹性挡圈轴向定位	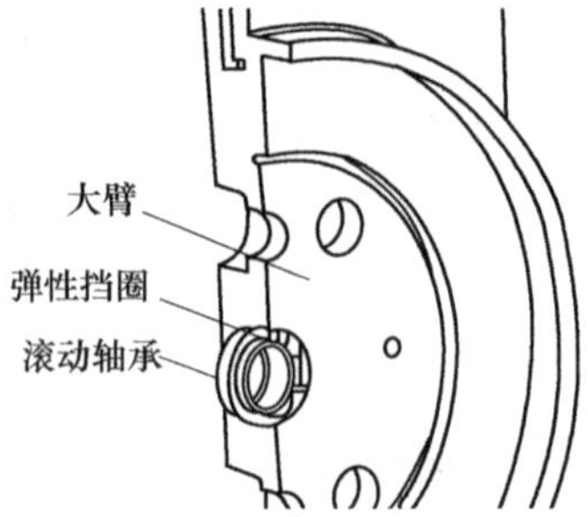 大臂 弹性挡圈 滚动轴承	滚动轴承需要加润滑油，充分润滑	润滑油、内卡钳
6	将大臂的输入端与腰部旋转座的输出端相连，并拧紧螺栓	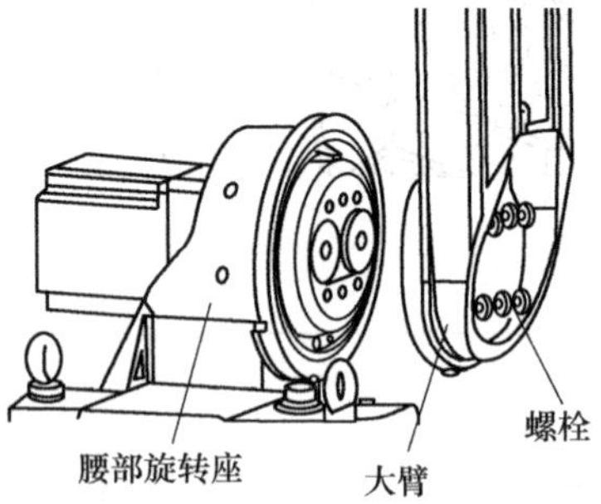 腰部旋转座　大臂　螺栓	J2 轴上齿轮轴的终端要对正并进入大臂输入端的滚动轴承中心，大臂与减速器输出端的螺纹连接孔要对齐，大臂和腰部旋转座的零位标志要对齐	螺栓（6×M14）、内六角扳手
7	往注油孔中注入润滑油，并用螺栓封堵	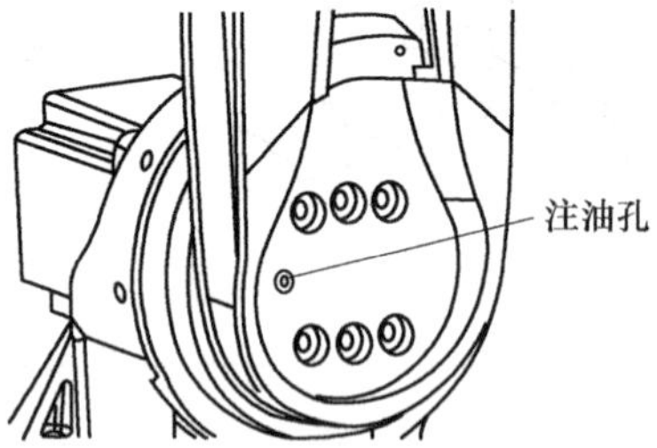 注油孔	充分润滑	油枪
8	检验	图略	按技术要求，灵活转动无阻滞	

③ 大臂输出端 J3 轴的装配工艺过程及装配方法。

大臂输出端 J3 轴的装配结构主要由大臂、J3 轴伺服电动机、前臂旋转壳体及减振撞块等组成，如图 4-34 所示。

大臂输出端与减速器输入端相连，前臂旋转壳体输入端与减速器输出端相连，所以前臂旋转壳体可以绕大臂输出端中心轴旋转，此为 J3 轴的运动。J3 轴电动机固定在前臂旋转壳体输入端的另一侧，电动机轴的终端连着齿轮轴，与减速器输入齿轮啮合传递运动和动力。减振撞块的作用是限位，防止前臂旋转壳体与大臂刚性碰撞。大臂输出端 J3 轴的装配流程

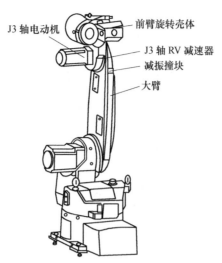

图 4-34 大臂输出端 J3 轴的整体外形图

详见表 4-17。

表 4-17 大臂输出端 J3 轴的装配流程

序号	装配内容	示意图	要求	工具或物料
1	检查各构件是否完好	图略	1) 各安装平面不能歪斜,表面不能有异物、油渍等。 2) 螺栓孔部位不能有凸起、毛边或异物进入	清洁抹布
2	将 J3 轴 RV 减速器安装到前臂旋转壳体的输入端(RV 减速器的安装过程和方法见表 4-7)	螺栓 RV减速器 前臂旋转壳	安装平面要贴紧,中间不留空隙,对准螺纹孔	润滑油等
3	给 J3 轴电动机的主轴键槽涂上润滑油,然后嵌入平键,再将齿轮轴安装到 J3 轴电动机的主轴上,并拧紧螺栓	电动机 键 齿轮轴 螺栓	平键处的润滑油不要太多,以装配时平键不易掉落为宜	润滑油、螺栓(1×M4)、螺纹防松胶、内六角扳手

（续）

序号	装配内容	图例	要求	工具或物料
4	将 J3 电动机装配到前臂旋转壳体输入端上，并用螺栓紧固（伺服电动机的装配过程和方法见表 4-2）	安装边对齐	J3 终端的齿轮与 RV 减速器的齿轮正确啮合，不要碰伤齿面	螺栓（4×M4）、螺纹防松胶、内六角扳手、密封胶
5	在大臂输出端的中心孔内装入滚动轴承，并用弹性挡圈轴向定位	大臂 弹性挡圈 滚动轴承	滚动轴承需要加润滑油，充分润滑	润滑油、内卡钳
7	将前臂旋转壳体组件装到大臂的输出端上，并用螺栓紧固	前臂旋转壳体 大臂 螺栓 RV 减速器	J3 电动机轴的终端要对正并进入大臂输入端的滚动轴承中心，大臂与减速器输出端的螺纹孔要对齐，大臂和腰部旋转座的零位标志要对齐	螺栓（6×M10）
8	向注油孔中注入润滑油，并用螺栓封堵	注油孔	按产品规定进行加注，以保证润滑充分	油枪

（续）

序号	装配内容	图例	要求	工具或物料
9	安装减振撞块	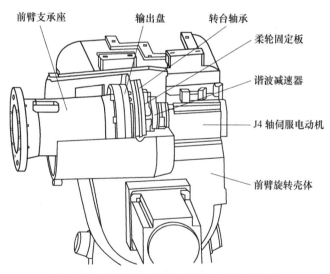	安装到位，确保连接可靠	略
10	检验	图略	按技术要求，灵活转动无阻滞	

④ 前臂旋转壳体输出端 J4 轴的装配工艺过程及装配方法。

J4 轴主要由 J4 轴伺服电动机、前臂旋转壳体、谐波减速器、转台轴承、柔轮固定板和前臂支承座等组成，如图 4-35 所示。

图 4-35　前臂旋转壳体输出端 J4 轴的外形图

前臂旋转壳体输出端与减速器的输入端相连，前臂支承座的输入端与减速器的输出端相连，前臂支承座可以绕前臂旋转壳体输出端中心轴旋转，此为 J4 轴的运动。转台轴承是一种能够同时承受轴向载荷、径向载荷和倾覆力矩等综合载荷的轴承，它集支承、旋转、传动和固定等功能于一身，满足精密工作条件下各类设备的不同安装使用要求，用在此处可以增加谐波减速器的刚性。前臂旋转壳体输出端 J4 轴装配流程见表 4-18。

表 4-18 前臂旋转壳体输出端 J4 轴装配作业流程

序号	装配内容	示意图	要求	工具或物料
1	检查各构件是否完好	图略	1）各安装平面不能歪斜，表面不能有异物、油渍等。 2）螺栓孔部位不能有凸起、毛边或异物进入	清洁抹布
2	将 J4 轴谐波减速器安装到前臂旋转壳体的输出端（12×M4）（谐波减速器的安装过程和方法见表4-4）	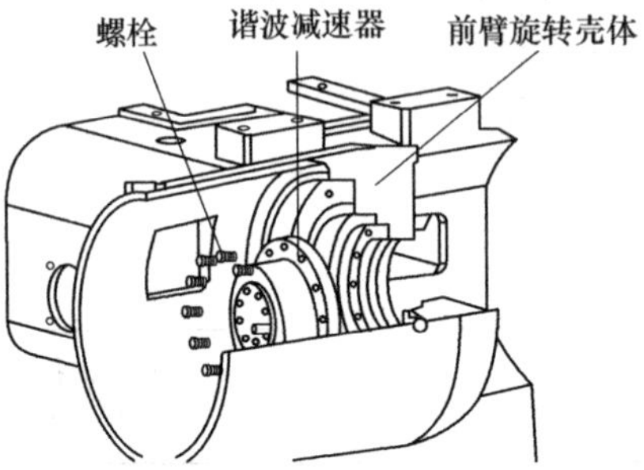 螺栓 谐波减速器 前臂旋转壳体	安装平面要贴紧，中间不留空隙，对准螺纹孔	润滑油、密封胶、螺栓（12×M4）、螺纹防松胶、加长内六角扳手
3	给 J4 轴电动机的主轴键槽涂上润滑油，然后嵌入平键	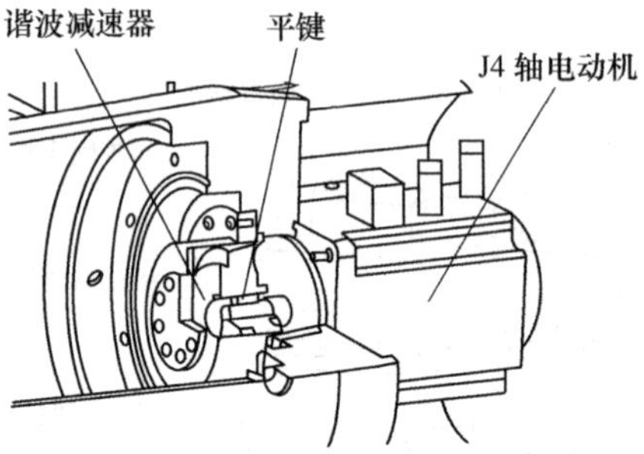 谐波减速器 平键 J4 轴电动机	防止平键掉落	润滑油
4	将 J4 轴电动机装配到前臂旋转壳体输出端，用螺栓紧固（伺服电动机的安装过程和方法见表4-2）		J4 轴终端的键槽与谐波减速器的键槽对正，并用平键周向固定	密封胶、螺栓（4×M4）、螺纹防松胶、内六角扳手
5	装入转台轴承，并用螺栓紧固	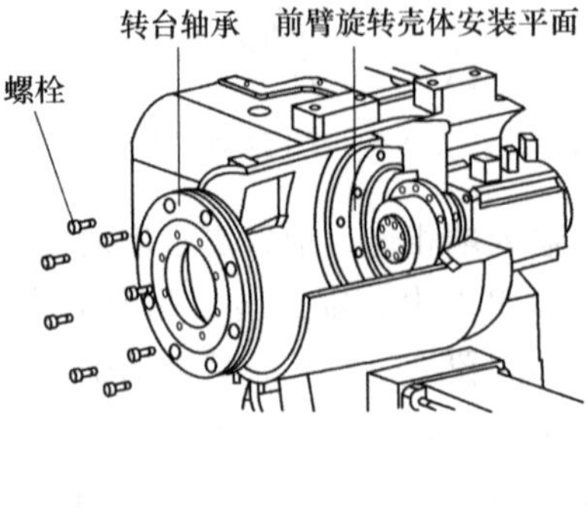 转台轴承 前臂旋转壳体安装平面 螺栓	转台轴承外圈上的螺纹孔与前臂旋转壳体上的螺纹孔对齐	螺栓（8×M5）、螺纹防松胶、加长内六角扳手

（续）

序号	装配内容	示意图	要求	工具或物料
6	装入谐波减速器柔轮输出盘,并用螺栓紧固	输出盘　转台轴承　谐波减速器 螺栓	输出端内圈的螺纹孔连接的是谐波减速器的柔轮,输出端中间的螺纹孔联接的是转台轴承的内圈	螺栓（16×M5）、螺纹防松胶、加长内六角扳手
7	最后装入前臂支承座,并用螺栓紧固	螺栓　输出盘 前臂支承座	前臂支承座的螺纹孔与柔轮输出盘的外圈螺纹孔对齐	螺栓（8×M5）、螺纹防松胶、加长内六角扳手
8	装前臂旋转壳体上的盖板,并用螺栓紧固	盖板	安装面紧贴,安装边对齐,盖板与机体连接可靠	螺钉（8×M3）、十字螺钉旋具
9	检验	图略	按技术要求,灵活转动无阻滞	
10	注意事项	1)谐波减速器理论上是免润滑的,如需维护直接更换减速器即可 2)转台轴承是一种自带润滑和密封装置的轴承,无须对其进行润滑和油封		

⑤ 前臂端 J5 轴的装配工艺过程及装配方法。

前臂端 J5 轴的整体外形如图 4-36 所示，其结构主要由前臂臂架、J5 轴电动机、电动机安装板、带轮、同步带、谐波减速器、手腕壳体和减振撞块等组成。

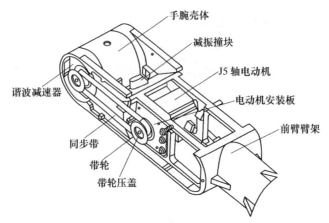

图 4-36　前臂端 J5 轴的整体外形图

前臂臂架既是机器人功能构件的延伸，又是 J5 轴、J6 轴装配的基础。前臂臂架的输入端与前臂支承座的输出端相连，J5 轴电动机的运动通过同步带传递到固定在前臂臂架输出端的减速器的输入端，减速器的输出端固定在手腕壳体上，因此，手腕壳体可以绕前臂臂架输出端中心轴旋转，此为 J5 轴的运动。J5 轴电动机通过电动机安装板固定在前臂臂架上，同步带通过带轮压盖和螺栓固定在电动机轴的终端。减振撞块的作用是限位，防止手腕壳体与前臂臂架刚性碰撞。前臂端 J5 轴的装配流程见表 4-19。

表 4-19　前臂端 J5 轴的装配流程

序号	装配内容	示意图	要求	工具或物料
1	检查各构件是否完好	图略	1）各安装平面不能歪斜，表面不能异物、油渍等 2）螺栓孔部位不能有凸起、毛边或异物进入	清洁抹布
2	将前臂臂架安装到前臂支承座上，并用螺栓紧固	前臂臂架　螺栓　前臂支承座	对准螺纹孔，前臂臂架和腰部旋转座的零位标志要对齐	螺栓（8×M6），内六角扳手，螺纹防松胶

（续）

序号	装配内容	示意图	要求	工具或物料
3	将 J5 轴电动机安装板安装到前臂臂架上,并用弹性垫圈加螺栓紧固	电动机安装板 螺栓 垫圈	对准螺纹孔	螺栓(4×M5)、内六角扳手、螺纹防松胶
4	在 J5 轴伺服电动机的轴颈上装上滚动轴承,然后安装到安装板的另一侧,并用螺栓紧固	滚动轴承 J5 轴电动机	对准螺纹孔	螺栓(4×M4)、内六角扳手
5	在电动机轴的键槽上装上平键,并装上带轮	带轮 压盖 螺栓	对齐电动机轴和带轮上的键槽,用键实现周向固定	螺栓(1×M4)、螺纹防松胶、内六角扳手
6	在带轮的外侧装上压盖,并用螺栓紧固(1×M4)		用螺栓紧固实现轴向固定	

（续）

序号	装配内容	示意图	要求	工具或物料
7	将 J5 输出轴用滚动轴承装入手腕壳体中心孔位置	手腕壳体 滚动轴承	滚动轴承需要加润滑油，充分润滑	略
8	将密封圈及隔环装入手腕壳体	密封圈 隔环	略	略
9	将手腕壳体和谐波减速器一起装到前臂臂架上（谐波减速器的安装见表4-4）	手腕壳体 前臂臂架 谐波减速器	安装边对齐，刚轮上的螺纹孔与手腕壳体上的螺纹孔对齐	螺栓（21×M3）、加长的内六角扳手、润滑油、螺纹防松胶

（续）

序号	装配内容	示意图	要求	工具或物料
10	在 J5 输出轴轴颈位置键槽上装入平键,并将其装入谐波减速器中	键 输出轴	传动轴上的键槽与谐波减速器轴孔中的键槽对齐,用平键实现周向固定,轴的顶端应进入手腕壳体中心的滚动轴承中	略
11	装上盖板和轴承,并用螺栓紧固	滚动轴承 盖板 螺栓	盖板、减速器和前臂臂架的连接螺纹孔对齐,并用螺栓紧固,滚动轴承需要加润滑油,充分润滑	螺栓（20×M4）、内六角扳手、气动扳手
12	在 J5 输出轴轴端依次装上键和带轮,然后压上压盖,并用螺栓紧固	带轮 压盖 键 螺栓	传动轴上的键槽与带轮轴孔中的键槽对齐,用平键实现周向固定	螺栓（1×M4）、内六角扳手

（续）

序号	装配内容	示意图	要求	工具或物料
13	装上同步带	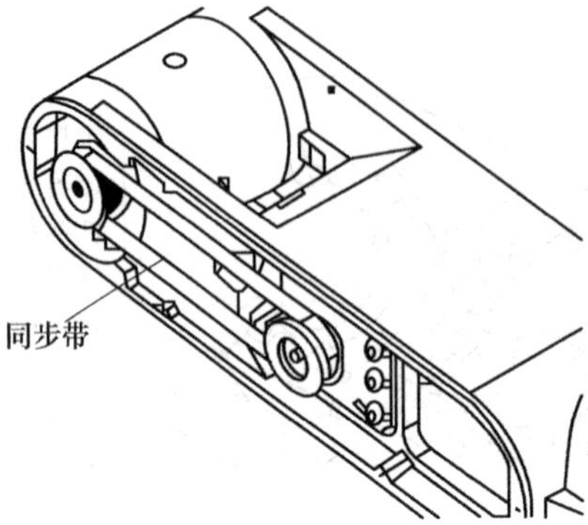 同步带	同步带的张紧要适当	略
14	在两侧装上减振撞块	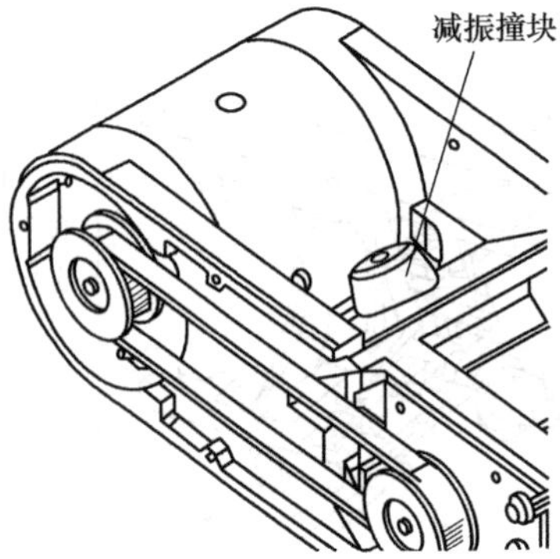 减振撞块	连接可靠	略
15	检验	图略	按技术要求，灵活转动无阻滞	
16	注意事项	1）紧固用螺栓需加螺纹防松胶 2）可通过调节电动机安装板上的螺栓来调节同步带的张紧程度 3）上密封圈时严禁强力拉扯或划伤密封圈		

⑥ 前臂上 J6 轴的装配工艺过程及装配方法。

前臂上 J6 轴的整体外形如图 4-37 所示，其结构主要由前臂臂架、J6 轴电动机、电动机固定板、带轮、同步带、谐波减速器、手腕壳体和末端法兰等组成。J6 轴电动机的运动通过同步带传递给固定在前臂臂架输出端另一侧的伞齿轮主动轮部件，再通过伞齿轮传动将运动和动力传递到固定在手腕壳体上的末端法兰，控制末端法兰的旋转，此为 J6 轴的运动。

J6 轴电动机安装过程参照 J5 轴电动机的安装过程。J6 轴输出端内部结构如图 4-38 所示，它主要通过一对伞齿轮传递运动和动力，装配时可分为主动轮部件和从动轮部件两个装配子单元，分别进行装配。

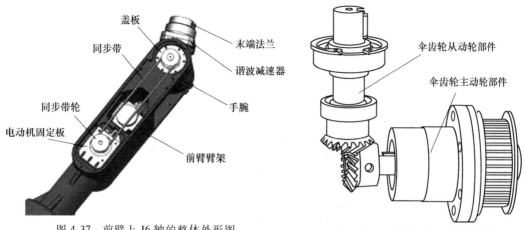

图 4-37　前臂上 J6 轴的整体外形图　　　图 4-38　J6 轴输出端内部结构图

伞齿轮主动轮部件装配流程见表 4-20。

表 4-20　伞齿轮主动轮部件装配流程

序号	装配内容	示意图	要求	工具或物料
1	检查各构件是否完好	图略	1）各安装平面不能歪斜，表面不能有异物、油渍等 2）螺栓孔部位不能有凸起、毛边或异物进入	清洁抹布
2	在轴的左侧依次装入防尘密封圈、左侧轴承、轴座、键和伞齿轮，最后装上压盖，并用螺栓紧固		轴承需轴向定位，伞齿轮的键槽需与输入轴的键槽对齐	螺栓（1×M4）、内六角扳手

（续）

序号	装配内容	示意图	要求	工具或物料
3	在轴的右侧依次装入轴承挡圈、右侧轴承、轴承盖、轴承隔环	轴承挡圈　轴承　轴承盖　轴承隔环	轴承需轴向定位,轴座和轴承盖的螺纹孔对齐。轴承的装配应符合规范	
4	在前臂臂架 J6 轴输出端装上固定套,并用螺栓紧固	固定套　螺栓	固定套的螺纹孔与前臂臂架的螺纹孔对齐	螺栓（6×M4）、内六角扳手
5	装入伞齿轮主动轮部件,并用螺栓紧固	伞齿轮主动件装配体　螺栓	轴座的螺纹孔与手腕上的螺纹孔对齐,按规范要求拧紧螺钉,控制拧紧力矩	螺栓（6×M4）、内六角扳手
6	在轴上装上平键,并依次装入带轮和端盖,最后用螺栓紧固	键　带轮　压盖　螺栓	带轮的键槽与轴的键槽要对齐,在轴和孔中加入适当润滑油,控制拧紧力矩	螺栓（1×M4）、内六角扳手

（续）

序号	装配内容	示意图	要求	工具或物料
7	装配同步带	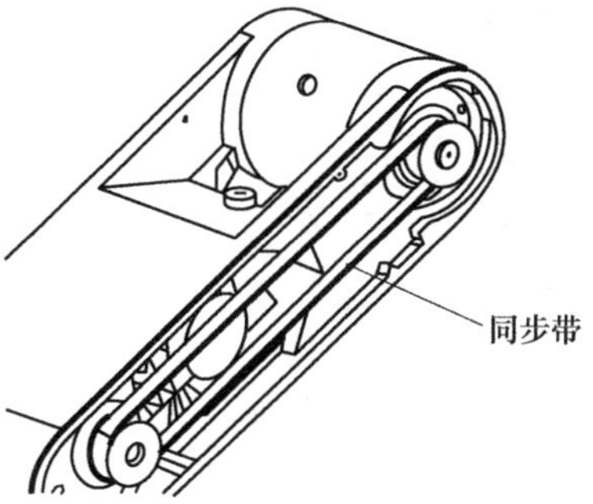 同步带	调整同步带张紧机构,使同步带的张紧力符合要求	略
8	检验	图略	按技术要求,灵活转动无阻滞	
9	注意事项	1)紧固用螺栓需加螺纹防松胶 2)可通过调节电动机安装板上的螺栓来调节带的张紧程度 3)仔细检查同步带的规格型号是否与同步轮相匹配,否则将影响传动效率与同步带寿命		

伞齿轮从动轮部件装配流程见表4-21。

表 4-21 伞齿轮从动轮部件装配流程

序号	装配内容	示意图	要求	工具或物料
1	检查各构件是否完好	图略	1)各安装平面不能歪斜,表面不能有异物、油渍等。 2)螺栓孔部位不能有凸起、毛边或异物进入	清洁抹布
2	在轴的下侧依次装入大轴承、弹性挡圈、小轴承、键和伞齿轮的从动轮,最后在伞齿轮顶端装上压盖,并用螺栓紧固	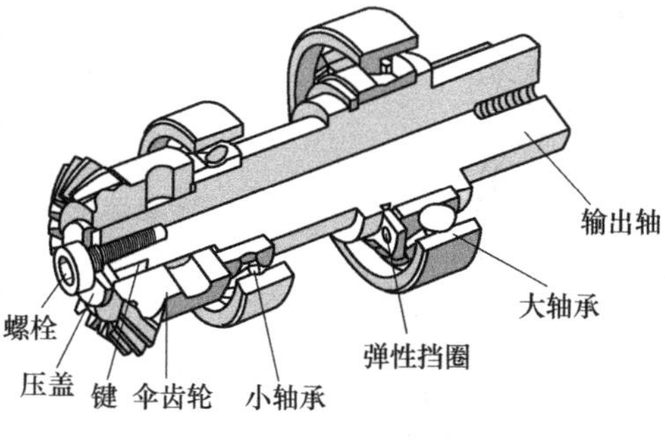 输出轴 大轴承 弹性挡圈 小轴承 伞齿轮 键 压盖 螺栓	轴承需轴向定位,其他零件安装到规定位置	螺栓(1×M4)、内六角扳手

（续）

序号	装配内容	示意图	要求	工具或物料
3	将上述装配体从手腕的输出端装入手腕	伞齿轮从动件装配体 伞齿轮主动轮	伞齿轮不能歪斜，从动轮与主动轮正确啮合。注意检查啮合接触精度，要达到规定要求	略
4	装入输出端的谐波减速器，安装压盖，并用螺栓紧固	螺栓 压盖 谐波减速器 手腕壳体	螺纹孔对齐，按规定顺序拧紧	螺栓（4×M4）、内六角扳手
5	在手腕输出的终端装上终端法兰，并用螺栓紧固	螺栓 终端法兰	注意终端法兰的安装位置，螺纹孔对齐，按规定顺序拧紧。紧固用螺栓需加螺纹防松胶	螺栓（4×M6）、内六角扳手

（续）

序号	装配内容	示意图	要求	工具或物料
6	检验	图略	按技术要求,灵活转动无阻滞	
7	注意事项	伞齿轮副安装时,需要保证轴心线垂直相交,装配后可以通过噪声或啮合接触来判定是否正确啮合。正常啮合后的接触痕迹是指沿齿宽方向的印迹长度不得小于齿宽的 50%～60%,沿齿高方向的印迹高度不得小于齿高的 40%～50%,且必须分布在节锥上		

⑦ 臂架两侧的盖板的装配工艺过程及装配方法。

臂架两侧的盖板的装配流程见表4-22。

表 4-22　臂架两侧的盖板的装配流程

序号	装配内容	示意图	要求	工具或物料
1	装上前臂臂架两侧的盖板	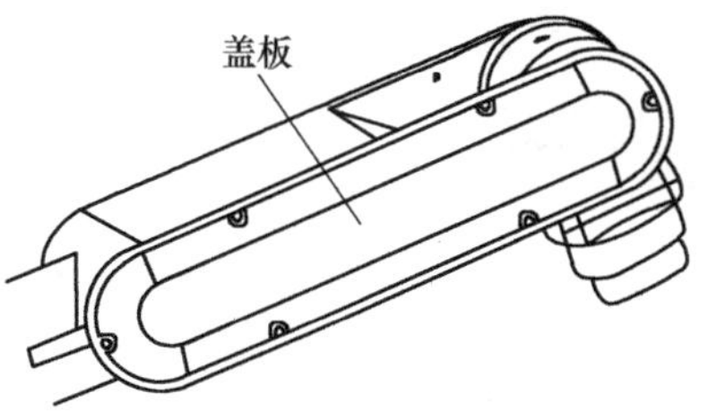 盖板	安装边对齐,螺纹孔对齐,螺钉按规定拧紧	螺钉（6×M3）,十字螺钉旋具
2	检验	图略	检查外观无缺件和损伤等	

在工业机器人机械装配过程中，会遇到控制线路和管线的装配，需要与电气装配工或电气工程师一起协同完成。在控制线路和管线装配过程中，由电气装配工具体负责项目，机械装配工需要注意一些装配中不可避免的问题，见表4-23。

表 4-23　控制线路和管线装配注意事项

序号	示意图	要求
1	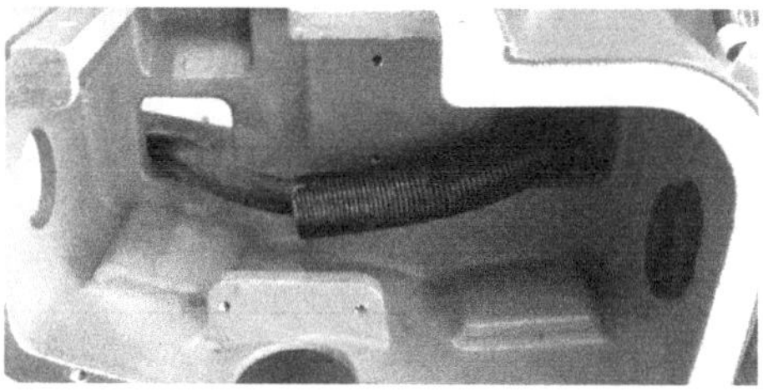	将控制线穿管(箱)时,保持顺直,不得扭曲、交叉和缠绕
2	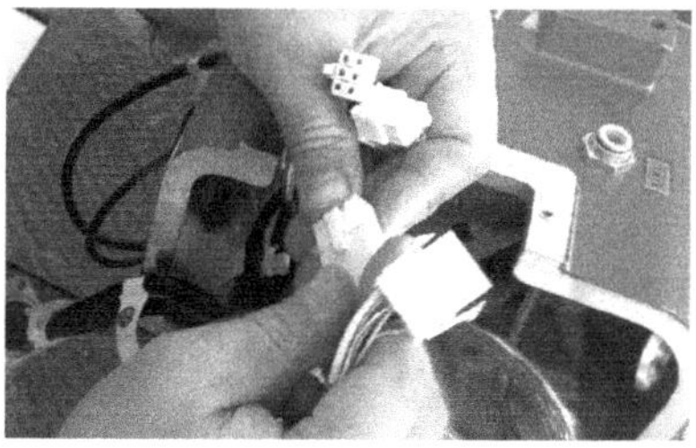	按电路图区分连接器型号

（续）

序号	示意图	要求
3	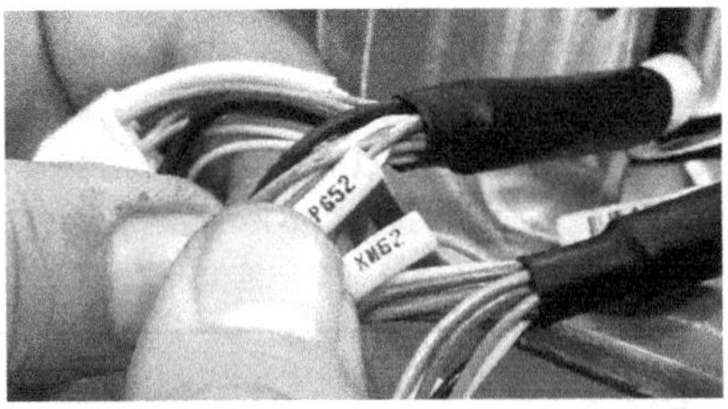	整理控制线，做到不缠绕
4		按电路图示意确认接线编号
5	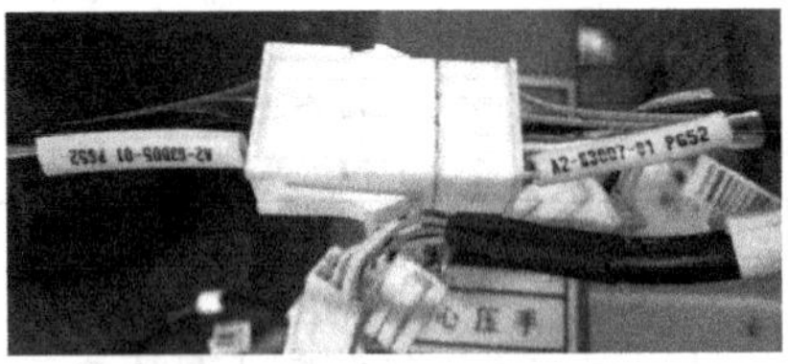	正确接插连接器
6	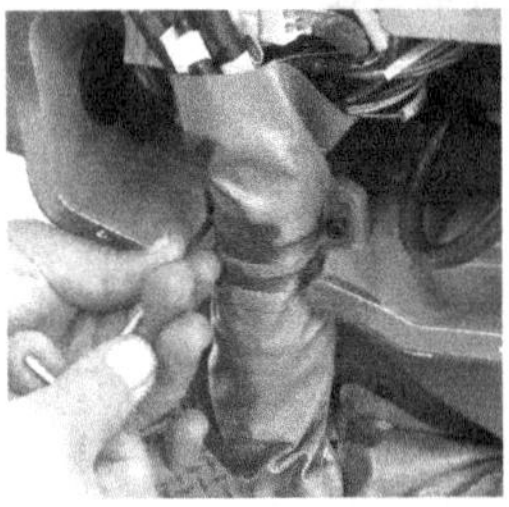	正确固定控制线套管
7	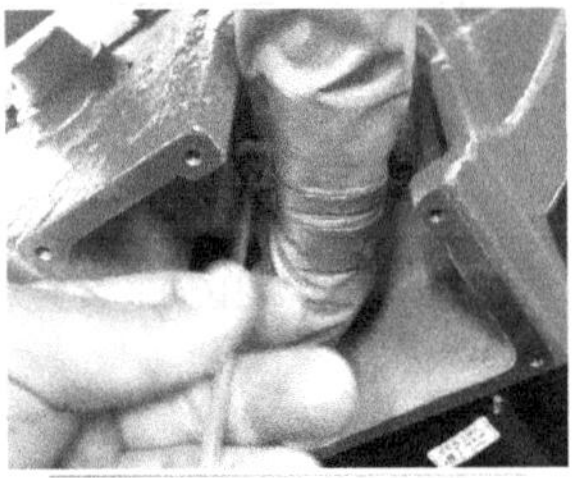	正确固定控制线套管

（续）

序号	示意图	要求
8		正确固定控制线套管
9	其他要求按电工电子装配工艺实施或由电气装配工完成	

至此，新松 SR6 系列六轴工业机器人的机械部分装配完成。

小结

本节主要介绍了六轴工业机器人的结构、特点和运动方式，并以新松 SR6/SR10 系列六轴工业机器人为例，介绍了其装配注意事项和装配流程。

思考题

1. 什么是六轴工业机器人？六轴工业机器人可以用在哪些场合？
2. 六轴工业机器人分别采用了哪些减速机构？
3. 六轴工业机器人的装配应注意哪些事项？
4. 六轴工业机器人的密封方式有哪些？
5. 装配过程中紧固用的螺栓应做什么处理？为什么？
6. J5、J6 轴传动中用的是同步带，可以用平带或 V 带代替吗？为什么？
7. J6 轴伞齿轮用螺栓做轴向固定，可以不用吗？为什么？

附录

1. 7S 管理制度目的

为了确保装配车间作业人员和现场符合 7S 管理要求，实现优质、高效、低耗、均衡、安全生产，特制定装配生产车间 7S 管理制度。

2. 7S 管理制度适用范围

适用于装配部所有人员。

3. 7S 管理制度权责

3.1　部门主管负责制定本管理规定，责成装配车间严格贯彻执行本规定。

3.2　部门主管每周进行一次生产现场管理监督检查，定期考核。

4. 7S 管理制度定义

4.1　工作现场"7S 管理制度"——整理、整顿

4.1.1　工具、夹具及检具要求必须摆放于规划指定的区域，并且摆放整齐、标识清楚。

4.1.2　物料、材料及产品等应按标准摆放于指定区域，无混放且按要求进行存放。

4.1.3　资料、文件及文具等按类别进行摆放并标识清楚，同时使用完后要及时归位。

4.1.4　工作区域内不得摆放近期不用或与工作无关的物品，摆放的物品在使用时能迅速拿取使用。

4.1.5　车间内张贴的宣传标语及工作白板标识要清楚、完整，不得脱落、不陈旧、格式统一并排列整齐。

4.1.6　设备工作场地生产用油不准到处乱放，地面不准有明显油积，水、电、气、油无跑、冒、漏滴的现象。

4.1.7　桌椅、工作台面及工具箱按要求摆放整齐，人员离位椅子应及时放于桌子下。

4.1.8　车间内任何物品不得摆放于安全通道内或是压黄线，物品摆放应紧贴黄线，看上去整齐统一。

4.2　工作现场"7S 管理制度"——清扫、清洁

4.2.1　天花板、门窗、墙壁及地面要清洁干净，无纸屑、无杂物（或铁屑）、无死角、无尘积，天花板及墙上无蜘蛛网。

4.2.2 工作台面、机器、设备及文件柜都应保持清洁卫生，无油污积灰，且设备要有固定的保养责任人，每日检查及时排除隐患，并作记录。

4.2.3 工具、夹具及检具应时刻保持清洁干净、无生锈现象，定期打扫。

4.3 工作现场"7S管理制度"——素养、安全

4.3.1 上班时间精力充沛，不翘腿、不趴在工作台面或桌椅上。

4.3.2 上班时间按要求佩戴厂证、穿着工服，不迟到、不早退、不打瞌睡、不嬉戏、不串岗。

4.3.3 按操作流程标准作业，不违规操作。无私拉乱接现象，危险区域需要有安全图样标识（如严禁烟火、有电危险等）。

4.4 "7S管理制度"定义

4.4.1 整理（Seiri）：要与不要的东西要清楚分开，并把不要的东西处理掉。

4.4.2 整顿（Seiton）：要的东西排列整齐加以标识，能简单而方便地拿取。

4.4.3 清扫（Seiso）：厂房、宿舍及食堂地面灰尘、污物的打扫及设备擦拭保养。

4.4.4 清洁（Seiketsu）：维护整理、整顿、清扫的状态，保持整齐干净。

4.4.5 素养（Shitsuke）：有遵守规则的习惯和不断追求完美的想法，勤俭不浪费。不断提高全体装配员工自身的素质。

4.4.6 安全（Safety）：把相关的安全工作及安全知识予以执行和宣传。

4.4.7 节约（Saving）：将时间、空间及材料能源等方面合理利用，以发挥它们的最大效能。

4.5 定置管理

4.5.1 人员定置：规定每个操作人员的工作位置和活动范围。

4.5.2 工件定置：根据生产流程，确定零部件存放区域，在制品状态标识。零部件绝对不能掉在地上，积极控制制程不良。

4.5.3 工具定置：确定工具存放位置和领用要求。

4.5.4 工具箱定置：工具箱内各种常用物品要摆放整齐。

4.6 定置管理实施要求

4.6.1 有物必有位：生产现场物品各有其位，分区存放，位置明确；有位必分类，生产现场物品按照工艺和检验状态，逐一分类。

4.6.2 分类必标识：状态标识齐全、醒目、美观、规范。

4.6.3 按区域定置：认真分析绘制生产现场定置区域，生产现场所有物品按区域标明位置分类存放，不能越区，不能混放，不能占用通道。

5. 7S管理制度改善小组职责

5.1 组长职责

5.1.1 协助公司推行7S工作，负责处理7S推行过程中的各类异常事件。

5.1.2 负责领导、监督、指导7S监察小组工作，监督7S各项规范要求、活动的审核。

5.1.3 负责组织培训、宣传工作及各部门内部推行指导，负责领导监察小组7S活动。

5.2 副组长职责

5.2.1 负责7S活动日常事务，对监察所发现的严重不良情况下达《7S改善通知单》。

5.2.2 负责对各部门的7S教育培训情况进行监督。

5.3 小组成员职责

5.3.1 定期或不定期对公司各工作区域、生活区域 7S 执行情况进行监察。

5.3.2 负责处理 7S 推行过程中的各类异常事件。

5.3.3 负责对每次监察的结果进行总结、公布、跟踪、评比和存档，以及评比结果奖罚的呈报与执行。

6.7S 管理惩罚制度（略）

附录 B 通用量具的使用、维护和保养

1. 量具的正确使用

正确使用量具，是测量工作中的重要环节。一般说来测量（为得到被测尺寸的数值而进行的一系列操作）的过程并不复杂，但影响到测量精度的因素却是很复杂的，例如：量具、量仪本身的误差，温度造成的误差，测量力和读数造成的误差等。因此，要提高测量精度，就应该尽量减少或消除影响测量精度的各种因素。测量时请注意以下几点：

1）标准件的误差虽然小，但是经常使用也会产生磨损，使误差值增大。所以必须坚持标准件的定期检定制度，以便按照标准件的实际精度等级来合理选用。其选用标准一般要求是标准件的误差不应超过总测量误差的 1/5～1/3，或者标准件的精度等级比被测件精度高 2～3 级，同时还要在测量值中加上标准件的修正值。

2）减少测量方法误差的影响。正确选择测量方法和被测件的定位安装方式，可以减少测量误差。要求测量人员熟悉被测件的加工过程，正确选择测量基面。

3）减少量具误差的影响。每种量具在检定规程或校准办法中都规定了允许的示值误差，以保证一定的测量精度。但是量具由于磨损和使用不当等原因，将逐渐丧失检定后的精度，为此应注意：

① 不合格的量具坚决不用。量具必须经过检定合格且在有效期内才准许使用，注明修正值的，应把修正值加上。

② 某些量具（如游标卡尺、千分尺等），在使用前要先对零位。

③ 量具、测头应滑动均匀，避免出现过松或过紧的现象。

4）减少测量力引起的误差。为了减少测量力引起的测量误差，测量时测量力的大小要适当、稳定性要好。需要注意以下几个方面：

① 测量时的测量力，应尽量与"对零"时的测量力保持一致；各次测量的测量力的大小要稳定。

② 测量过程中，量具的测头要轻轻接触被测件，避免用力过猛或发生冲击现象。

③ 某些量具带有测量力的恒定装置，测量时必须使用（如千分尺的测力装置）。

5）减少温度引起的误差。温度变化对测量结果有很大的影响，特别是在精密测量和大尺寸测量时，影响更为显著。倘若量具、被测件的温度变化较大或二者的温差较大时，都不可能测量出准确结果。100mm 长的被测件温度每变化 1℃时，不同的金属材料所引起的尺寸变化 $\triangle I$ 分别为：

钢件 $\triangle I \approx 1.1\mu m$；　铜件 $\triangle I \approx 2\mu m$；　铝件 $\triangle I \approx 2.5\mu m$

如果 1000mm 长的钢轴，温度由 20℃上升到 60℃时，尺寸就增大了约 0.44mm。以下几

种方法，能减少温度引起的误差：

① 精密测量应在恒温室中标准温度（20℃）下进行。

② 应使量具与被测件的线膨胀系数相接近。在相对测量（比较法）时，标准件的材料尽可能与被测件相同，或者挑选质量较好的被测件作为标准件。

③ 量具和被测件在相同温度下进行测量，在加工中受热或过冷的工件都不应该立即进行测量。

④ 采用定温的方法，即量具和工件在同一个温度下，并经过一定时间的放置，使二者与周围环境的温度相一致，然后再进行测量。最好在铸铁板上定温，定温时间参见表 B-1。

表 B-1　定温时间

被测件长度/m	≤1	1~3	>3
定温时间/h	1.5	3	4

⑤ 量具不应放在热源（如火炉、暖气等）附近和阳光下，以及没有绝热装置的机床变速箱上或风口处等高温或低温的地方。

⑥ 注意测量者的体温、手温、哈气对量具的影响。例如：不应把精密量具放在口袋里或长时间地拿在手里；有隔热装置的量具，测量时应手持隔热装置部分。

6）减少主观原因造成的误差。

① 掌握量具的正确使用方法及读数原理，避免或减少测错现象。不熟悉的量具，不要随便动用。

② 测量时应认真仔细，注意力集中，避免出现读错、记错等现象。尽量减小估读误差。

③ 在同一位置上多测几次，取其平均值作为测量结果，可减少测量误差。

④ 要减少视觉误差，学会正确读数。正确的读数方法是，用一只眼正对着刻线或指针读数，而不是用鼻梁对正，也不能睁一只眼闭一只眼。

2. 量具的维护和保养

① 不要用油石、砂纸等硬物擦量具、量仪的测量面和刻线部分。非计量人员严禁拆卸、改装和修理量具。

② 量具的存放地点要求清洁、干燥、无振动、无腐蚀性气体。量具不应放在火炉边、床头箱、风口处等高温或低温的地方，不要放在磁性卡盘等磁场附近，以免被磁化，造成测量误差。

③ 不要用手直接摸量具、量仪的测量面。以免因汗渍、潮湿、赃物等污染测量面，使之锈蚀。

④ 量具、量仪不允许和其他工具混放，以免碰伤或挤压变形。

⑤ 使用后的量具、量仪要擦拭干净，松开紧固装置。暂时不用的量具、量仪，清洗后要在测量面上涂上防锈油，放入盒内。存放时不要使两个测量面接触，以免磨损或生锈。

附录 C　游标卡尺使用及注意事项

游标卡尺属于万能量具，其结构简单，使用方便，是机械制造业中一种最常用的量具。它是利用游标框沿尺身滑动来改变游标框量爪（活动量爪）与尺身量爪（固定量爪）的相对位置进行测量，利用游标原理进行读数的一种量具。

因游标卡尺尺身与被测尺寸平行，不符合阿贝原则（被测量轴线只有在基准轴线的延长线上，才能得到精确的测量结果），所以它的测量精度不够高，属于中等精度的量具，只能用于测量精度为12~16级的高度、深度和内外径等加工尺寸。

1. 使用前的检查

（1）检查外观

用干净的棉纱、软布擦净测量面、尺身和游标，查看是否有锈蚀、碰伤等影响使用质量的外观缺陷。

（2）检查各部位相互作用

推拉游标卡尺的尺框，检查是否平稳、灵活；尺框在滑动时不应太松或太紧，不允许有卡住或晃动现象；用手轻摇活动量爪时，尺框和尺身之间不应有明显晃动；深度尺不允许有窜动现象；紧固螺钉的作用应可靠；微动装置的空程，新游标卡尺应不超过1/4转，使用过的游标卡尺应不超过1/2转。

（3）检查紧固螺钉对读数值的影响

测得一个尺寸，再用紧固螺钉把尺框固定住，然后检查卡尺的读数值是否发生变化，如果读数改变，则说明卡尺已经不准，不能继续使用。

（4）检查零位

轻推尺框，使游标卡尺的两个量爪合拢，对着光线检查量爪是否贴合严密，如贴合不严（漏光）就不能再使用。两个量爪贴合严密时再检查零位，先看游标零刻线是否与尺身的零刻线对齐，再看游标的尾刻线是否与尺身上的适当刻线对齐，重复检查2~3次。如果都对齐了，说明零位正确，可以使用；若不对齐，请检查：①两量爪的测量面是否擦净；②每次合拢量爪时用力是否一样；③游标紧固螺钉是否松动。如属以上原因请加以排除，再重新校对零位；如不是这些原因，请送计量室调整，不得私自拆卸。

在紧急情况下，零位不对也可以使用。但这时要牢记与零位相差的数值，在测量时要加上或减去这个数值来进行修正。

以刻度值0.02mm的游标卡尺为例，当游标的第2条（按序号数）刻线与尺身刻线对齐时，表明它的零位大$0.02×2=0.04$mm。若仍用这把游标卡尺测量，那么测量得到的每一个数值都要减去0.04mm，才是正确的测量结果；反之，如果零位小0.04mm（即游标的第48条刻线与尺身刻线对齐）时，就要在测量得到的每一个数值上加0.04mm。这种使用方法容易出错，所以尽量不用或少用。

2. 正确使用游标卡尺

游标卡尺使用的正确与否，不仅会影响卡尺本身的精度，也会影响测量精度。所以在使用游标卡尺时，一定要注意采用正确的操作方法。

（1）测量不同尺寸时的操作

① 测量外尺寸　应将量爪张开的比被测尺寸稍大一些，再将固定量爪与被测表面靠紧，然后轻推尺框，使活动量爪接触被测表面，并稍微游动活动量爪，以便找出最小尺寸部位，即可获得正确的测量结果。卡尺的两量爪不能歪斜，应垂直于被测表面，否则如图C-1所示，测量结果 A 要比实际尺寸 B 大。读数后要先把活动量爪移开，再从被测件中取下卡尺。

② 测量内孔直径　应将量爪张得比被测尺寸稍小，再把固定量爪靠在孔壁上，然后轻

推尺框使活动量爪沿直径方向接触孔壁，并稍微游动活动量爪，以便找出最大尺寸部位，用紧固螺钉把尺框固定，读取游标卡尺读数。游标卡尺量爪应放在孔的直径方向上，不能歪斜，否则如图 C-2 所示，测量结果 A 要比实际孔径 D 小。

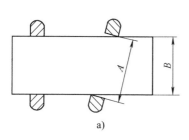

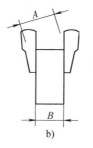

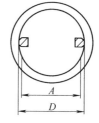

图 C-1　测量外尺寸

a）量爪张开尺寸过小　b）量爪歪斜

图 C-2　测量内孔直径

（未找到最大尺寸部位）

③ 测量沟槽宽度与测量孔径相似　量爪要垂直于槽壁，不能倾斜，否则如图 C-3 所示，测得数值 A_1 或 A_2 比槽宽 B 可能大，也可能小。用内测量爪测量沟槽、孔径尺寸时，游标卡尺的读数只是量爪内测量面间的距离，所以还应加上量爪尺寸，才是被测工件的正确尺寸。新制游标卡尺内测量爪尺寸必须是 10mm 或 20mm 的整数（双游标卡尺除外），使用中和修理后的量爪尺寸，允许为该卡游标尺分度值的整倍数，并标记在量爪侧面或检定证书上，使用时要看清这个修正值并加以修正，才能得到正确的测量结果。

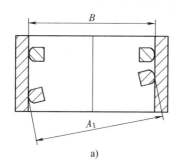

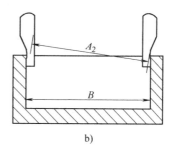

图 C-3　测量间槽宽度

a）量爪歪斜一　b）量爪歪斜二

④ 测量工件深度尺寸　使尺身下端面与被测件的顶面贴合，垂直向下推动测深尺，使其轻触被测底面，紧固尺框后再读取卡尺读数，最好重复测量一次。测量时要注意使测深尺的削角边朝向靠近的槽壁面，离开被测件根部，否则槽底根部圆角等会影响测量结果。

（2）测量力要适当

测量力不可过大或过小，使量爪与被测表面轻微接触为合适。用力过大，尺框会因受力而倾斜一个角度 α，所测得的数值 A 要比实际尺寸 B 小。同时还可看出被测件在量爪中的位置距尺身越远（S 值大），引起的误差也越大，如图 C-4 所示。由此可知，测量时用力要适当，被测件也要尽量放在量爪的根部以减少误差。

使用带有微动游框（控制测力装置）的游标卡尺，在量爪即将与被测件接触时，用紧固螺钉把微动框固定，然后转动微调螺母，使游框做微量移动直至量爪的测量面与被测表面

图 C-4　测量力要适当

接触为止，最后用螺钉把游框固定后再进行读数。读数后，应先松开紧固螺钉移开量爪，再抽出卡尺。

（3）选用量爪的适当部位进行测量

测量外尺寸时，应使用量爪的平测量面（工件尽量靠近尺身），尽量避免使用刀口形测量面（刀口形测量面窄、易磨损）测量。

测量弯曲形或小尺寸零件和带圆弧形沟槽的外圆直径尺寸时，使用外测量爪的刀口形部分测量。测量时应注意，刀口形外测量爪接触面小，测量时易歪斜；距尺身较远，测量时变形量较大。

（4）测量温度要适宜

测量温度与标准温度（20℃）的偏差不应过大，允许偏差见表 C-1。

表 C-1　测量温度与标准温度允许偏差

被测件尺寸范围/mm	1~50	50~120	120~150
与20℃的允许偏差/℃	±8	±6	±5

当游标卡尺和被测件的温度相同时，测量温度与标准温度的允许偏差可适当防宽（定温测量）。

（5）适当增加测量次数

为了得到正确的测量结果，可在被测件的同一位置或者同一个截面的不同方向上多测量几次，取它的平均值。对于较长的被测件要多测量几个位置。

3. 游标卡尺的测量精确度

（1）游标卡尺的示值误差

游标卡尺的精度是用刻度值表示的，如 0.02mm；0.05mm。各尺寸段的示值误差见表 C-2。

表 C-2　游标卡尺各尺寸段的示值误差

游标读数值/mm	测量尺寸范围/mm				
	0~300	>300~500	>500~1000	>1000~1500	>1500~2000
0.02	±0.02	±0.04	±0.07	±0.10	±0.14
0.05	±0.05	±0.05	±0.125	±0.15	±0.20

（2）游标卡尺精度的使用范围

游标卡尺精度的使用范围见表 C-3。

表 C-3　游标卡尺精度的使用范围

游标读数值/mm	被测件的尺寸公差等级
0.02	12~16
0.05	13~16

4. 读数方法

用游标卡尺进行测量时，总是以游标的零刻线为基准来读数的。读数方法与步骤如下：

第一步：读出游标零刻线左边尺身上的毫米整数。

第二步：看游标的第几条刻线与尺身的刻线对齐，将游标上该刻线的序号乘上游标读数值，即得小数部分，也可根据游标上标明的数字直接读出小数部分。

第三步：将毫米数与小数部分相加，即得被测尺寸读数。

例如：图 C-5 所示的工件尺寸为 13.12mm，游标刻线值为 0.02mm，读数方法即13mm+0.02mm×6＝13.12mm（游标上的第 6 号刻线与尺身刻线对齐）。

有时可能会出现游标上的刻线与尺身上任何一条刻线都对不齐的情况，此时可找出两条与尺身刻线比较对准的游标刻线，这样被测尺寸的小数部分等于左边一条游标刻线的序号乘以分度值再加上游标分度值的一半。

图 C-5　游标卡尺的读数方法

附录 D　外径千分尺使用及注意事项

外径千分尺，又叫分厘卡。因它具有测量精度较高、使用方便、调整容易、测力恒定等特点，所以在工厂中使用普遍，是十分重要的精密量具，千分尺是应用螺旋副原理，将回转运动变为直线运动的一种量具，主要用来测量各种外部尺寸，如长度、厚度和外圆直径等。

因受螺旋副制造精度的限制，分度值一般是 0.01mm，即百分之一毫米，因此又可称为百分尺。现在只是按习惯称它为千分尺，国家标准也沿袭了这一名称。

1. 使用前的检查

（1）检查外观

观察千分尺有无影响使用的外观缺陷，如碰伤、锈蚀、磁化及刻线不清晰等。

（2）检查各部位相互作用

用软布或干净棉纱擦净千分尺两测量面。检查各活动部位是否灵活、可靠；转动棘轮，检查全行程内微分筒转动是否平稳，不能有卡住、阻滞或微分筒与固定套管相互磨擦的现象；测微杆移动平稳，不应有轴向窜动或径向摆动；锁紧装置可靠，测力装置完好，锁紧后旋转棘轮应能发出清脆的"咔、咔"响声。

（3）检查零位

擦净两测量面，用测力装置使之轻轻接触，当听到"咔、咔"声响时，观察微分筒的棱边是否对准固定套管的零刻线（对准时微分筒锥面的端面应与固定套管横刻线的右边缘相切，允许压线0.05mm，离线0.1mm）；观察固定套管上的纵刻线是否对准微分筒上的零刻线。如果二者位置都正确，就认定千分尺的零位是对的。

如果发现以上三项中的一项不符合要求，请送计量室修理检定，不得私自调整。

2. 千分尺的正确使用

在测量中，只有正确使用千分尺，才能保证测量方便迅速、结果准确，并能长期保持千分尺的精度。

（1）减少温度的影响

使用千分尺时，要握住隔热装置。直接用手拿弓架去测量，会引起测量尺寸的改变。例如：受检尺寸为100mm，检验时室温为20℃，手与千分尺弓架接触时间为10min，就会引起千分尺的尺寸变化量达0.006mm（6μm）之多。

使用千分尺时，不同精度的千分尺，在其测量范围内对标准温度（20℃）的允许温差见表D-1。

表D-1　使用千分尺时允许的温度偏差

千分尺的精度等级	被测件的尺寸范围/mm			
	0~18	18~50	50~120	120~150
	对标准温度（20℃）的允许偏差/℃			
0级	±8	±6	±4	±3
1、2级	±8	±8	±6	±5

一般情况下，也可用定温方法，即将千分尺和被测工件保持相同的温度，经过一段时间的放置（2h以上）再进行测量，便可以减少温度造成的测量误差。

（2）正确使用测力装置

测量距离较大时，应旋转微分筒，而不应旋转测力装置的转帽。这样即节约调节时间，又防止棘轮过早磨损，破坏测力。

当两个测量面将要接触被测表面时，就不要再旋转微分筒了，仅旋转测力装置的转帽，等到棘轮发出"咔、咔、咔"响声后，再进行读数。

不要猛力转动测力装置转帽，否则测杆因惯性冲向被测件，使得测力增大，测量结果就会不准。测量完毕，退尺时也应旋转微分筒，千万不要旋转测力装置的转帽，否则会使测力装置松动，零位发生变化，造成千分尺失准。

（3）正确的操作方法

① 双手操作法。左手拿住尺架的隔热板，右手用两指旋转测力装置的转帽或微分筒进行测量（适合大工件）。

② 单手操作法。左手拿住工件，右手的小指和无名指夹住弓架，食指和拇指旋转测力装置转帽或微分筒进行测量（适合小工件）。

③ 固定操作法。用软物垫住尺架，轻夹于钳口，左手拿工件，右手两指旋转测力装置的转帽或微分筒进行测量（适合件小、量大的工件）。

不能用千分尺测量带有研磨剂的表面、粗糙表面或带毛刺的边缘表面等，不能把千分尺当做卡规使用，不能摇转尺架，不能用千分尺测量运动着的被测件。

（4）正确选择测量面的接触位置

当千分尺的测量面快要接触被测表面时，要一边转动测力装置转帽，一边轻微晃动尺架，沿轴向晃动找出最小尺寸部位（如图 D-1a），就是垂直于轴线的正确测量截面；然后沿径向晃动找出最大尺寸部位（如图 D-1b），才是直径方向上的尺寸。

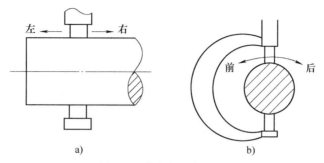

图 D-1　轴向与径向测量

测量时，要使测微杆轴线与工件的被测方向一致，不要歪斜。

千分尺的测量面与被测件相接触时，要根据工件表面的几何形状进行正确测量，如图 D-2 所示。

例：

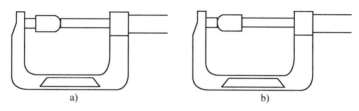

图 D-2　千分尺的测量面与被测件接触测量方式

a）正确　b）错误

3. 千分尺的合理选择

按照制造精度，千分尺可分为 0 级和 1 级，0 级高于 1 级。千分尺的精度主要是由它的示值误差、两个测量面的平行度误差以及尺架受力时的变形量的大小决定的。使用中允许有 2 级千分尺，其示值误差一般是 1 级千分尺的 2 倍。0～300mm 千分尺示值误差见表 D-2。

表 D-2　0～300mm 千分尺的示值误差

测量范围/mm	示值误差/μm	
	0 级	1 级
0～100	±2	±4
100～150	—	±5
150～200	—	±6
200～300	—	±7

测量不同公差等级的工件时，应按检验标准的规定合理选用千分尺，其使用范围见表 D-3。

表 D-3　千分尺使用范围

千分尺的精度级别	被测件公差等级	
	适用范围	合理使用范围
0 级	8～16 级	8～9 级
1 级	9～16 级	9～10 级
2 级	10～16 级	10～11 级

4．读数方法

千分尺的读数装置包括固定套管和可以移动的微分筒两部分。固定套管上纵刻线上下方各刻有 25 个分度，一方刻度每隔 5mm 刻线处有一个数字，表示毫米刻度的顺序，另一方是 0.5mm 的刻度。微分筒的棱边作为整数毫米的读数指示线。微分筒的圆周斜面上有 50 个等分分度。由于微分丝杠的螺距为 0.5mm，所以微分筒转一周，活动测杆移动 0.5mm；微分筒转一个分度（1/50 转），活动测杆则移动 0.01mm，因此微分筒上刻度的分度值为 0.01mm。固定套管上的纵刻线，作为不足 0.5mm 的小数部分的读数指示线。读数方法如下：

第一步：对好零位，即当千分尺两测量面良好接触后，微分筒棱边对准固定套管零刻线，固定套管上的纵刻线对准微分筒上的零刻线。

第二步：利用测力装置使两测量面与被测工件接触。

第三步：从固定套管上露出的刻线数读出被测尺寸的毫米整数和半毫米数，再从微分筒上由固定套管纵刻线所对准的刻线读出被测尺寸的小数部分（百分之几毫米）。不足一格的数，即千分之几毫米由估读法确定。将这几部分尺寸相加，即可得到被测工件的尺寸。

如图 D-3 所示，工件尺寸为 11.797mm。

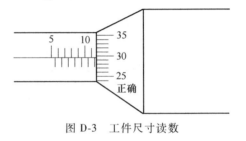

图 D-3　工件尺寸读数

附录 E　百分表使用及注意事项

百分表是一种灵敏度很高的测量仪器，使用简单、维修方便、测量范围较大，不仅进行比较测量，也能用于绝对测量，是工厂使用非常普遍的一种通用精密量具。百分表是利用齿条和齿轮传动，把测杆的直线位移变为指针的角位移的计量器具，主要用于测量制件的形状、位置和尺寸或用做某些测量装置的测量元件。

1．使用前的检查

（1）检查外观

检查表盘是否破裂或脱落，后盖封闭是否严密，以免灰尘、潮气侵入表体内部，使零件锈蚀；测头、测杆、套筒等部位是否有影响使用的锈蚀或损伤。

（2）检查灵敏性

轻轻推动和放松测杆，此时测杆的移动及指针的回转应平稳、灵活，不能有跳动、卡住和阻滞现象，指针不得松动。

（3）检查稳定性

推动并放松测杆 3 次，观察指针是否回到原位（百分表处于自由状态时，大指针应位于测杆轴线左上方距离零刻线 8~25 分度内）。如不能回到原位，说明该表的稳定性不好，请勿使用。

2. 百分表的正确使用

（1）正确的装夹方法

使用百分表时，必须把它可靠地固定在表架或其他支架上。如果采用固定夹持套筒的方法时，加紧力要适当，以免套筒被夹变形把测杆卡住。加紧后如需改变表的方向，必须先松开锁紧装置，否则易使夹持套筒松动，造成百分表报废。

（2）测头与被测表面接触

要先使大指针转过一圈，以保持测头与被测表面间的初始测力，提高示值的稳定性。在比较测量时，如果存在负偏差，预压量还要增大，使指针有一定的指示余量，只有这样才能既指示出正偏差，又指示出负偏差。

当测杆有一定的预压量后，锁住百分表。再把测杆上端提起 1~2mm 轻轻放下，反复 2~3 次后，检查指针的指示数值是否稳定。只有在稳定不变的情况下，才能利用百分表进行测量。

绝对测量时，用测量基准（如平板）作为对 "0" 位的基准；相对测量时，用量块作为对 "0" 位的基准。

在测量时也可以不必事先对 "0" 位，而是把测头与基准表面接触后使表针转过一圈左右，表针停在的位置作为测量的起始位置。这样可以节省时间而且准确，但不要记错位置。

（3）测量平面

测杆要与平面垂直，否则不仅测量误差大，甚至会把测杆卡住，损坏百分表。毛坯或有显著凸凹表面的工件，不要用百分表测量，否则易造成百分表损坏。测量圆柱形工件时，测杆的中心线要垂直地通过工件的中心线。

（4）放置表架的平面

如果放置表架的平面上有油，会产生微小的滑动，从而影响测量结果，此时可垫入一张能吸油的薄纸以增加摩擦。

3. 合理选用百分表

百分表按制造精度可分为 0 级和 1 级，使用中和修理后的百分表也允许有 2 级精度，主要数据见表 E-1。

表 E-1　百分表精度等级

精度等级	示值误差/μm			任意 1mm 内的示值误差	回程误差
	0~3mm	0~5mm	0~10mm		
0 级	10	12	15	8	3
1 级	15	18	22	12	5
2 级	20	25	30	18	10

应根据工件的尺寸公差等级，按检验标准选择百分表。粗略选择时，可参见表 E-2。

表 E-2　工件公差等级对应的百分表精度等级

分度值	精度等级	被测件的公差等级	
		适用范围	合理使用范围
0.01mm	0 级	7~14 级	7~8 级
	1 级	7~16 级	7~9 级
	2 级	8~16 级	8~10 级

附录 F 空气压缩机作业指导书

工作名称	空气压缩		文件编号	HZXS-A-25
设备名称	空气压缩机	空气压缩机作业指导书	首版日期	2015-3-10
版次	A 版 0 次		修订日期	

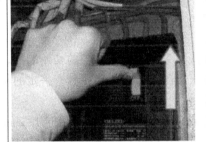

图 F-1

图 F-2

操作步骤：
一、开机
1）打开配电箱，将开关向上扳，打开设备总电源，并打开排风设备，如图 F-1 所示。
2）按空气压缩机控制面板上的绿色起动按钮起动空气压缩机，如图 F-2 和图 F-3 所示。显示屏显示马达起动之后进行重车运行，起动过程完成。
3）按干燥机电源开关，起动干燥机，如图 F-4 所示。
二、关机
1）生产作业结束后，关闭干燥机电源。
2）按下停止按钮指示灯亮，关闭空气压缩机后切断电源。
3）扳下储气罐泄水管开关，打开管路排干水后，关闭储气罐水管路，如图 F-5 和图 F-6 所示。
4）关闭该设备的总电源，并将设备清洁干净。

图 F-3

图 F-4

图 F-5

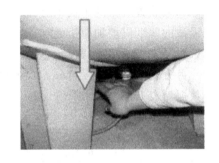

图 F-6

注意事项：
1）空气压缩机不能在高于铭牌的额定压力下工作。
2）在空气压缩机发生故障或不安全因素条件下，切勿强行开机。
3）检修、维护保养时，应确认电源已切断，并在电源处挂上"检修中"或"严禁合闸"等警告标志。
4）空气压缩机运行一段时间后，必须定期检查安全阀等保护系统。
5）空气压缩机内的参数严禁改动。
6）排除空气压缩机及过滤器积水依空气压缩机保养表实施。
7）关机过程中，要等到停止按钮指示灯亮，才可切断空气压缩机电源。

检查记录点
1）定期检测输出管气压压力是否与设定值一致。
2）检修时检查设备是否断电。
3）每次维护要记录在备案中。
4）设备有故障及时报告。

零件	设备/工具	辅料
	空气压缩机/干燥机/储气罐/压缩空气管路系统	保养用清洗液、润滑油、冷却液

批准		审核		编制	

附录 G　装配工艺卡

公司名称		装配工艺卡		产品型号	G6	零(部)件图号		文件编号	201703
				产品名称	工业机器人	零(部)件名称		共　页	第 1 页

工序号	工序名称	车间	材料牌号及规格	材料标识	工程等级/日期	工具更换计划
	总装			制造标准	周转卡	
	特殊特性			产品图		

（简图）

检验内容

项目	技术要求	检测手段	检验方案	特性标识
外观		目测	首检 5 件 全检（操作工）	
位置 数量				

设备/工艺装备（含量具）	目检辅具	统计过程要求	辅助材料	反应计划

工步内容（过程描述）					

序号				
1				
2				
3				
4				

	设计（日期）		批准（日期）	会签（日期）

标记	处数	更改文件号	签字（日期）	

处数	标记	更改文件号	签字（日期）	

附录 H　起重吊装注意事项

起重吊装工作需按照作业流程进行，为避免发生安全事故，起重吊装人员必须熟知并严格遵守起重吊装注意事项。

1）凡参加施工的人员，必须熟悉起吊方法和工程内容，按方案要求进行施工，并严格执行规程规范。

2）在施工过程中，施工人员必须具体分工、明确职责。在整个吊装过程中，要切实遵守现场秩序，服从命令听指挥，不得擅自离开工作岗位。

3）在吊装过程中，应有统一的指挥信号，参加施工的全体人员必须熟悉此信号，以便各操作岗位协调动作。

4）吊装时，整个现场由总指挥指挥调配，各岗位分指挥应正确执行总指挥的命令，做到传递信号迅速、准确，并负责自己的职责范围。

5）在整个施工过程中要做好现场的清理工作，清除障碍物，以利于操作。

6）施工中凡参加登高作业的人员，身体检查必须合格，操作时正确系好安全带。工具应有保险绳，不准随意往下扔。

7）施工人员必须戴好安全帽。

8）带电的电焊线和电线要远离钢丝绳，带电线路距离应保持在 2m 以上，或设有保护架，电焊线与钢丝绳交叉时应隔开，严禁接触。

9）缆风绳跨过公路时，距离路面高度不得低于 5m，以免阻碍车辆通行。

10）在吊装施工前，应与当地气象部门联系，了解天气情况，一般不得在雨雪天、雾天或夜间工作，如必须进行时，须有防滑、充分照明措施，并经领导批准。严禁在风力大于六级时吊装，大型设备不得在风力大于五级时吊装。

11）在施工过程中如需利用构筑物系结索具时，必须经过验算且具有安全承受能力，并经批准后才能使用。同时要加垫保护层，以保证构筑物和索具之间不磨损。下列构筑物不得使用：

① 输电塔及电线杆。

② 生产运行中的设备及管道支架。

③ 树林。

④ 不符合使用要求或吨位不明的地锚。

12）吊装前应组织有关部门根据施工方案的要求共同进行全面检查，其检查内容如下：

① 施工机索具的配置与方案是否一致。

② 隐蔽工程是否有自检、互检记录。

③ 设备基础地脚螺栓的位置（指预埋螺栓）是否符合工程质量要求，与设备裙座或底座螺孔是否相符。

④ 基础周围的土方是否回填夯实。

⑤ 施工现场是否符合操作要求。

⑥ 待吊装的设备是否符合吊装要求。

⑦ 施工用电是否能够保证供给。

⑧ 了解人员分工和指挥系统以及天气情况。

⑨ 其他的准备工作如保卫、救护、生活供应和接待等是否落实。

经检查确认无误后，方可下达起吊命令。施工人员进入操作岗位后，仍须再对本岗位进行检查，经检查无误时，方可待命操作，如需隔日起吊，应组织人员进行现场保护。

13）在起吊前，应先进行试吊，检查各部位受力情况，情况正常方能继续起吊。

14）在起吊过程中，未经现场指挥人员许可，不得在起吊重物下面及受力索具附近停留和通过。

15）一般情况下，不允许人随吊物同时升降，如特殊情况下确需随同时，应采取可靠的安全措施，并须经领导批准。

16）吊装施工现场应设有专区派人员警戒，非本工程施工人员严禁进入，施工指挥和操作人员均需佩戴标记，无标记者一律不得入内。

17）在起重吊装过程中，如因故中断，则必须采取措施进行处理，不得使重物悬空过夜。

18）一旦吊装过程中发生意外，各操作岗位应坚守岗位，严格保持现场秩序，并做好记录，以便分析事故发生的原因。

以上是起重吊装注意事项，起重吊装操作人员需仔细阅读本文，严格按照流程及注意事项操作。

参 考 文 献

［1］ 高永伟. 钳工工艺与技能训练［M］. 北京：人民邮电出版社，2009.

［2］ 武藤一夫. 机电一体化［M］. 北京：科学出版社，2007.

［3］ Steve F. Krar，Arthur R Gill，Peter Smid. 机械加工设备及应用（原书第 6 版）［M］. 北京：科学技术出版社，2009.

［4］ 刘极峰. 机器人技术基础［M］. 北京：高等教育出版社，2006.

［5］ 郭彤颖，安冬. 机器人学及其智能控制［M］. 北京：人民邮电出版社，2014.

［6］ 三浦宏文. 机电一体化实用手册［M］. 北京：科学出版社，2007.

［7］ 王先奎. 机械制造工艺学［M］. 北京：机械工业出版社，2014.

［8］ 杨建宏. 精益生产实战应用［M］. 北京：精益管理出版社，2010.

［9］ 李福运. 工业机器人安装与调试教程.［M］. 北京：北京航空航天大学出版社，2016.

［10］ 刘建明. 液压与气压传动［M］. 3 版. 北京：机械工业出版社，2014.